电子设计与单片机应用实训教程

◎ 隋金雪 主编

张岩 高群 杨莉 副主编

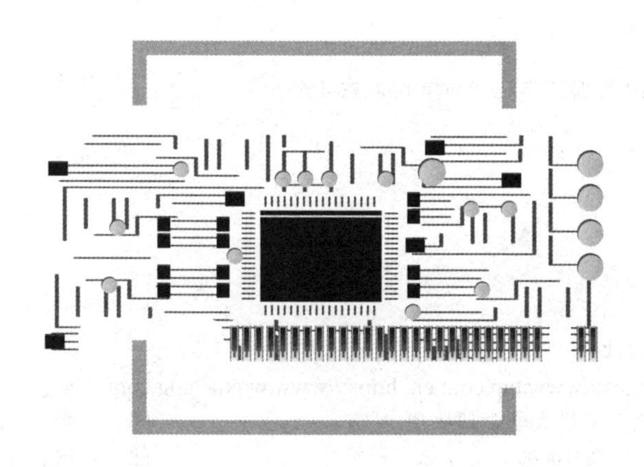

清华大学出版社

北京

内 容 简 介

本书以51单片机为主，开展一系列电子信息类专业学科竞赛常用基本知识的应用与实践活动。本书最大的特点是实用性强，通过对大量实用案例的详细介绍，可以使学生快速上手相关实验，在实践的过程中学习相关的电子信息类专业学科知识。本书基于各大模拟软件与单片机、控制器开发平台，从设计阶段的电路设计（电路CAD）到电子电路的性能模拟，再到深入设计的科学原理与数学模型的仿真甚至可编程逻辑电路的应用等，实际制作环节可以拓展到各大工业与科技应用领域。

本书前半部分讲解大量的前置知识点，为高校工科学生的知识素养培养提供了良好的开端。在深入设计中，学生可以接触到实际的电子电路设计制作的知识与内容，将基础知识与实际应用相结合，在提高自身动手能力的同时巩固基础知识。本书后半部分介绍各类模拟软件的使用，方便学生日后与设计行业或研发领域的对接，充分发散学生的设计思维。

本书的实际案例由浅入深，循序渐进，除了对相关元器件进行了详细介绍，还配备了基于仿真软件的电路原理图，生动形象地为学生展示一个完整的实例制作过程，也便于教师根据实际情况选择使用。

本书可作为高中生、大中专院校学生及各种学科竞赛和科技创新活动的参考用书，也可作为教师开设相关课程的教材。

图书在版编目（CIP）数据

电子设计与单片机应用实训教程/隋金雪主编. —北京：清华大学出版社，2020. 10（2024. 7重印）
ISBN 978-7-302-55664-0

Ⅰ. ①电… Ⅱ. ①隋… Ⅲ. ①电子电路－电路设计－教材 ②单片微型计算机－教材
Ⅳ. ①TN702 ②TP368. 1

中国版本图书馆CIP数据核字（2020）第098475号

责任编辑：王剑乔
封面设计：刘　键
责任校对：赵琳爽
责任印制：刘海龙

出版发行：清华大学出版社
网　　址：https://www.tup.com.cn, https://www.wqxuetang.com
地　　址：北京清华大学学研大厦A座　　**邮　　编**：100084
社 总 机：010-83470000　　**邮　　购**：010-62786544
投稿与读者服务：010-62776969，c-service@tup. tsinghua. edu. cn
质量反馈：010-62772015，zhiliang@tup. tsinghua. edu. cn
课件下载：https://www.tup.com.cn，010-83470410
印 装 者：三河市君旺印务有限公司
经　　销：全国新华书店
开　　本：185mm×260mm　**印　　张**：18. 75　**字　　数**：428千字
版　　次：2020年10月第1版　**印　　次**：2024年7月第4次印刷
定　　价：59. 00元

产品编号：084962-01

序

2005年4月，我选择到高校做一名教师。因为先前自己大学阶段没有夯实实践环节的经历，我就想在自己的教学过程中要尽量融入实践，尽量为学生创造一些实践的条件。于是，在2006年，我第一次指导学生参加学科竞赛。当时参与实践创新的学生相对较少，整个学院也只有十几名学生。

2008年9月，我所在的信息与电子工程学院重新整合，需要建一个新网站，院长找到了我，其实我对制作网站并不熟悉，但领导的信任让我接下了这个任务。我用国庆节7天假期的时间学完了制作网站所需要的基础知识，从网页制作需要的 Photoshop、Flash 到 HTML、Dreamweaver 等，完成了学院的网页设计。因为网站维护和更新是一个非常复杂的工作，于是我就萌生了一个组建学生团队的想法，那个学期我组建了一个2～3人的团队，并起名为“深蓝工作室”(深蓝是一台击败国际象棋冠军的 IBM 超级计算机的名字)，后来该工作室注册为学校的专业型社团，并逐步开始组织学生参与学科竞赛。2010年，我和其他教师一起开始组织学科竞赛的校内赛，从校内的网页设计大赛到C语言程序设计大赛和电子设计竞赛，再到后来校内智能车竞赛。通过实践总结，我越发感觉实践创新是人才培养必不可少的部分，应该让更多的教师和学生参与，于是我在校报上发表了文章《建立以专业型社团组织下的大学生校内实践能力竞赛体系》，发出实践创新育人的倡议，后来在团委的组织下，我院专业型社团开始逐步扩大至每个专业1～2个。专业学术型社团建设在整合学生社团活动与专业教育的基础上，为每一个学生打造量身定做的专业教育，之后我院的校内赛几乎都是在教师的指导下由专业型社团组织完成的。这几大校内赛和专业型社团的建立成为信息与电子工程学院实践创新工作的基础。

自2008年信息与电子工程学院开始倡导搭建学术专业型社团和学科竞赛平台以来，从最初参加学科竞赛的学生为极少数优秀者(20～30人)，到后来随着建立以专业型社团为组织的学科竞赛体系，学生参加数量不断增加，学生受益面也不断扩展(每年300～500人，目前已覆盖超过50%的学生，部分专业超过90%)。通过学生社团组织学科竞赛，学生的专业技能、科研能力和创新能力得到了很好的培养，逐步形成了以学科竞赛为平台的应用型创新人才培养体系，最终实现了以竞赛促教学、以竞赛促能力的目的。信息与电子工程学院也逐步形成院级、校级、省区级、国家级4级学科竞赛选拔和培养体系[4个阶段(院级、校级、省区级、国家级竞赛)、4个层次(基础、专业、综合、创新型竞赛)、4种能力(基本、专业、综合、创新能力)的多层次立体式学科竞赛创新体系]。通过组建网络、电子设计、智能控制、物联网、机器人等技术开发团队，指导学生参加全国大学生挑战杯、“互联网+”、智能汽车、电子设计、机器人、物联网等10余类学科竞赛。其中“深蓝工作室”自2008年建立以来，获得省部级奖励近300项，国家级奖励40余项，受益学生近千人。我本人也多次荣获山东省科技创新优秀指导教师、各类学科竞赛优秀指导教师等。参加学科竞赛需要有坚实的理论与实践基础，考虑到大一、大二学生有很多专业课程没有开设，从2013年，我们在暑期为大一、大二学生开设为期5周的第三小学期学科竞赛培训班，合理选择以实践创新能力培养为核心的教学内容，把学生逐步吸引到学科竞赛活动中来。根据专业需求，其主要内容涵盖电子设计、单片机、传感器与物联网等综合实训。经过一个暑假的学习与实践，学生可以完全掌握参加学科竞赛所需的基础电子电路、单片机控制、传感器应用和简单物联网设计等知识，为以后学生参加电子设计、物联网、智能车，甚至机器人等各类比赛打下了坚实的基础。经过多年的摸索与实践，实训内容已经相对完善与成熟，经过整理、归纳，最后集结成册，即将出版。希望通过我们的经验分享能为更多刚入大学的相关专业学生做好参加实践创新活动的指引和辅导。

综观这些年的实践，参与学科竞赛的学生多达几百上千人，他们无论在考研还是就业方面都有诸多优势，或考上了重点高校的研究生，或走上工作岗位成为诸多大型企业的技术骨干。学生们的成长和成功是教师最大的收获和骄傲。忙忙碌碌的一学期即将接近尾声，身边的学生换了一茬又一茬，实验室又坐满了大一的新生。看到那些渴望知识、充满憧憬的质朴面孔，我希望通过自己的努力把人才培养的理论学习与实践创新紧密结合，把实践创新教育做成一种普及性教育，让所有上大学的孩子都能得到真正的锻炼和收获，4年之后真正有一技之长。

编　者

2020年5月写于烟台市

前　言
FOREWORD

2013年，随着创新创业教育逐步深入及国家、省市、学校层面政策上的支持，创新创业教育开始渗透到人才培养中的各个方面，学科竞赛也如雨后春笋一般出现。从原来已经初具规模的专业性比赛，到教育部门组织的各类综合性比赛，可供选择参加的比赛越来越多，越来越丰富，其发展也进入一个快车道。针对高等教育发展及学生自身发展的多样化需求，学科竞赛在人才培养过程中所起的作用也逐渐凸显，从而促使学科竞赛的参与度全面提升，学科竞赛与实践教学紧密结合，为人才培养质量提供有力支撑。从2013年暑期开始，为了更好地组织学科竞赛活动，吸引更多的低年级学生更早更好地参与学科竞赛，我们在暑期设置了约5周的第三小学期，有步骤、有次序地组织大学一、二年级学生，在具备基本编程和电子电路知识的基础上，从入手级别开始，全面系统化地进行学科竞赛培训与辅导，着重锻炼学生的动手实践能力，逐步开设面向电子设计、智能车、物联网等竞赛的实训课程。

电子电路设计和单片机应用是电子信息类专业大学生参加学科竞赛必须具备的基本能力。本书立足于理论联系实际，强调实践性和创新性，以学科竞赛为主线，整个过程以动手锻炼和实际操作为主，主要分为电子设计实践、单片机控制设计实践、传感器与物联网设计实践3部分，主要围绕常用软件Keil和Proteus的使用、单片机的基本原理与应用、传感器与物联网所需的各种传感器和通信模块的原理和使用，并以51单片机为核心进行了多方面的应用拓展。

电子设计实践：以夯实经典电子电路设计为课程目标，旨在锻炼学生设计、使用和制作常用电子电路的能力。通过设计基于LM7805的9V转5V的稳压电路，采用咪头和晶体管设计音频放大电路制作光控灯，基于LM358设计放大电路、运算放大电路、亮度可调的LED灯和温度报警系统等，旨在进一步提高学生对三大电路基础知识的实践操作能力。

单片机控制设计实践：单片机是电子信息类专业学生实践设计的控制核心，要求学生在学习51单片机的基础上融会贯通其他类型。在该部分，学生学习单片机的基础知识后，逐步动手实践流水灯、键盘检测及应用、数码管、定时器/计数器、PWM、占空比、频率控制、直流电动机、舵机及通信协议与液晶显示的使用等。课程设计面向大一、大二和大三学生，基础好的学生可以在大一选修完成。

传感器与物联网设计实践：介绍对常用的传感器光电对管、超声波、温度传感器、湿度传感器等一些传感器的基本原理和使用，以及常用通信模块的使用和设计，并介绍常见的传感与物联系统。学生从这部分开始进行综合设计，意在拓展学生的发挥空间。

通过学习本书的内容，学生能够具备简单的电子电路设计和传感器应用能力，并且可以完成基于51单片机的一系列综合系统设计。本实训课程旨在开拓学生思维，加深理论知识的学习和应用，培养学生的探索精神，充分发掘学生的实践创新技能，提高学生解决实际问题的综合能力。

本书的特色如下。

(1) 实用性强。本书以实用性为原则，参考多届学生的培训历程，整合后又多次经参与培训的学生提出修改意见，总结出电子设计和单片机应用的经典案例。

(2) 内容简明。本书主要适用于无电子设计基础的读者，内容上从电路到编程，再到传感器执行器，基本涵盖了电子设计的基础技术，且从实例出发，目的是让读者会用，也可作为继续深入研究的基础前置。

(3) 实例丰富。本书涵盖了电子电路基础、单片机、传感器和执行器的多种实例，从所用元器件的功能入手，通过实例介绍其工作方式。

编者从事多年电子电路设计基础学生的培训，多次带领学生参加省级、国家级电子电路设计类比赛、电子电路设计创新类比赛，同时获得省部级以上奖励300项。本书收录了编者长期从事学生电子电路培训和参加电子信息类学科竞赛的主要实例，向读者完全开放源代码，为读者呈现真实的技术资料。

编　者

2020年5月

本书教学课件、源代码
(扫描可下载使用).rar

目录

CONTENTS

第 1 章 仿真及程序编辑软件安装

本章介绍单片机实训用到的几款软件，分别是 Multisim、Protues 和 Keil，这将为后期实际电路的学习打下基础。设计者可通过仿真验证自己设计的电路，在一定程度上降低实际操作中的错误率。为了方便学习，本章安装的软件是学习版，不可用于商业用途。

1.1 Multisim 13.0 软件的安装和必要操作

Multisim 软件是美国国家仪器（National Instruments，NI）有限公司推出的以 Windows 操作系统为基础的仿真工具，适用于板级的模拟/数字电路板的设计工作。它包含电路原理图的图形输入和电路硬件描述语言输入方式，具有丰富的仿真分析能力。本节重点介绍其安装和必要操作。

1. Multisim 13.0 软件的安装

Multisim 软件的安装步骤是通用的，这里以 Multisim 13.0 为例。

解压安装包，打开文件夹，找到路径下的 setup 应用程序，双击打开，如图 1.1 所示。

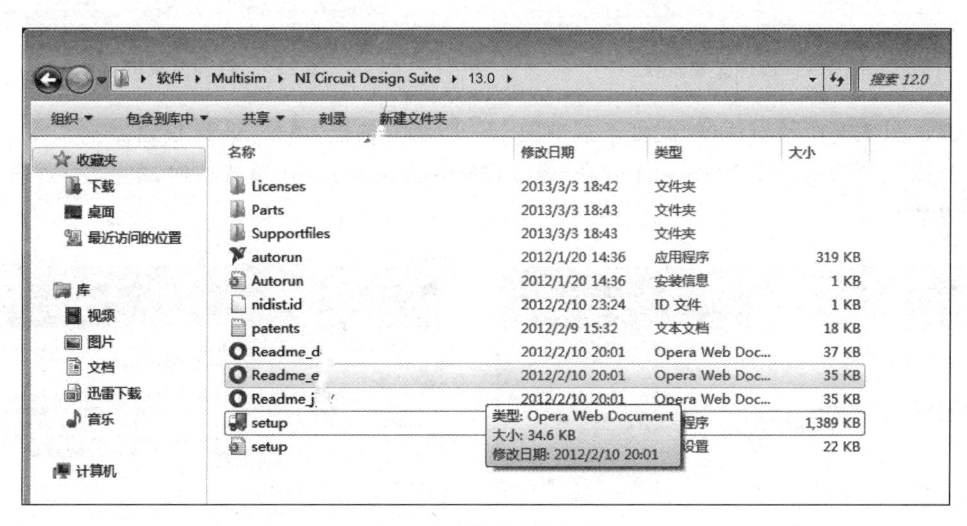

图 1.1 打开安装文件

弹出图 1.2 所示对话框，单击 Next 按钮。

如图 1.3 所示，选中 Install this product for evaluation 单选按钮，在 Full Name 文本框中可以随意输入字母，单击 Next 按钮。

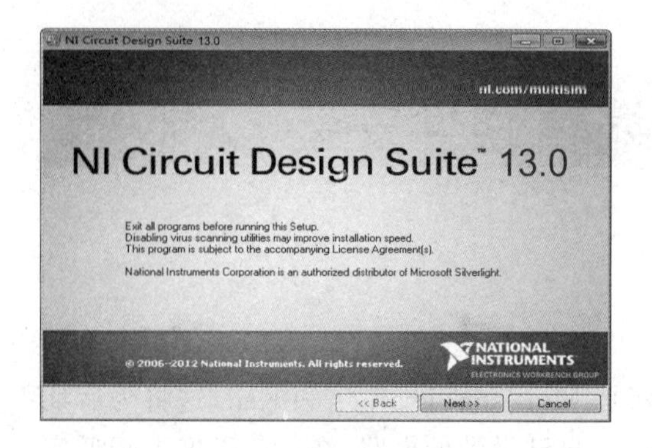

图 1.2　继续安装

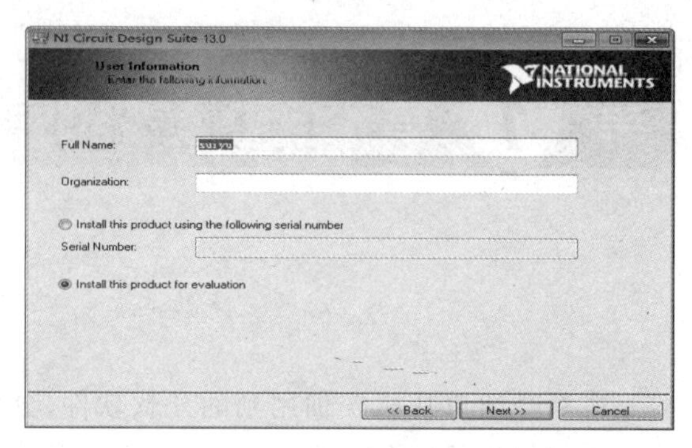

图 1.3　设置名称

如图 1.4 所示,选择安装路径,默认为 C 盘,不要添加中文路径。由于 C 盘是系统启动盘,建议根据个人习惯新建相关的文件夹,方便在以后的设计中找到自己的文件。选择安装路径后,单击 Next 按钮。

如图 1.5 所示,选择安装的应用,路径不变,单击 Next 按钮。

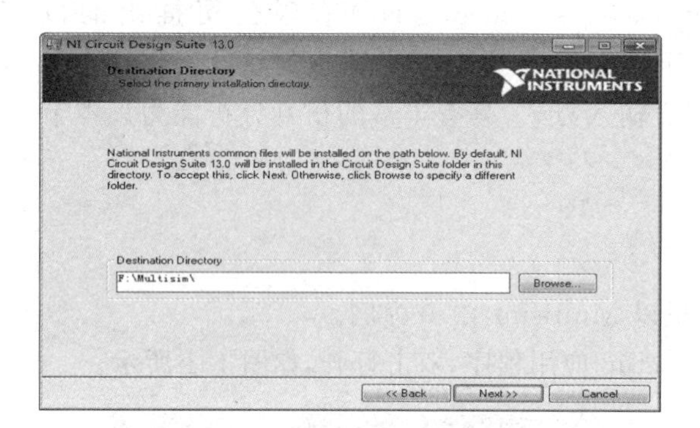

图 1.4　选择安装路径

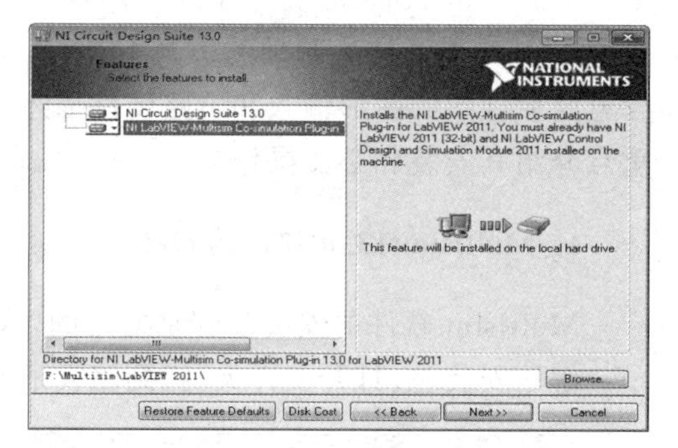

图 1.5　选择安装的应用

弹出图 1.6 所示对话框,此处不选中图 1.6 所示复选框,单击 Next 按钮。

如图 1.7 所示选中 I accept the above 3 License Agreement 单选按钮,单击 Next 按钮,开始安装。

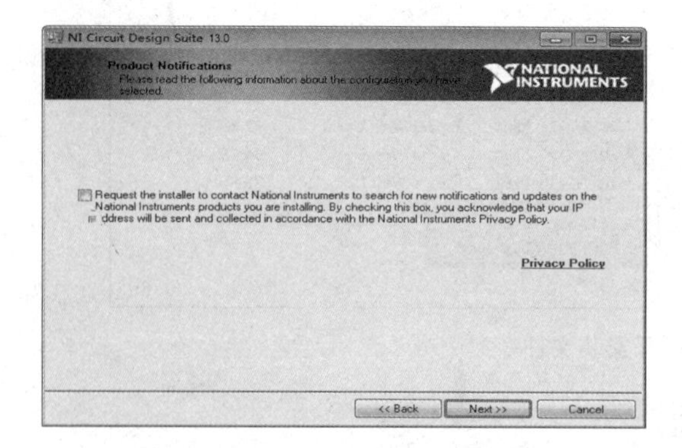

图 1.6　不选中复选框

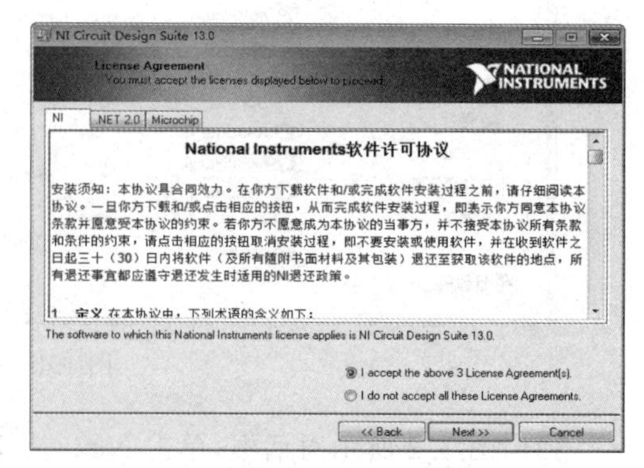

图 1.7　继续安装

弹出图1.8所示对话框，单击Next按钮。

安装完成，弹出提示对话框，如图1.9所示。

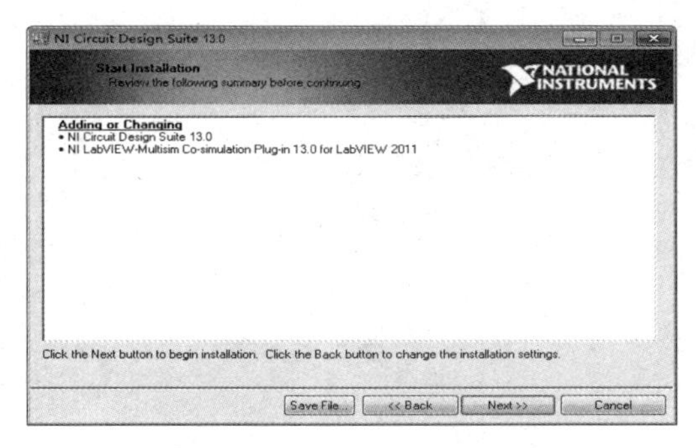

图1.8　继续操作

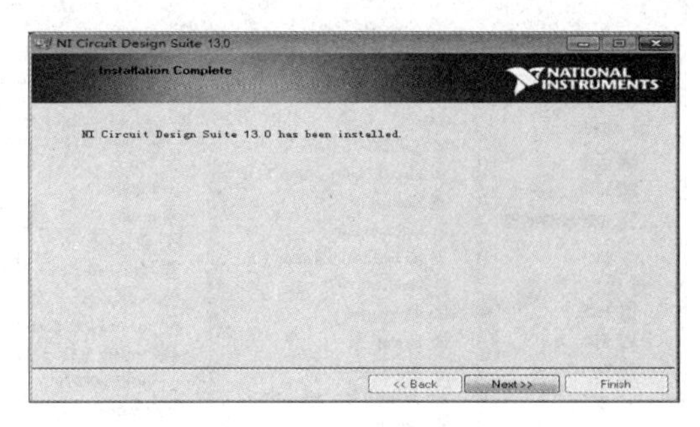

图1.9　安装完成

安装完成后，系统提示重启，单击Restart按钮重启即可[也可以根据需求单击Restart Later(稍后重启)按钮]，如图1.10所示。在重启之前，应先保存所有正在工作的数据，否则可能会导致数据丢失，从而带来不必要的损失。

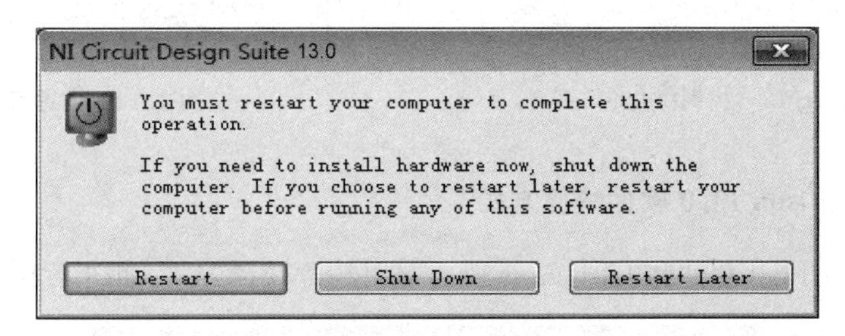

图1.10　重启

2. Multisim 13.0软件的必要操作

运行NI License Activator v1.1，如图1.11所示，右击激活，方块由灰变绿即可。

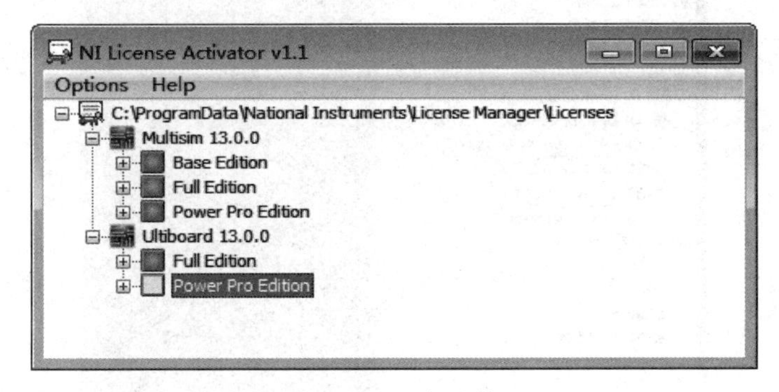

图1.11　选择文件

3. Multisim 13.0软件的汉化

双击简体中文包运行，选择安装路径中的Circuit Design Suite 13.0文件夹进行安装，如图 1.12 和图 1.13 所示。

图 1.12　找到汉化包

图 1.13　设置安装目录

4. 建立 Multisim 13.0 软件快捷方式

将 Multisim 13.0 软件和 Ultiboard 13.0 软件建立快捷方式，如图 1.14 所示。

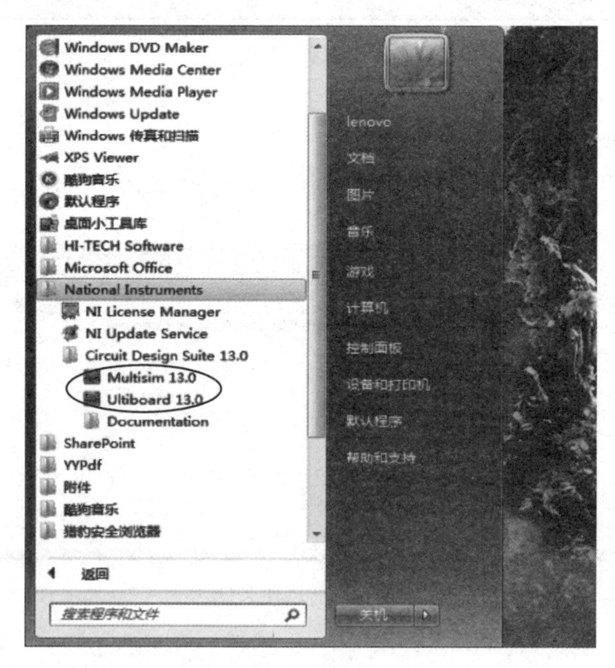

图 1.14　建立快捷方式

1.2 Proteus 7 软件的安装和必要操作

Proteus 软件是英国 Lab Center Electronics 公司出版的 EDA(Electronic Design Automation,电子设计自动化)工具软件(该软件的中国总代理为广州风标电子技术有限公司)。它不仅具有其他 EDA 工具软件的仿真功能,还能仿真单片机及外围器件。Proteus 是目前比较好的仿真单片机及外围器件的工具。虽然目前国内推广刚起步,但 Proteus 已受到单片机爱好者、从事单片机教学的教师、致力于单片机开发应用的科技工作者的青睐。

1. Proteus 7 软件的安装

将 Proteus 7 软件的解压包解压,打开文件夹,双击打开 Proteus 7.5 SP3 Setup 文件,弹出图 1.15 所示对话框,单击"是"按钮。

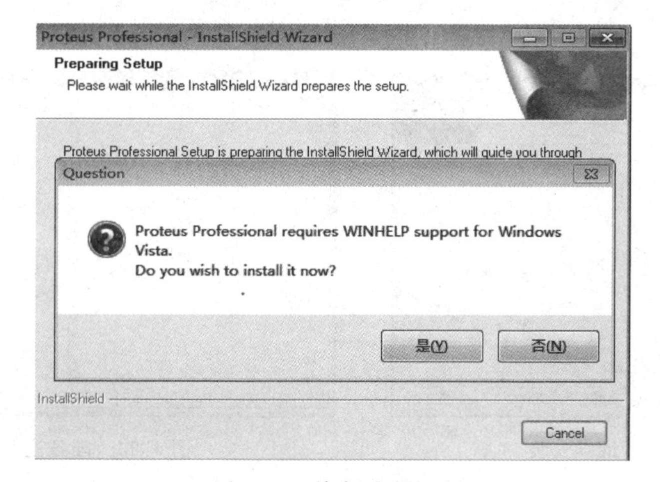

图 1.15 单击"是"按钮

弹出图 1.16 所示对话框,单击 Next 按钮。

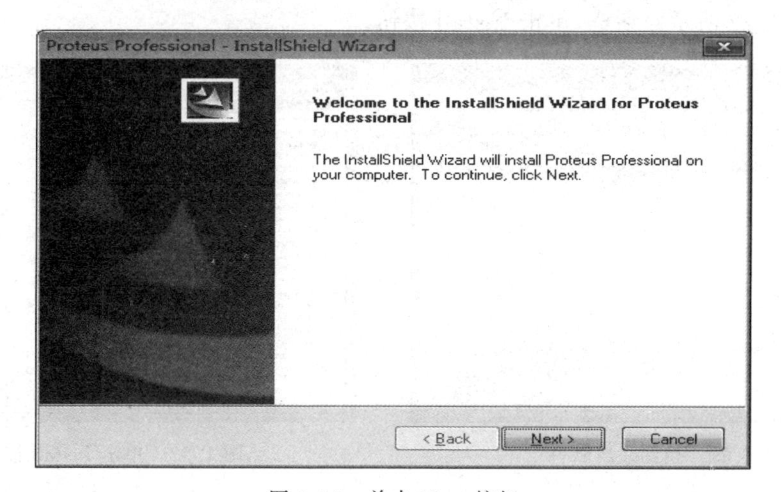

图 1.16 单击 Next 按钮

弹出图 1.17 所示对话框，单击 Yes 按钮。

如图 1.18 所示，选中 Use a locally installed License Key 单选按钮，单击 Next 按钮。

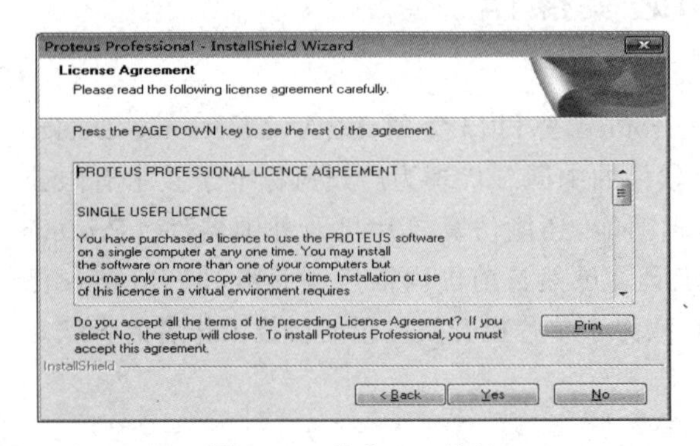

图 1.17　单击 Yes 按钮

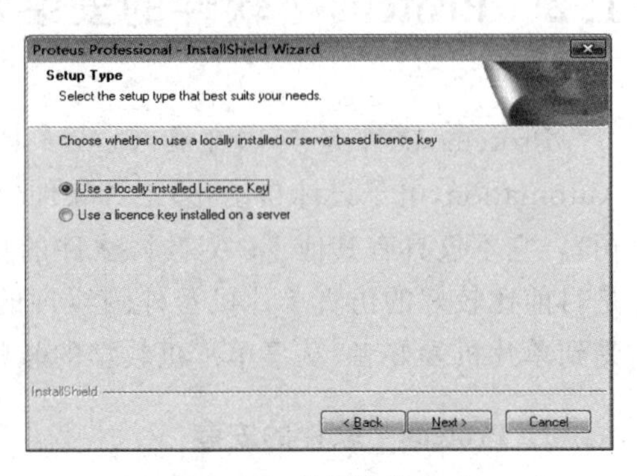

图 1.18　选择注册方式

弹出提示 No licence key is installed 对话框，如图 1.19 所示，单击 Next 按钮。

如图 1.20 所示，单击 Browse For Key File 按钮，准备注册软件。

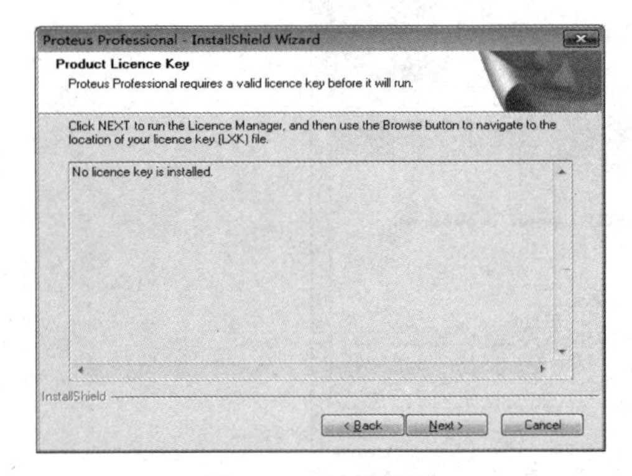

图 1.19　继续安装

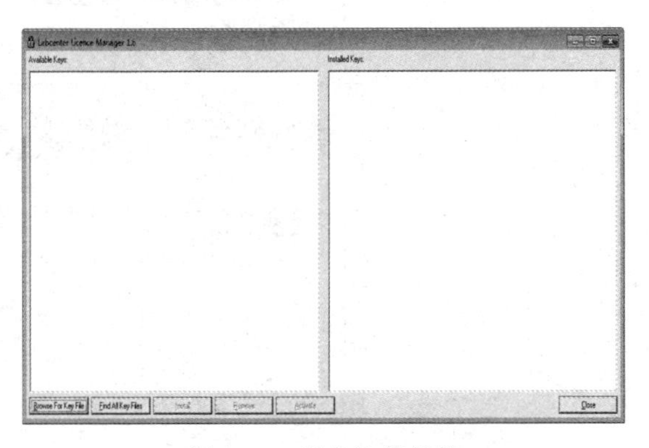

图 1.20　准备注册软件

选择安装包下 crack 文件夹中的 Grassington North Yorkshire 文件并打开，如图 1.21 所示。

弹出图 1.22 所示对话框，单击 Install 按钮。

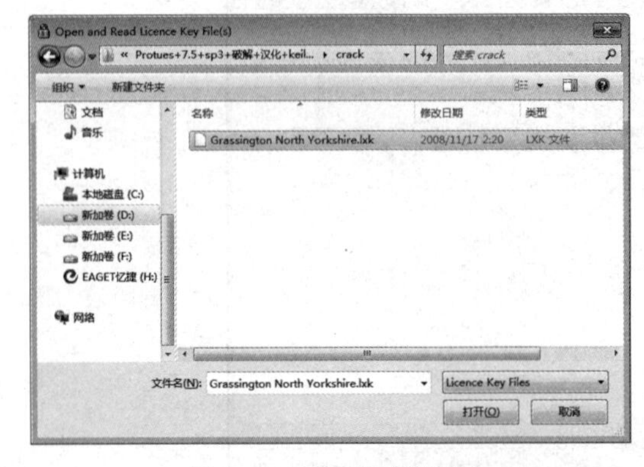

图 1.21　找到注册软件

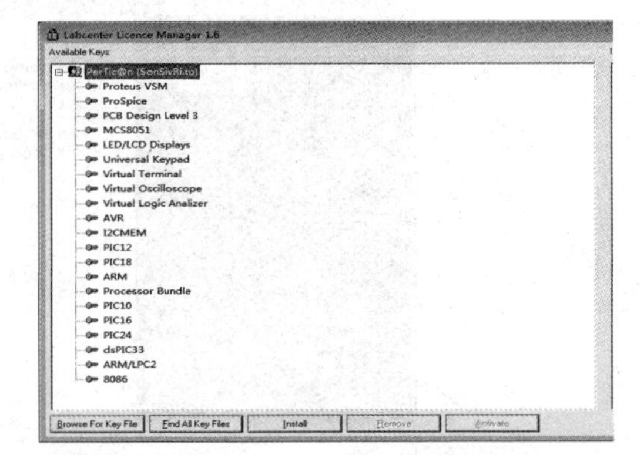

图 1.22　单击 Install 按钮

弹出图 1.23 所示对话框，单击“是”按钮后再单击 close 按钮。

Labcenter Licence Manager 1.6
Available Keys:
PerTic@n (SonSivRi.to)
Proteus VSM
ProSpice
PCB Design Level 3
MCS8051
LED/LCD Displays
Universal Keypad
Virtual Terminal
Virtual Oscilloscope
Virtual Logic Analizer
AVR
I2CMEM
PIC12
PIC18
ARM
Processor Bundle
PIC10
PIC16
PIC24
dsPIC33
ARM/LPC2
8086
Browse For Key File
Find All Key Files
Install
Labcenter Licence Manager 1.6
Install customer key 'PerTic@n (SonSivRi.to)' and product keys:
[1] Proteus VSM
[2] ProSpice
[3] PCB Design Level 3
[4] MCS8051
[5] LED/LCD Displays
[6] Universal Keypad
[7] Virtual Terminal
[8] Virtual Oscilloscope
[9] Virtual Logic Analizer
[10] AVR
[11] I2CMEM
[12] PIC12
[13] PIC18
[14] ARM
[15] Processor Bundle
[16] PIC10
[17] PIC16
[18] PIC24
[19] dsPIC33
[20] ARM/LPC2
[21] 8086
Do you wish to continue?
是(Y)
否(N)
Close

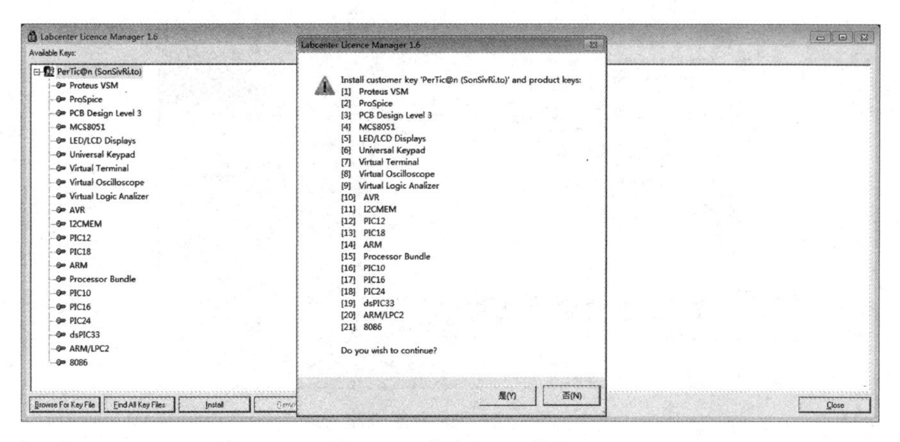

图 1.23 单击 close 按钮

单击 Next 按钮，如图 1.24 所示，完成注册操作。

Proteus Professional - InstallShield Wizard
Product Licence Key
Since your existing licence key is valid, you do not need to install a new one at this time.
Click NEXT to continue the installation.
The following licence key is installed:
Licence ID : 1756753440
Name : Grassington North Yorkshire
Company : Labcenter Electronics Ltd
Users : 1
Expiry : 31/12/2009
This key is valid for this build of Proteus Professional.
InstallShield
< Back
Next >
Cancel

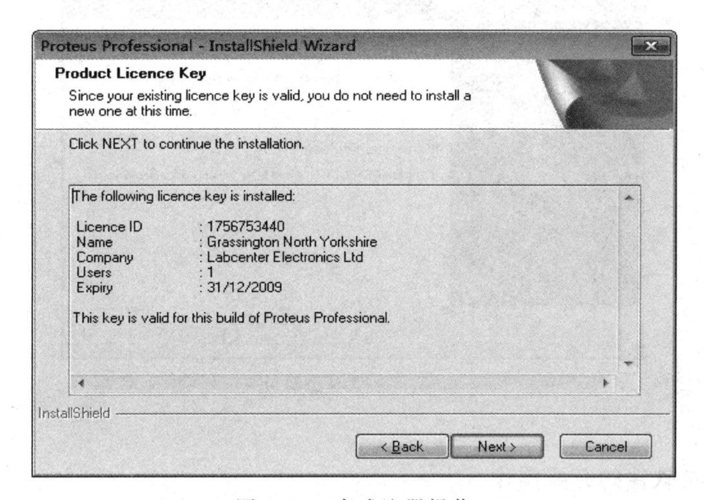

图 1.24 完成注册操作

弹出图 1.25 所示对话框，单击 Browse 按钮，选择文件位置。

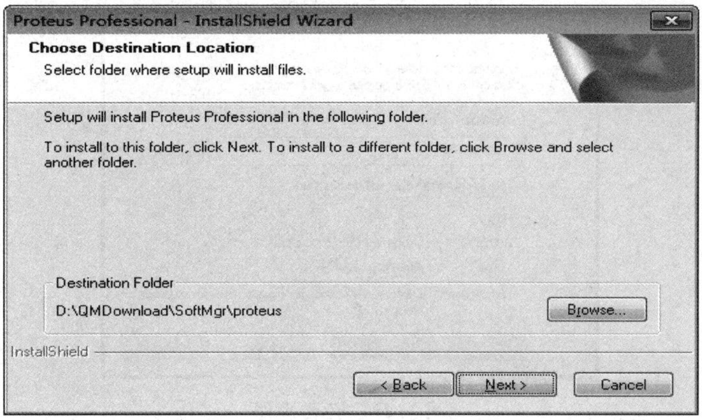

Proteus Professional - InstallShield Wizard
Choose Destination Location
Select folder where setup will install files.
Setup will install Proteus Professional in the following folder.
To install to this folder, click Next. To install to a different folder, click Browse and select another folder.
Destination Folder
D:\QMDownload\SoftMgr\proteus
Browse...
InstallShield
< Back
Next >
Cancel

图 1.25 选择文件位置

选中 3 个文件复选框后单击 Next 按钮，如图 1.26 所示。

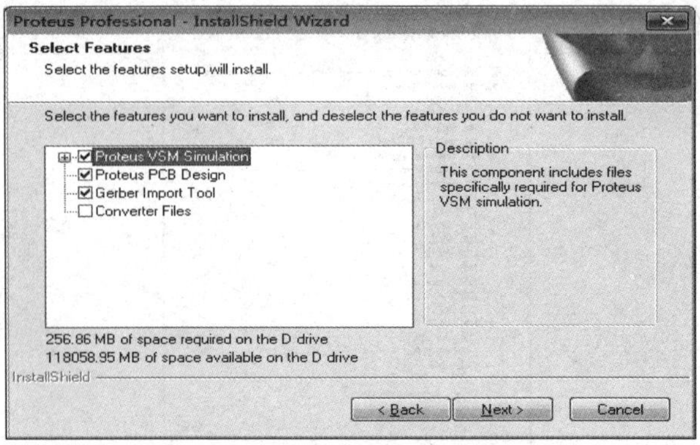

图 1.26　选中复选框

弹出图 1.27 所示的对话框单击 Finish 按钮，完成安装。

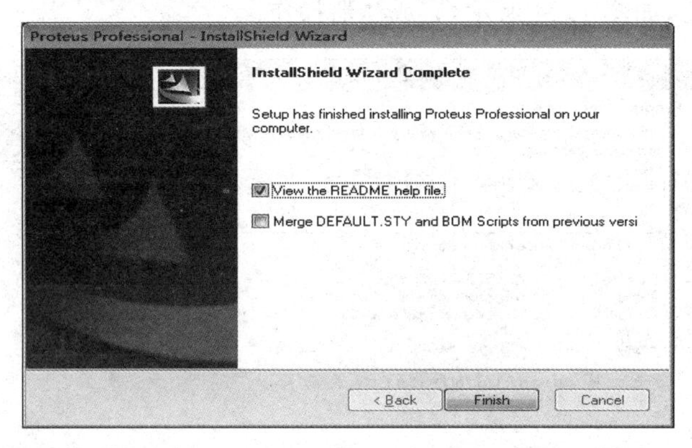

图 1.27　完成安装

2. Proteus 7 软件的必要操作

安装完毕后运行 crack 文件夹中的 LXK Proteus 7.5 SP3 v2.1.3 应用程序，单击 Browse 按钮，选择安装路径，然后单击 Update 按钮即可，如图 1.28 所示。

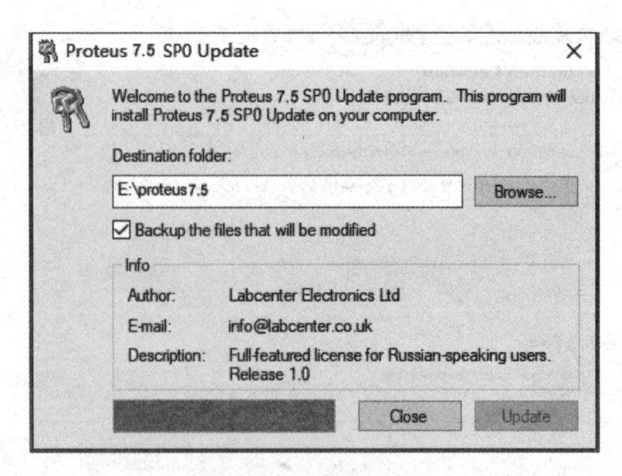

图 1.28　必要操作

3. Proteus 7 软件的汉化

将压缩包中汉化目录下的文件覆盖到安装路径下的 BIN 目录，如图 1.29 和图 1.30 所示。

图 1.29　找到汉化包

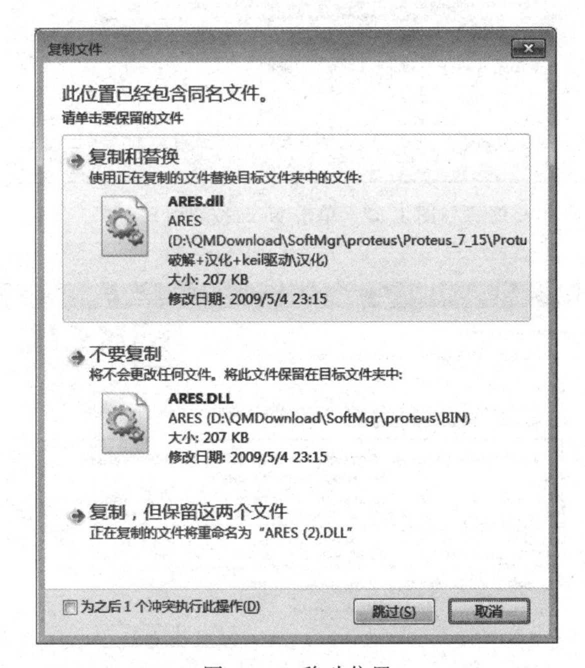

图 1.30　移动位置

1.3 Keil软件的安装和必要操作

Keil软件是美国Keil Software公司出品的51系列兼容单片机C语言软件开发系统。与汇编语言相比,C语言在功能、结构性、可读性和可维护性上有明显的优势,因而易学易用。Keil软件提供了包括C编译器、宏汇编、链接器、库管理和一个功能强大的仿真调试器等在内的完整开发方案,通过一个集成开发环境(μVision)将这些部分组合在一起。运行Keil软件需要Windows XP、Windows 7、Windows 10等操作系统。如果你习惯使用C语言编程,那么Keil软件几乎就是不二之选;即使不使用C语言而仅用汇编语言编程,Keil软件方便易用的集成环境、强大的软件仿真调试工具也会令你事半功倍。

Keil软件的安装和必要操作如下。

解压安装包,双击运行可执行文件,如图1.31所示。

图1.31 双击运行文件

连续单击Next按钮,如图1.32和图1.33所示。

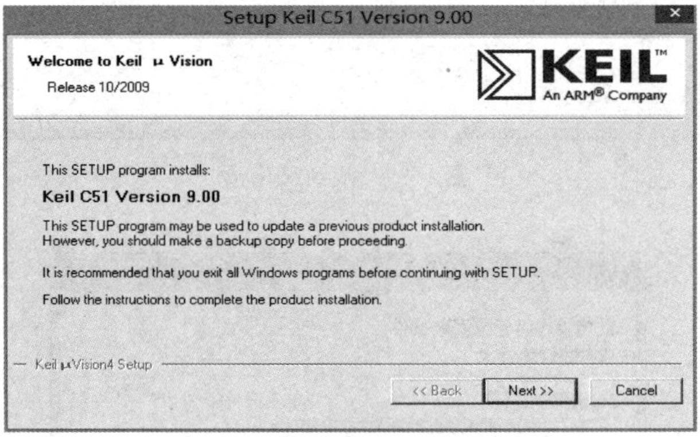

图1.32 单击Next按钮(1)

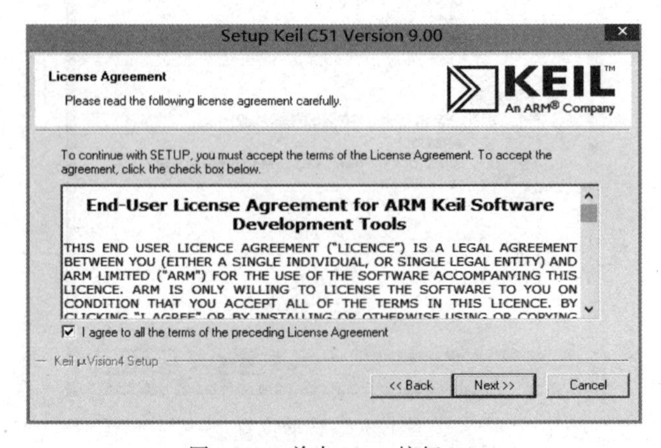

图1.33 单击Next按钮(2)

如图 1.34 所示，单击 Browse 按钮，选择安装路径（注意，不要安装到 C 盘下，安装路径中最好不要有中文名，以防出错）。

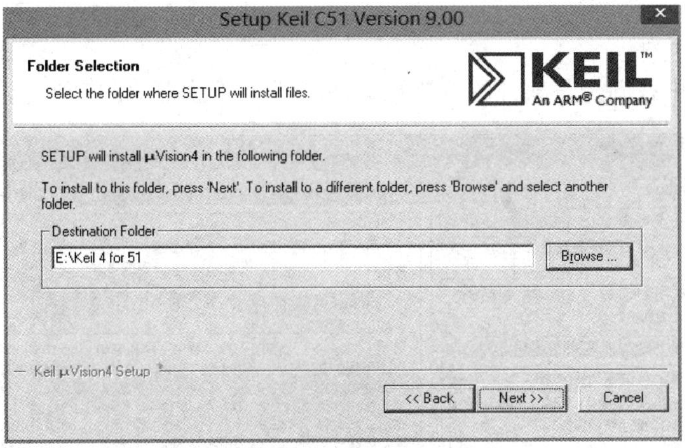

Setup Keil C51 Version 9.00

Folder Selection

Select the folder where SETUP will install files.

KEIL™ An ARM® Company

SETUP will install µVision4 in the following folder.

To install to this folder, press 'Next'. To install to a different folder, press 'Browse' and select another folder.

Destination Folder

E:\Keil 4 for 51

Browse ...

Keil µVision4 Setup

<< Back　Next >>　Cancel

图 1.34　选择安装路径

单击 Next 按钮，在弹出的图 1.35 所示的对话框中输入相关信息，单击 Next 按钮。

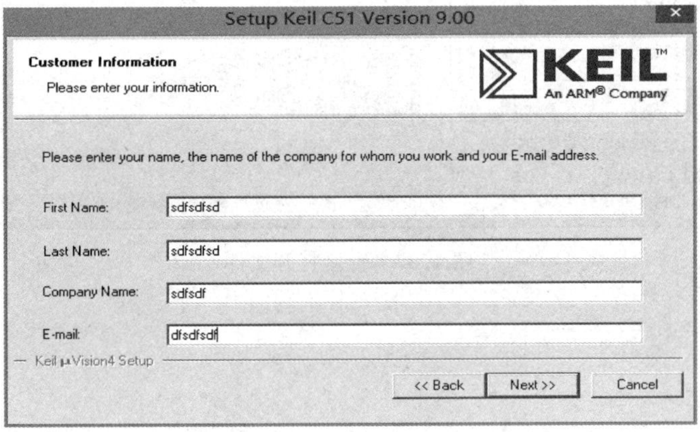

Setup Keil C51 Version 9.00

Customer Information

Please enter your information.

KEIL™ An ARM® Company

Please enter your name, the name of the company for whom you work and your E-mail address.

First Name: sdfsdfsd

Last Name: sdfsdfsd

Company Name: sdfsdf

E-mail: dfsdfsdf

Keil µVision4 Setup

<< Back　Next >>　Cancel

图 1.35　输入信息

完成安装，单击 Finish 按钮，如图 1.36 所示。

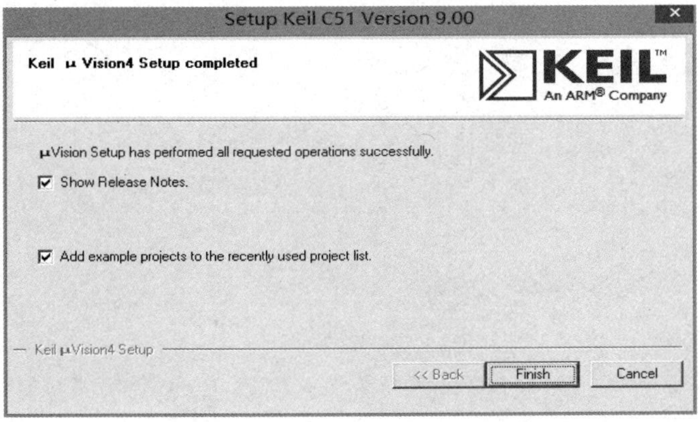

Setup Keil C51 Version 9.00

Keil µ Vision4 Setup completed

KEIL™ An ARM® Company

µVision Setup has performed all requested operations successfully.

Show Release Notes.

Add example projects to the recently used project list.

Keil µVision4 Setup

<< Back　Finish　Cancel

图 1.36　完成安装

1.4 STC-ISP 的安装

在解压文件中找到烧写软件的可执行文件打开即可,如图 1.37 所示。

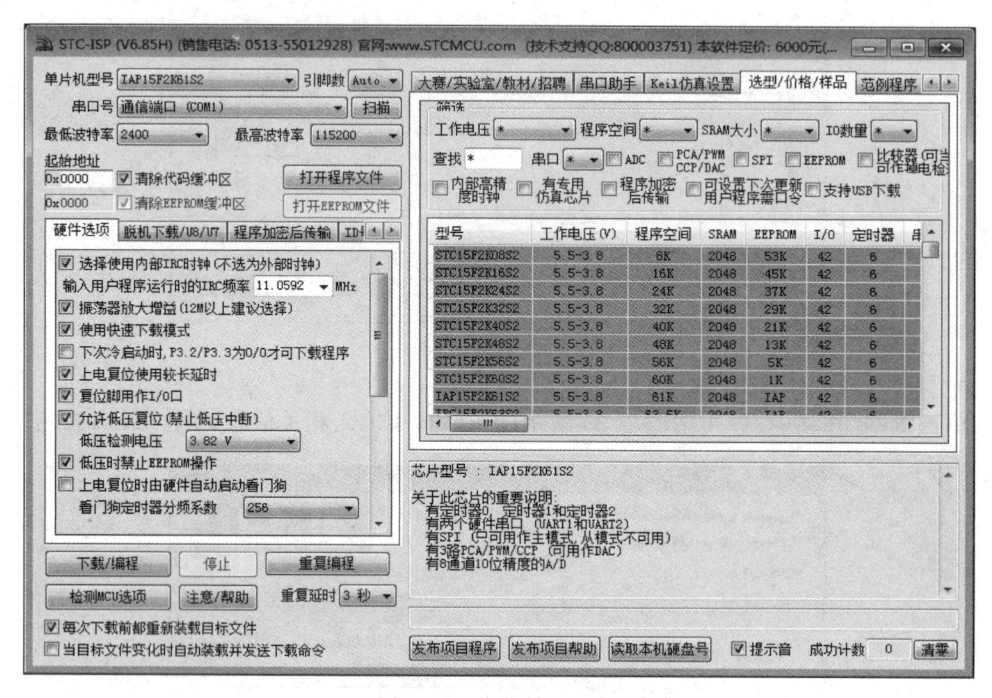

图 1.37 直接打开文件

第 2 章 实用电路设计

本章主要介绍一些基础的电子元器件和几个基础的电路设计，主要使用 Multisim 13.0 软件进行仿真。通过软件设计，模拟仿真实际电路，并且运用于实际过程，通过示波器测试电路设计的正确性。电路设计的方式多种多样，本章只作为一个参考。本章在介绍实用电路设计的同时，还会介绍一些在电路实训时用到的基本工具及其使用方法等。

2.1 基础电子元器件

本节介绍基础电子元器件。任何一个电路都是由基本电子元器件和导线连接而成的，只有深入了解各种元器件的特性和功能，才能搭建出满足我们需求的电路。

1. 电阻

物体对电流的阻碍作用称为该物体的电阻[图 2.1(a)]，记作 R，国际单位是欧姆(Ω)。电阻分为两类，阻值不能改变的称为固定电阻，阻值可变的称为电位器或滑动变阻。理想的电阻是线性的，即通过电阻器的瞬时电流与外加瞬时电压成正比。

电阻对通过它的电流有阻碍作用，电流流过电阻会导致电阻发热，生活中最常见的应用就是电热毯。

2. 电容

电容也称电容器，是指在给定电位差下的电荷储藏量[图 2.1(b)]，记作 C，国际单位是法拉(F)。一般来说，电荷在电场中会受力而移动，当导体之间有了介质，就会阻碍电荷移动而使得电荷累积在导体上，造成电荷的累积储存，储存的电荷量则称为电容。电容是电子设备中大量使用的电子元件之一，广泛应用于隔直、耦合、旁路、滤波、调谐回路、能量转换、控制电路等方面。

3. 电感

电感(电感线圈)是用绝缘导线绕制而成的电磁感应元件[图 2.1(c)]，记作 L，国际单位是亨利(H)，也是电子电路中常用的元件之一。电感是用漆包线、纱包线或塑皮线等在绝缘骨架或磁芯、铁芯上绕制成的一组串联的同轴线匝。

电感的主要作用是阻交流通直流，阻高频通低频，即高频信号通过电感时会遇到很大的阻力，很难通过；而低频信号通过电感时其所呈现的阻力比较小，即低频信号可以较容易地

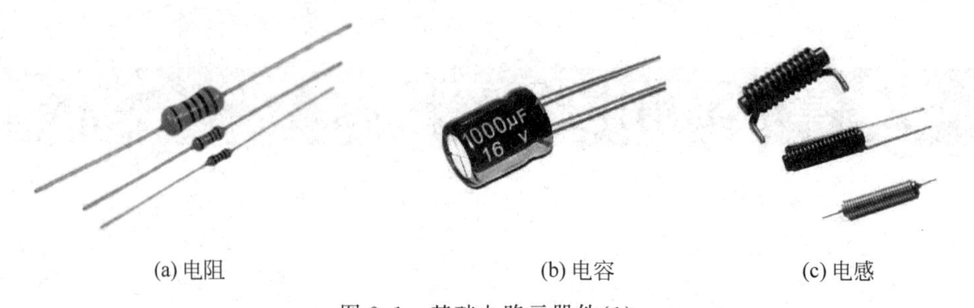

(a) 电阻　　(b) 电容　　(c) 电感

图 2.1　基础电路元器件(1)

通过它。电感对直流电的电阻几乎为零,通常用作对交流信号进行隔离、滤波或与电容、电阻等组成谐振电路。

4. 二极管

二极管又称晶体二极管,如图 2.2(a)所示。一般来说,晶体二极管是一个由 P 型半导体和 N 型半导体烧结形成的 PN 结界面,在其界面的两侧形成空间电荷层,构成自建电场。当外加电压等于零时,由 PN 结两边载流子的浓度差引起的扩散电流和由自建电场引起的漂移电流相等而处于电平衡状态,这也是常态下的二极管特性。它是一种具有单向传导电流的电子元器件。在半导体二极管内部有一个 PN 结,两个引线端子,这种电子元器件按照外加电压的方向,具备单向电流的传导性。

外加正向电压时,在正向特性的起始部分正向电压很小,不足以克服 PN 结内电场的阻挡作用,正向电流几乎为零,这一段称为死区。这个不能使二极管导通的正向电压称为死区电压。当正向电压大于死区电压时,PN 结内电场被克服,二极管导通,电流随电压增大而迅速上升。在正常使用的电流范围内,导通时二极管的端电压几乎维持不变,这个电压称为二极管的正向电压。

外加反向电压不超过一定范围时,通过二极管的电流是少数载流子漂移运动所形成的反向电流,由于反向电流很小,因此二极管处于截止状态。这个反向电流又称反向饱和电流或漏电流,二极管的反向饱和电流受温度的影响很大。

二极管的一个重要应用是稳压二极管,又称齐纳二极管。稳压二极管是一种直到临界反向击穿电压前都具有很高电阻的半导体元器件。在该临界击穿点上,反向电阻降低到一个很小的数值,在这个低阻区中电流增加而电压保持恒定。稳压二极管是根据击穿电压来分挡的,因为这种特性,稳压二极管主要被作为稳压器或电压基准元件使用。稳压二极管可以串联起来在较高的电压上使用,通过串联就可获得更多的稳定电压。

5. 三极管

三极管的全称是半导体三极管,也称双极型晶体管、晶体三极管[图 2.2(b)],是一种控制电流的半导体器件,其作用是把微弱信号放大成幅度值较大的电信号,也用作无触点开关。三极管有 3 个电极,即基极(b)、集电极(c)和发射极(e)。3 个杂质半导体区域之间形成两个 PN 结,发射区与基区间的 PN 结称为发射结,集电区与基区间的 PN 结称为集电结。晶体三极管是半导体基本元器件之一,具有电流放大作用,是电子电路的核心元器件。三极管是在一块半导体基片上制作两个相距很近的 PN 结,两个 PN 结把整块半导体分成3部分，中间部分是基区，两侧部分是发射区和集电区，排列方式有PNP和NPN两种。

以NPN型硅管为例，当集电极接电源，发射极接地时，给基极一个高电平(大于0.7V)，基极-发射极会导通；当发射极接电源，集电极接地时，给基极一个高电平(大于0.7V)，基极-集电极会导通。

三极管的分类如下。

(1) 按材质分为硅管、锗管三极管。

(2) 按结构分为NPN、PNP。

(3) 按功能分为开关管、功率管、达林顿管、光敏管等。

(4) 按功率分为小功率管、中功率管、大功率管。

(5) 按工作频率分为低频管、高频管、超频管。

(6) 按结构工艺分为合金管、平面管。

(7) 按安装方式分为插件三极管、贴片三极管。

6. 晶闸管

晶闸管是晶体闸流管的简称，又称可控硅整流器[图2.2(c)]，以前被简称为可控硅。晶闸管由一个P-N-P-N 4层半导体构成，中间形成了3个PN结。它有3个极：阳极、阴极和门极。晶闸管具有硅整流器元件的特性，能在高电压、大电流条件下工作，且其工作过程可以控制，被广泛应用于可控整流、交流调压、无触点电子开关、逆变及变频等电子电路中。

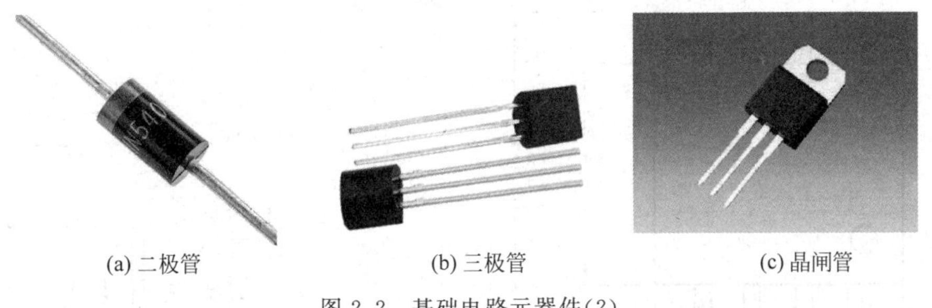

(a) 二极管　(b) 三极管　(c) 晶闸管

图2.2 基础电路元器件(2)

晶闸管导通条件：加正向电压且门极有触发电流。其派生元器件有快速晶闸管、双向晶闸管、逆导晶闸管、光控晶闸管等。它是一种大功率开关型半导体元器件，在电路中用文字符号V或VT表示。

晶闸管在工作过程中，它的阳极(A)和阴极(K)与电源和负载连接，组成晶闸管的主电路，晶闸管的门极(G)和阴极(K)与控制晶闸管的装置连接，组成晶闸管的控制电路。

晶闸管为半控型电力电子元器件，它的工作条件如下。

(1) 晶闸管承受反向阳极电压时，无论门极承受何种电压，晶闸管都处于反向阻断状态。

(2) 晶闸管承受正向阳极电压时，仅在门极承受正向电压的情况下晶闸管才导通，这时晶闸管处于正向导通状态。这就是晶闸管的闸流特性，即可控特性。

(3) 晶闸管在导通情况下,只要有一定的正向阳极电压,无论门极电压如何,晶闸管都保持导通,即晶闸管导通后,门极失去作用,只起触发作用。

(4) 晶闸管在导通情况下,当主回路电压(或电流)减小到接近于零时,晶闸管关断。

2.2 LM358 运算放大器

LM358 是一个包括两个独立的、高增益、内部频率补偿的双运算放大器,适用于电源电压范围很宽的单极性供电,也适用于双极性供电。在推荐的工作条件下,电源电流与电源电压无关。LM358 的使用范围包括传感放大器、直流增益模块和其他所有可用单电源供电的使用运算放大器的场合。

2.2.1 LM358 运算放大器的封装形式

运算放大器的种类繁多,但是放大的基本原理不会改变。LM358 器件引脚的封装有两种形式,一种是贴片式封装(Small Out-Line Package,SOP),另一种是双列直插式封装(Dual In-Line Package,DIP),如图 2.3 和图 2.4 所示。

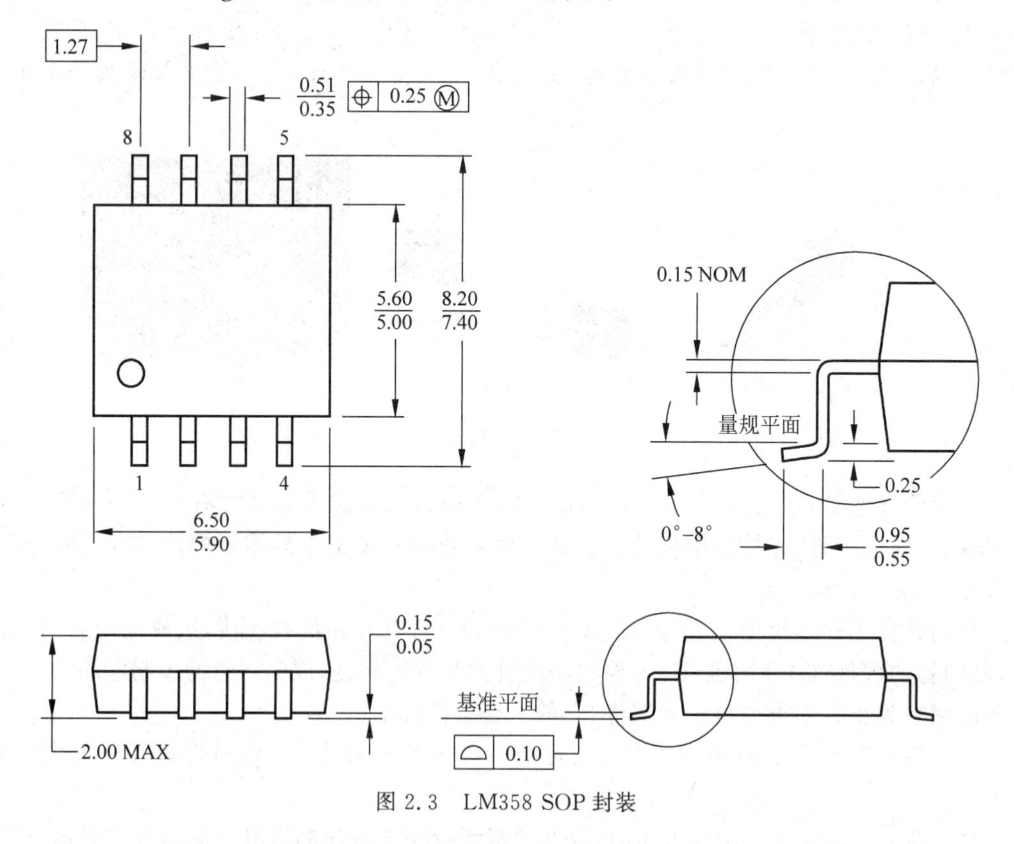

图 2.3 LM358 SOP 封装

LM358 的内部结构如图 2.5 所示,其 DIP 封装实物如图 2.6 所示。

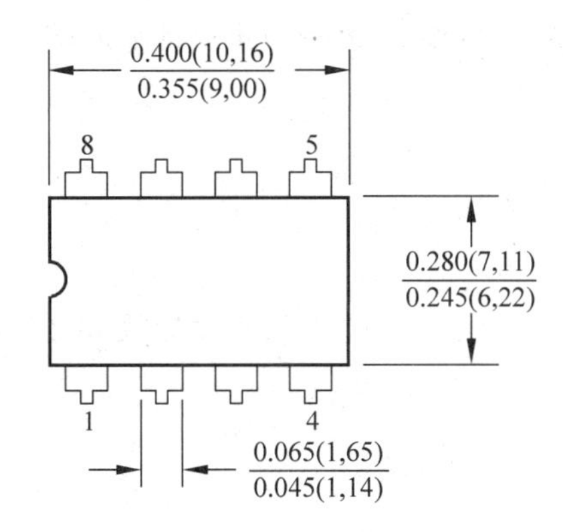

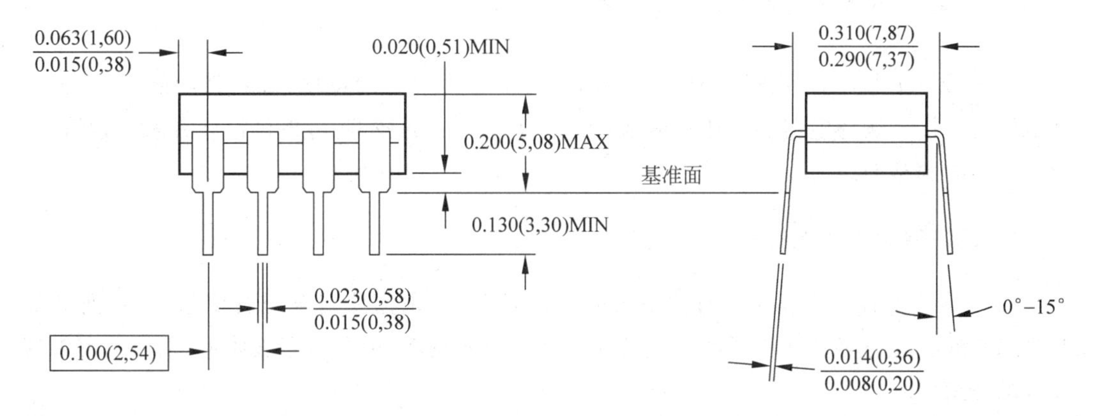

图 2.4 LM358 DIP 封装

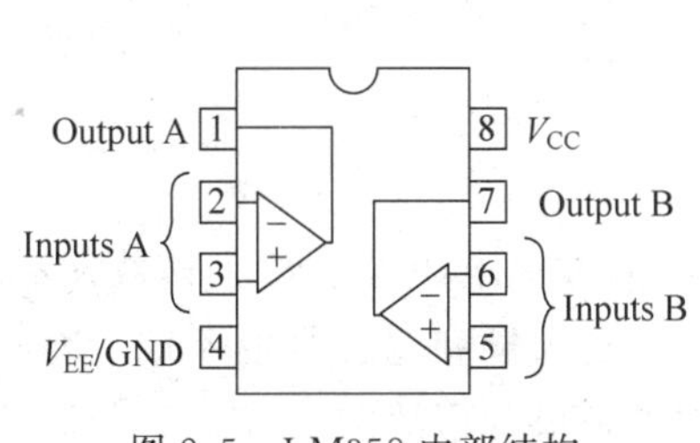

图 2.5 LM358 内部结构

图 2.6 LM358 DIP 封装实物

1. 电源线

(1) V_{CC}(8 引脚):正电源引脚。正常工作时,如果是单极性供电(4 引脚接地),最大可以接入 32V 直流电;如果是双极性供电(4 引脚最大可以接−16V 直流电),则最大可以接入 16V 直流电。

(2) V_{EE}/GND(4 引脚):接地引脚。

2. 输入线

LM358 内部有两组输入线,分别是 2 引脚和 3 引脚、6 引脚和 5 引脚。

(1) Inputs A(2、3 引脚)：2 引脚为负反馈输入端，3 引脚为正反馈输入端。

(2) Inputs B(6、5 引脚)：同 Inputs A。

3. 输出线

LM358 内部有两组输出线，分别是 1 引脚和 7 引脚。

(1) Output A(1 引脚)：由 Inputs A 输入的信号经过运算放大器放大之后，从 1 引脚输出。

(2) Output B(7 引脚)：同 Output A。

2.2.2 LM358 运算放大器的基本设计

在学习一个芯片时，我们需要通过查阅芯片手册了解它的特性，确定其功能、用途及典型电路的连接。典型电路的连接一般取自芯片手册最后的样例，可以供设计者参考，对初学者也有很大的帮助。

1. LM358 运算放大器的基本特点

(1) LM358 有静态和动态两种不同的工作状态，如果需要对其进行定量分析，有时需要画出它的直流通路和交流通路。直流通路和交流通路在《模拟电子技术基础》[①] 一书中有详细的介绍。

(2) LM358 的电路往往加有负反馈(类似于温度反馈调节原理)，这种反馈有时在本级内，有时是从后级反馈到前级，所以在分析这一级时需要"瞻前顾后"。在理解每一级的原理之后，就可以把整个电路串通起来进行全面综合分析。

2. 使用 Multisim 13.0 软件设计放大电路

使用 Multisim 13.0 软件仿真双电源运放同向放大器电路。放大倍数又称增益，它是衡量放大电路放大能力的指标。根据需要处理的输入量和输出量的不同，增益有电压、电流、互阻、互导和功率等，其中电压增益应用最多也是最为广泛的。

同向放大器信号输入与输出之间的关系如下：

$$U_{out} = [(R_3 + R_2)/R_3]U_{in}$$

式中：U_{out} 为输出电压(示波器的显示值)；U_{in} 为输入电压(电源输入值)。

输出波形放大 10 倍：通道 A 输入 50mV，通过 LM358 放大后，输出相同波形在通道 B 显示为 500mV。公式的由来，请读者参考《模拟电子技术基础》[②]。

图 2.7 所示为 LM358 仿真电路设计，其闭环增益为$(R_3+R_2)/R_3$。

(1) 输入电阻：放大电路的输入电阻是从输入端向放大电路内看进去的等效电阻，它等于放大电路输出端接实际负载电阻后，输入电压与输入电流之比，即 $R_i=U_i/I_i$。对于信号源来说，输入电阻就是它的等效负载。

①② 初永丽，王雪琪，范丽杰. 模拟电子技术基础[M]. 西安：电子科技大学出版社，2016.

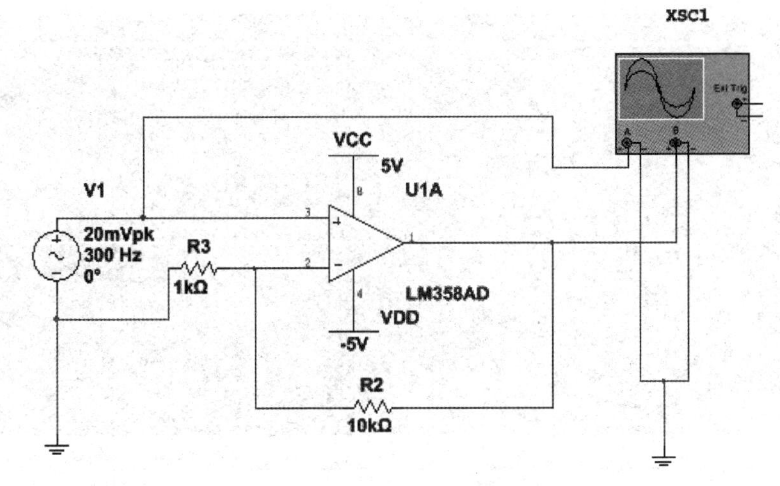

图 2.7 LM358 仿真电路设计

输入电阻的大小反映了放大电路对信号源的影响程度。输入电阻越大，电路从信号源汲取的电流（输入电流）就越小，信号源内阻上的压降就越小，实际输入电压就越接近于信号源电压，常称为恒压输入。反之，当要求恒流输入时，则必须使 $R_i \ll R_s$；若要求获得最大功率输入，则要求 $R_i = R_s$，常称为阻抗匹配。

(2) 输出电阻：对负载而言，放大电路的输出端可等效为一个信号源。输出电阻越小，输出电压受负载的影响就越小。若 $R_o = 0$，则输出电压的大小将不受 R_L 大小的影响，称为恒压输出；当 $R_L \ll R_o$ 时，即可得到恒流输出。因此，输出电阻的大小反映了放大电路带负载能力的大小。

(3) 性能指标：电压增益、输入电阻和输出电阻是放大电路的 3 个主要性能指标，分析这 3 个指标最常用的方法是微变等效电路法。这是一种在小信号放大条件下，将非线性的三极管放大电路等效为线性放大电路的方法。

注意：以上知识内容涉及了模拟电子电路的知识，读者如果不熟悉，并不影响之后的学习。有兴趣的读者也可以提前预习相关的知识。

3. 示波器的使用

在电子设计中，示波器是使用非常频繁的仪器之一，需要通过示波器来查看波形的变化以及验证波形的正确性。在 Multisim 13.0 软件中选择示波器，连接电路，仿真开始后，双击示波器本身就可以看到波形。

如图 2.8 所示，在底部菜单栏中可以看到时基、通道 A、通道 B 和触发几个区域。由于触发涉及数字电子技术的知识，因此这里只进行简单介绍。

(1) 时基区：用来设置 X 轴方向的时基扫描时间。

标度：选择 X 轴方向每一个刻度代表的时间。选择“标度”后，其右侧将出现刻度微调按钮。根据所测信号频率的高低，调节微调按钮，选择适当的值。

X 轴位移：表示 X 轴方向时间基线的起始位置，修改设置可以使时间基线左右移动。

Y/T：表示 Y 轴方向显示 A、B 两通道的输入信号，X 轴方向显示时间基线，并按设置

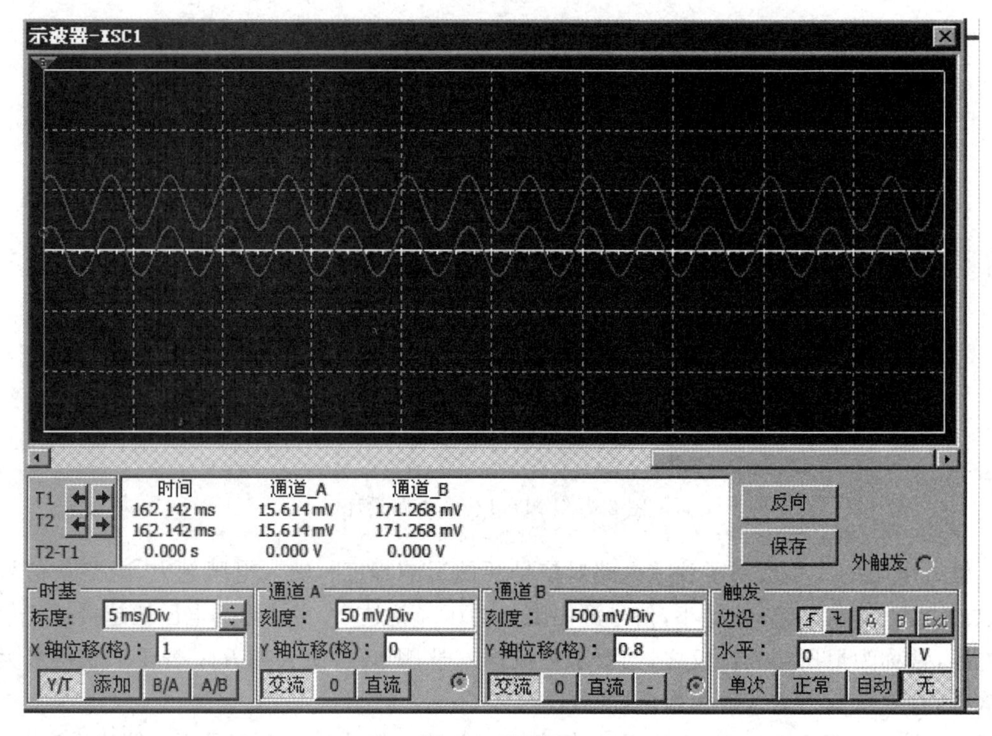

图 2.8 示波器

值进行扫描。当显示随时间变化的信号波形(如三角波、方波、正弦波等)时,常采用此方式。

添加:表示 X 轴按设置时间进行扫描,而 Y 轴方向显示通道 A、B 的输入信号之和。

B/A:表示将通道 A 信号作为 X 轴的扫描信号,将通道 B 信号加在 Y 轴上。

A/B:与 B/A 相反,作用一样。

(2) 通道 A 区。

刻度:选择 X 轴方向每一个刻度代表的时间。选择"刻度"后,其右侧将出现刻度微调按钮。根据所测信号频率的高低,调节微调按钮选择适当的值。

Y 轴位移:表示时间基线在显示屏幕中的上下位置。当其值大于 0 时,时间基线在屏幕上侧,反之在下侧。

交流:表示屏幕仅显示输入信号中的交流分量(相当于实际电路中加入了隔直电容)。

0:表示将输入信号对地短接。

直流:表示屏幕将全部显示信号的交直流分量。

(3) 通道 B 区:用来设置 Y 轴方向通道 B 输入信号的标度,其设置与通道 A 相同,此处不再赘述。

(4) 触发区。

边沿:表示将输入信号的上升沿或下降沿作为触发信号。

水平:用于选择触发电平的大小。

单次:选择单脉冲触发。

正常:选择一般触发脉冲触发。

自动:表示触发信号不依赖外部信号,一般情况下选择 Auto 方式。

A 或 B：表示通道 A 或通道 B 的输入信号作为同步 X 轴时基扫描触发信号。

Ext：用示波器图标上触发端子 T 连接的信号作为触发信号来同步 X 轴时基扫描。

由图 2.8 可以看到，两波形类似，但其刻度不同，它们之间的比值是 10，与之前的计算结果近似相等。

2.2.3　实际电路的焊接

前面通过简单的电路设计将输入信号放大了 10 倍，但是其只是仿真，不足以说明实际问题，在实际情况中可能还有其他问题存在。所以本节对仿真电路进行焊接。

1. 烙铁

现代烙铁通常是指焊接电子元器件的工具，包括底座和烙铁头，如图 2.9 所示。通过烙铁融化焊锡，在需要的位置进行电焊，能够起到将铜丝固定和导电的作用。烙铁是在电路设计实物连接中经常用到的工具之一。

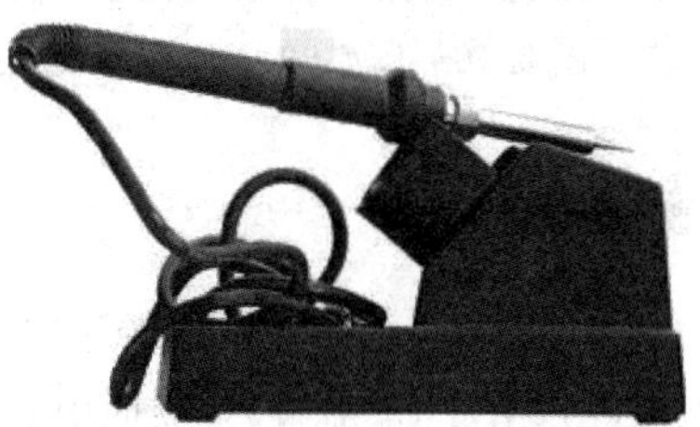

图 2.9　烙铁

2. 焊接

运用烙铁将刚才在 Multisim 13.0 软件中设计的电路进行实物焊接。由于烙铁温度很高，在焊接过程中应当注意防止烫伤。如果不慎烫伤，应当及时进行处理，以免出现更大的意外。

3. 测试

电路焊接完成之后应当进行测试。必须要明确的是，芯片在工作时都是要接电源的，由于很多初学者在一开始焊接时不是很仔细，经常忘记给芯片供电，以至于不能正常显示波形。虚焊也是非常严重的问题之一，虚焊主要是初学者在焊接电路时由于粗心导致焊锡和焊点之间接触不良而引起的。如果电路中存在虚焊，那么电路在该焊点处的电阻将趋于无穷大(断路)。虚焊可以通过万用表进行测试，选择电阻挡的 $R\times1$ 挡位，把表笔分别触及焊点和对应的元件引脚。如果元件未虚焊，则测得的电阻为 0；如果测得的电阻为无穷大，则证明存在虚焊。

2.3　LM393 电压比较器

LM393 是双电压比较器集成电路(Integrated Circuit，IC)，它将输入信号与参考电压(2 引脚或 6 引脚的电压)进行比较，如果输入电压的幅值大于给定的参考电压，则输出高电平，反之输出低电平。LM393 电压比较器可用作模拟电路和数字电路的接口，还可用作波形产生和变换电路等。利用简单的 LM393 电压比较器，可将正弦波变为同频率的方波或矩形波。

2.3.1 LM393 电压比较器的封装形式

同 LM358 封装形式(图 2.3 和图 2.4)一样,LM393 也有两种封装形式,如图 2.10 所示。LM393 的内部结构如图 2.11 所示。

(a) DIP　(b) SOP

图 2.10　LM393 DIP/SOP 封装形式

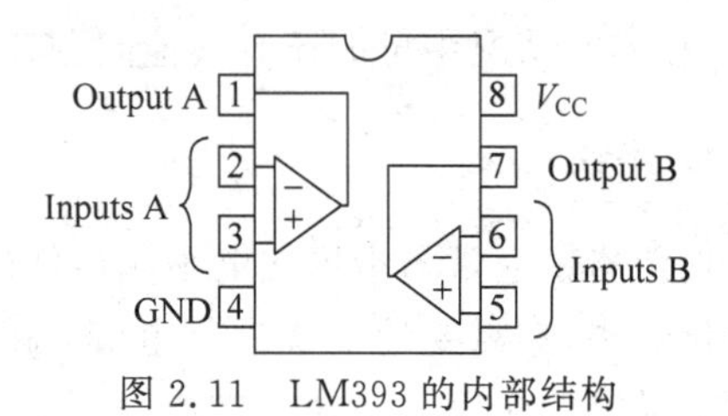

图 2.11　LM393 的内部结构

1. 电源线

(1) V_{CC}(8 引脚):正电源引脚。正常工作时,单电源最高可达 36V,双电源为－18～＋18V。

(2) GND(4 引脚):接地引脚。

2. 输入线

LM393 内部有两组输入线,分别是 2 引脚和 3 引脚、6 引脚和 5 引脚。

(1) Inputs A(2、3 引脚):2 引脚为负信号输入端,3 引脚为正信号输入端。

(2) Inputs B(6、5 引脚):同 Inputs A。

3. 输出线

LM393 内部有两组输出线,分别是 1 引脚和 7 引脚。

(1) Output A(1 引脚):由 Inputs A 输入的信号经过电压比较器之后,从 1 引脚输出,可以用示波器查看输出波形。

(2) Output B(7 引脚):同 Output A。

2.3.2 LM393 电压比较器的基本特点

LM393 是高增益器件,与大多数比较器一样,如果输出端到输入端有寄生电容而产生耦合,则很容易产生振荡(输出的波形不与预期吻合,出现瑕疵)。这种现象仅仅出现在当电压比较器改变状态时输出电压过渡的间隙,电源加旁路滤波在一定程度上能够解决这个问题。电压比较器的所有没有用的引脚必须接地,防止干扰由悬空引脚引入。

LM393 确立了其静态电流与电源电压在范围 2.0～30V 无关。通常电源电路需要加旁路电容,将混有高频电流和低频电流的交流电中的高频成分旁路过滤掉。不过差分输入电压可以大于 V_{CC} 并不损坏元器件,但是保护部分必须能阻止输入电压向负端超过－0.3V。

2.3.3 LM393 电压比较器的电路设计

根据 LM393 的基本原理，设计图 2.12 所示的电路。通过加入电源，可以输出反向的方波。关于本电路的具体设计原理，读者可以参考《模拟电子技术基础》一书，这里只是对输出的波形分析，只给出了设计的最基本形式。读者可以根据学习情况，自行设计合理的电路。

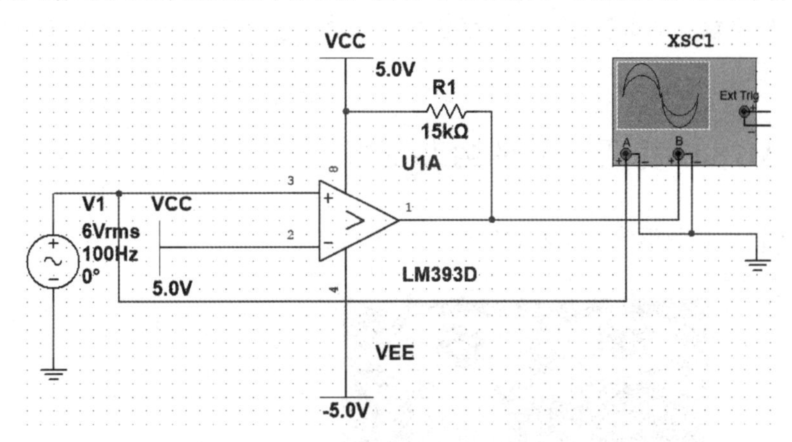

图 2.12 LM393 Multisim 电路设计

如图 2.13 所示，当输入的信号为正弦波时，输出了方波。这是因为有双电源，所以在 X 轴的下方输出了方波；如果采用单电源进行供电，那么在 X 轴下方不会输出波形，读者可以自己测试一下。在使用时，应该明确示波器测量的是交变电流，所以最后一栏应该选择交流，这样就可以避免其中的直流分量。由于电路设计得相对简单，因此在输出端没有考虑振荡，这里只是为了简单说明原理，验证 LM393 有电压比较器的功能。

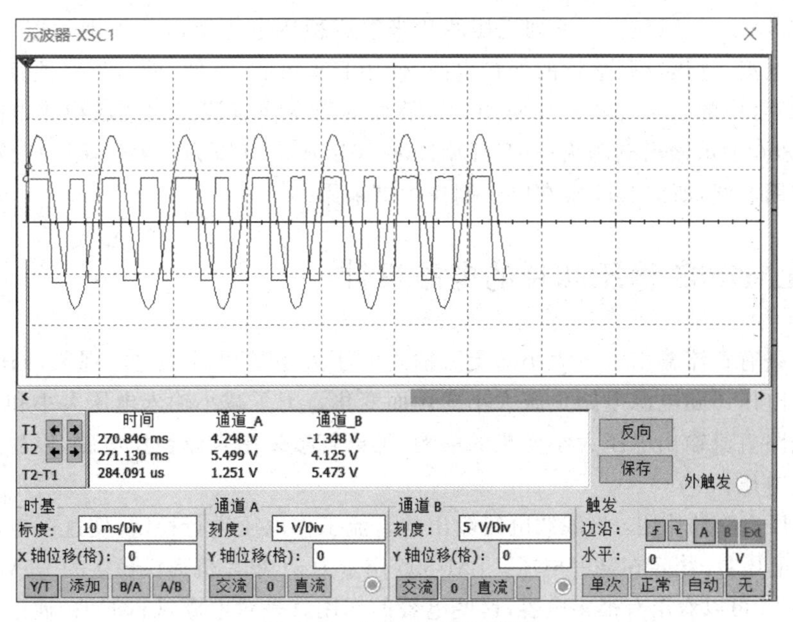

图 2.13 LM393 输出波形

2.4 LM7805 稳压芯片

电子产品中,常见的三端稳压 IC 有正电压输出的 LM78××系列和负电压输出的 LM79××系列。顾名思义,三端稳压 IC 只有 3 条引脚输出,分别是输入端、接地端和输出端,作用是能够将输入的电压值以一定的稳定电压输出。本节主要介绍 LM7805,该芯片能够输出 5V 的稳定电压。

2.4.1 LM7805 稳压芯片的封装形式

LM7805 常见封装形式和引脚,如图 2.14 所示。

(a) 实物

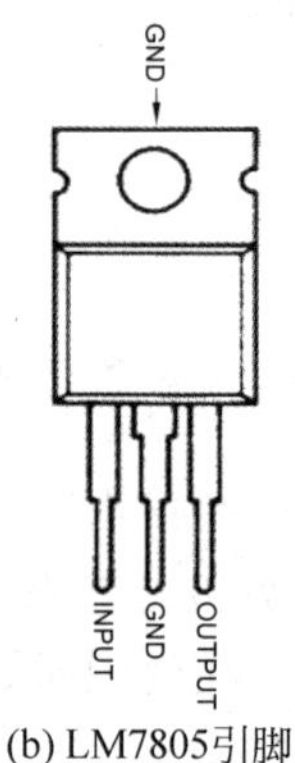

(b) LM7805引脚

图 2.14 封装形式和引脚

用 LM78××/LM79××系列稳压芯片来组成稳压电源所需的外围元器件极少,电路内部还有过电流、过热及调整管的保护电路,使用起来可靠、方便,而且价格便宜。该系列集成稳压 IC 型号中的 LM78××/LM79××后面的数字代表该三端集成稳压电路的输出电压,如 LM7806 表示输出电压为+6V,LM7909 表示输出电压为−9V。因为三端固定集成稳压电路使用方便,所以其经常在电子制作中被采用。

2.4.2 LM7805 稳压芯片的电路设计

电源电路有直流输出电压大小随交流输入电压大小变化而变化的现象,同时电源电路的直流输出电压还随电源电路负载大小变化而变化。为了减小输入电压大小和电源负载大小对电源电路直流输出电压大小变化的影响,可以直接采用直流稳压电路,以稳定电源电路输出的直流电压。

直流稳压电路的作用:将滤波电路输出的直流工作电压进行稳定,使这一电源电路输出的直流工作电压 U_o 稳定在某一电压。LM7805 用于为 51 单片机提供稳定的+5V 直流电压。

由图 2.15 可以看出有很多电容,这些电容的作用就是对电源进行滤波,通过对电源的滤波,可使输出的+5V 直流电压更加稳定。图 2.15 所示的电压表测得的输出电压约为 5V。

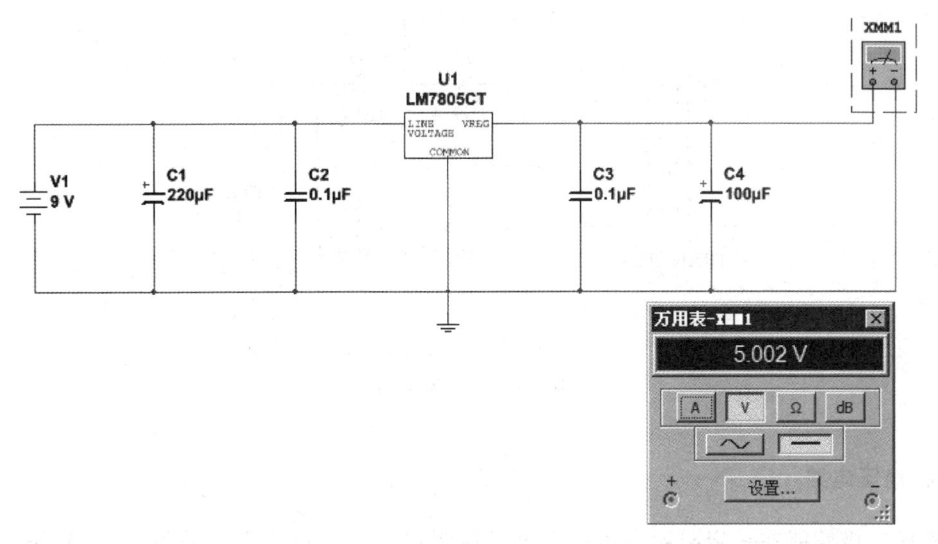

图 2.15　LM7805 Multisim 电路设计图

2.5　电子电路实例

2.5.1　实例 1：交变直流电路

交变直流电路如图 2.16 所示。

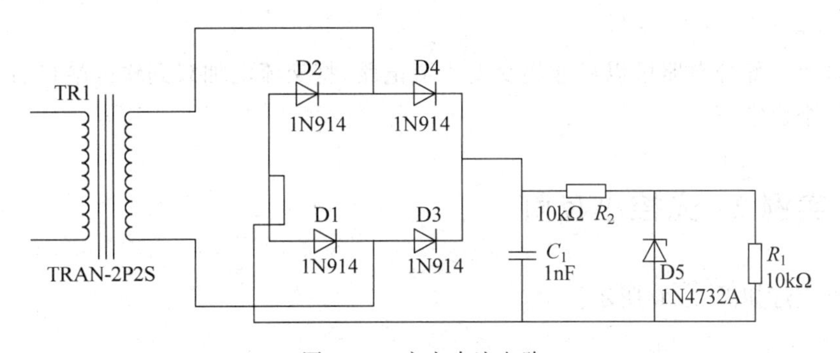

图 2.16　交变直流电路

1. 整流电路

整流电路的工作原理非常简单，依据二极管的单向导电性，无论输入电流正负如何改变，电流始终单向通过负载，如图 2.17 所示。

2. 滤波电路

当电容两端的电压发生改变时，电容的充放电过程在一定程度上抑制了电压改变的效果，因此电容具有平波作用，可使负载电压更加平滑，如图 2.18 所示。

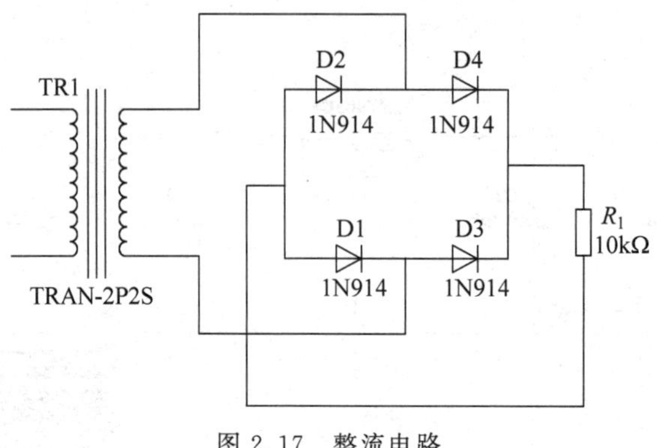

图 2.17 整流电路

3. 稳压电路

稳压二极管能在一定限度内将负载电压控制在一个比较稳定的数值，通过稳压二极管可以搭建稳压电路，稳压回路外需加入电阻进行分压。不同稳压二极管的稳压性能不同，请自行查询或测试。稳压二极管的作用类似于之前的 LM7805，如图 2.19 所示。

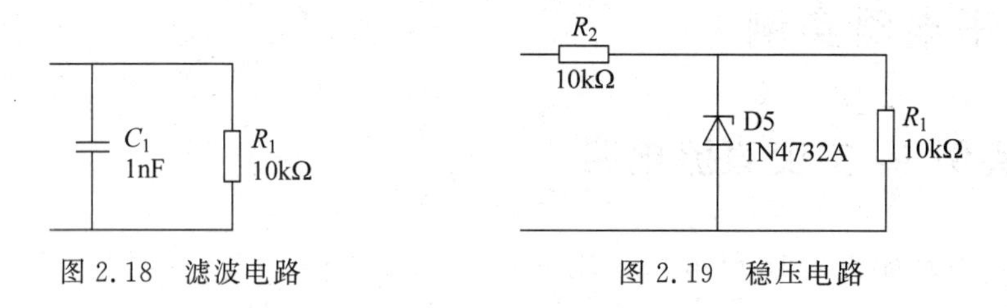

图 2.18 滤波电路

图 2.19 稳压电路

通过以上 3 部分电路可以搭建出交变直流电路，将交流电加载到输入端口后，负载上的电压会是一个稳定值。

2.5.2 实例 2：光控小夜灯

光控小夜灯如图 2.20 所示。

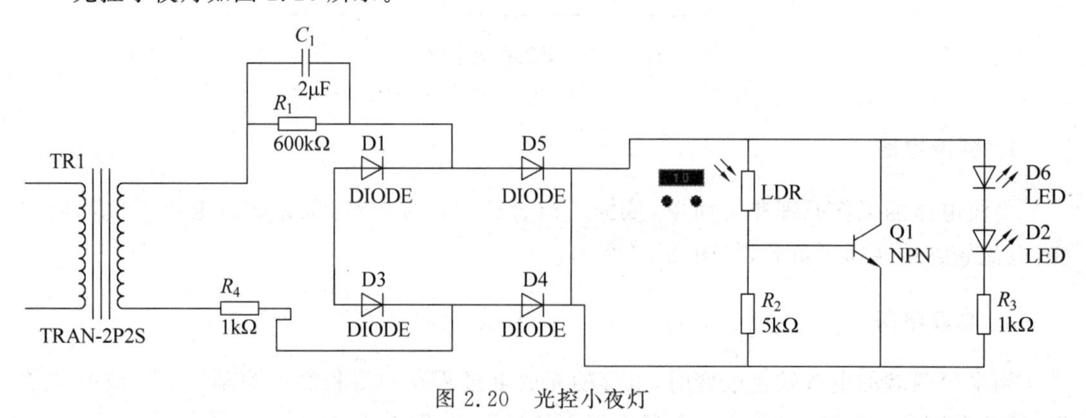

图 2.20 光控小夜灯

1. 整流电路

整流电路如图 2.21 所示，220V 电压经过变压器降压、整流电路整流后，产生脉动直流。

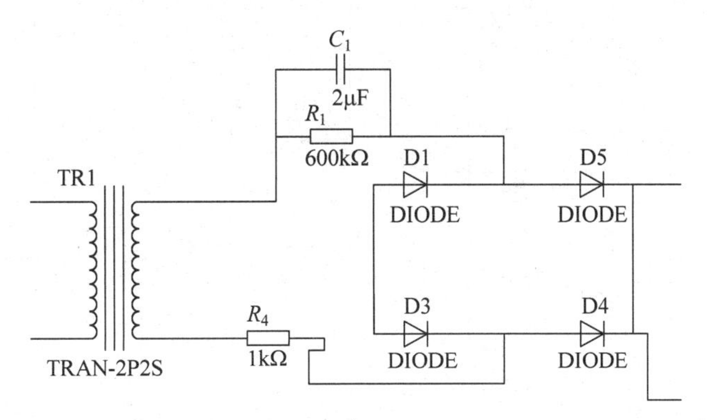

图 2.21　光控小夜灯整流电路

2. 光控电路

光控电路如图 2.22 所示，其中 LDR1 为光敏电阻，有光照时，其电阻将会减小。这时 R_2 和 LDR1 分压，三极管基极电压将大于死区电压（一般为 0.5V，三极管死区电压是指三极管在由截止状态转向放大状态时的电压 U_{BE}），这时 VT 饱和导通，并且此时 C-E 两极间的饱和压降很小（0.7V 以下），所以灯不会点亮。当没有光照时，光敏电阻阻值很大，导致 U_{BE} 之间的电压变大，所以灯亮。

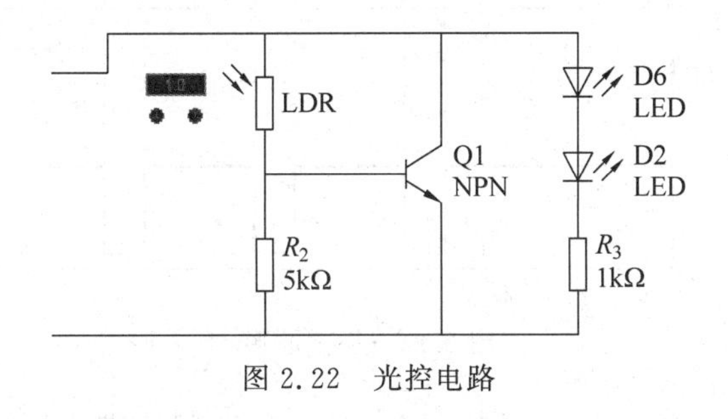

图 2.22　光控电路

2.5.3　实例 3：555 多谐振荡器

图 2.23 所示为 555 多谐振荡器电路，电源接通时，555 的 3 引脚输出高电平，同时电源通过 R_1、R_2 向电容 C 充电，当 C 上的电压到达 555 集成电路 6 引脚的阈值电压（$2/3V_{CC}$）时，555 的 7 引脚把电容里的电放掉，3 引脚由高电平变成低电平。当电容的电压降到 $1/3V_{CC}$ 时，3 引脚又变为高电平，同时电源再次经 R_1、R_2 向电容充电。这样周而复始，形成振荡。

振荡波形如 2.24 所示。

其中维持时间 t_{PH} 的长短与电容的充电时间有关。充电时间常数 $T_{充}=(R_1+R_2)C$。本次试验就是依靠该原理进行的，发声电路如图 2.25 所示。

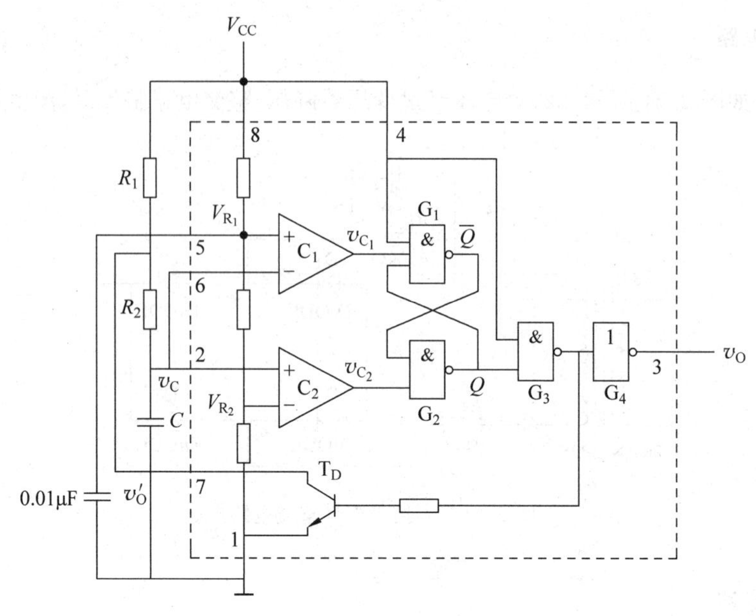

图 2.23　555 多谐振荡器电路

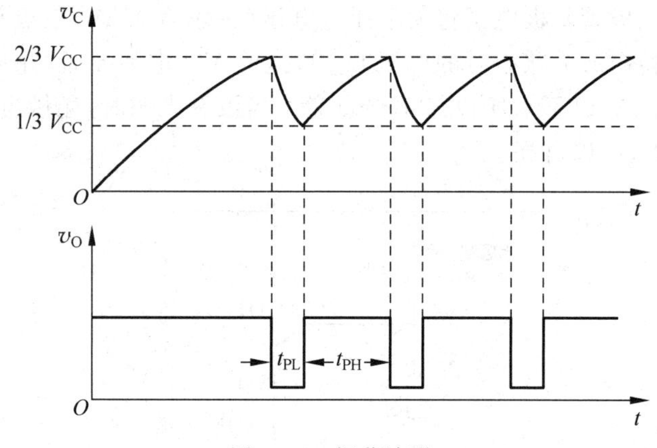

图 2.24　振荡波形

图 2.25 中的 $T_{充}=(R_1+R_w)C$，其中 R_w 为按动不同按键连接的不同电阻。例如，按动第一个按键，则 $R_w=R_2$；按动第二个按键，R_w 即为 R_2+R_3。这样形成的 T_{PH} 的长度因为按动不同的按键形成了不同长度，因此蜂鸣器可以发出不同的声音。

2.5.4　实例 4：精简音频放大电路

如图 2.26 所示，音频放大电路是固定偏置电路，同时是最简单的三极管音频放大电路。因为电源电压对偏置电流的影响很大，所以可以使用万用表，将 C 极电压调为电源电压的 1/2 左右，这样就可以可以放大输入的音频信号。负反馈偏置电路如图 2.27 所示。

此电路为偏置接入负反馈，这会使得放大倍数变小，电源电压对偏置电流影响较小。这是因为电压负反馈接法可以使适应电压的范围更宽。此种放大电路属甲类放大电路，因为

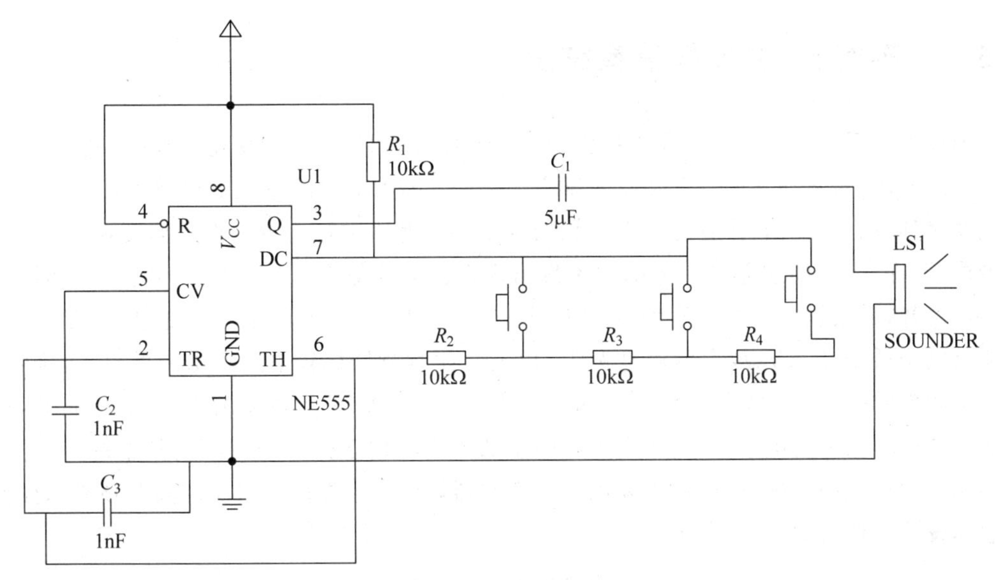

图 2.25 发声电路

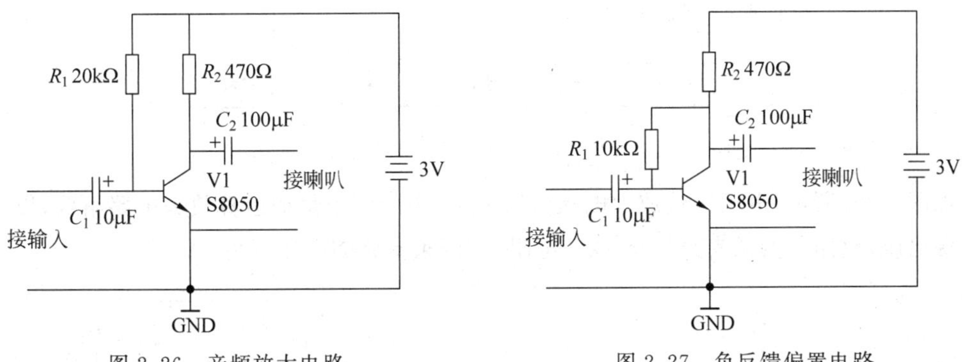

图 2.26 音频放大电路　　图 2.27 负反馈偏置电路

输出功率太小，效率较低，所以在低电压电路中极少采用，实际多用在功率推动电路中，可以同时放大电压和电流，并且电路十分简单，运用在这个简单的音频放大电路上十分合适。

注意：在以上简单音频放大电路中的输入端不能直接使用话筒进行输入，这是因为话筒提供的信号非常微弱。可以在话筒输入信号后使用 LM358 组成的放大电路进行信号的放大，再使用音调控制电路进行控制，最后通过以上简单音频放大电路完成对话筒输入信号的放大，如图 2.28 所示。

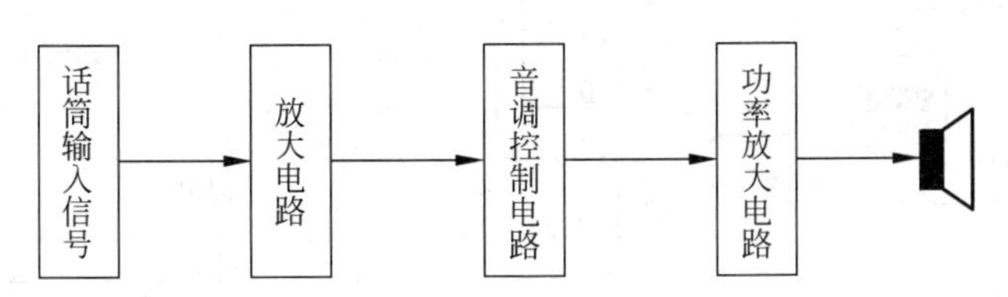

图 2.28 简单音频放大原理框图

2.5.5 实例 5：温度报警系统设计

温度报警系统采用蜂鸣器作为报警的声音元器件，通过电压的变化来模拟温度的高低。设 0℃为 0mV，温度每上升 1℃会使电压增加 2mV，因为变化的电压值很微小，所以采用放大电路对其放大 100 倍，接着通过下一级的电压比较电路进行比较。设置温度在 10～30℃范围内（允许±1℃的误差）时，蜂鸣器不发出声音；当温度低于 10℃或者大于 30℃时蜂鸣器发出声音，并根据不同的电压值对应不同的声音来区分温度。也就是说，温度低于 10℃时输入电压低于 20mV（放大器输出为 2V 以上），此时电压比较电路输出为低电平，蜂鸣器发出低频率的声音；温度高于 30℃时输入电压高于 60mV（放大器输出为 6V 以上），此时电压比较电路输出为高电平，蜂鸣器发出高频率的声音。由于需要采用不同频率的声音实现对不同温度环境的报警，因此可以采用 555 定时器做成多谐振荡器来实现高低频率的报警。其总体设计框架如图 2.29 所示。

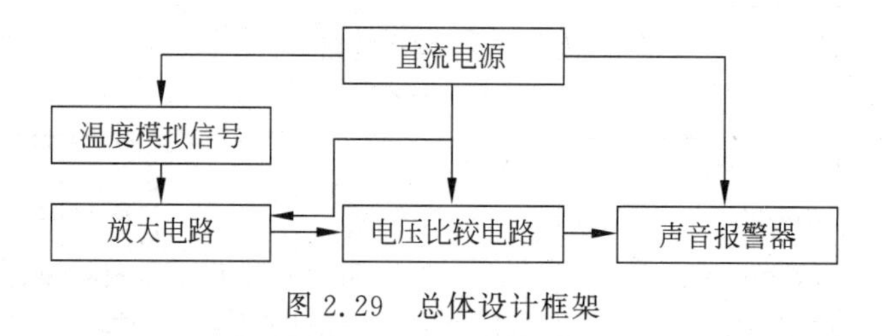

图 2.29 总体设计框架

如图 2.30 所示，电压比较放大电路由 LM324 中的两个集成运算放大电路组成，以 12V 为电源电压，电路的两条支路均接 1kΩ 电阻，使两条支路的电压都为 6V。

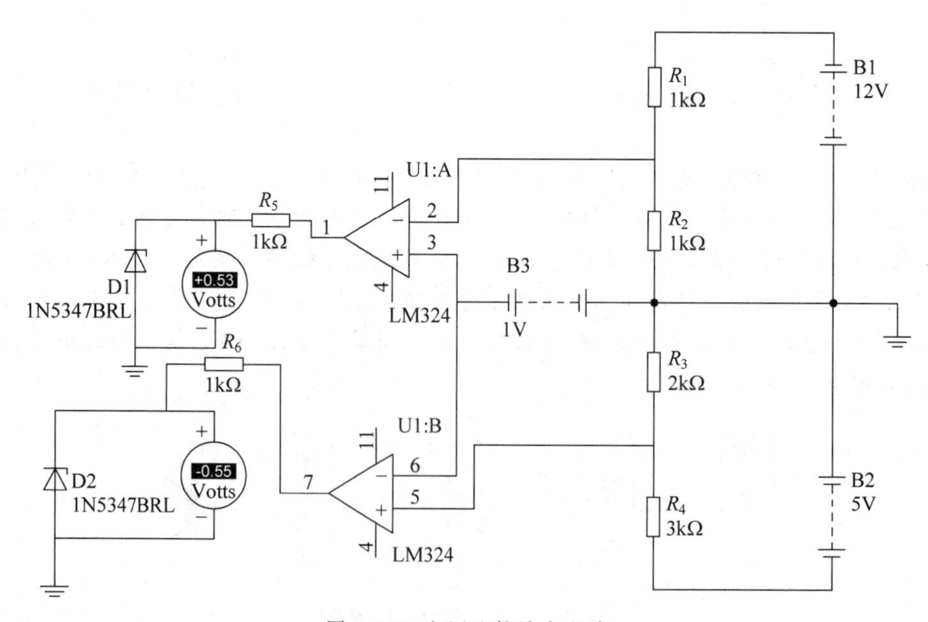

图 2.30 电压比较放大电路

如图 2.31 和图 2.32 所示，低温报警电路和高温报警电路均需要通过 555 定时器构成的多谐振荡器来产生不同频率的声音，以区分低温和高温。

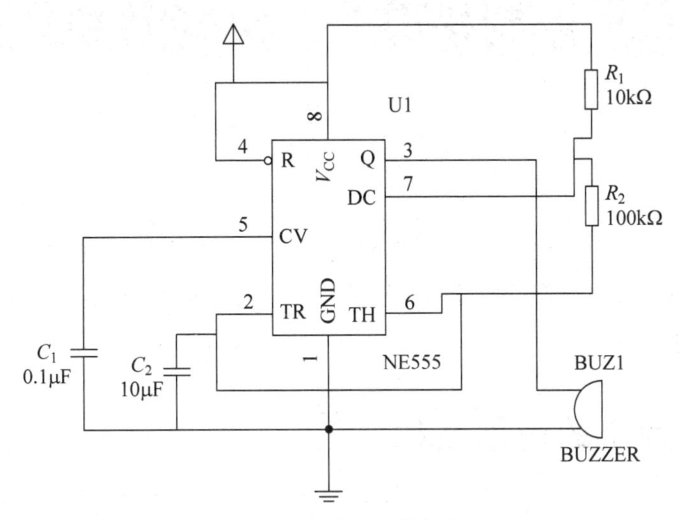

图 2.31　低温报警电路

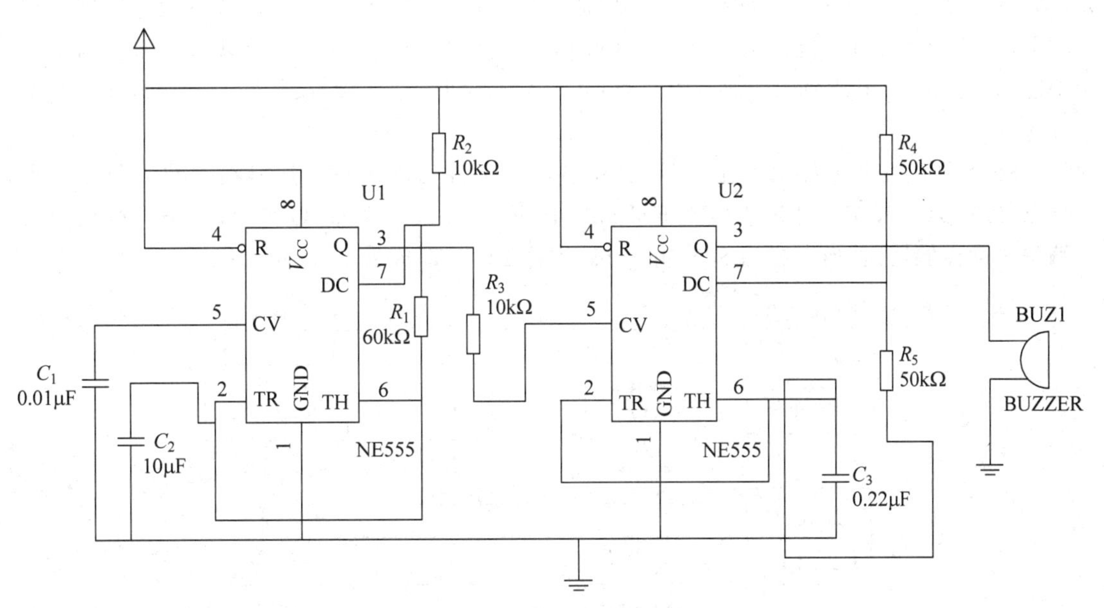

图 2.32　高温报警电路

第3章 控制核心——51单片机

本章主要介绍51单片机的引脚功能及其结构，通过对引脚功能的学习，帮助大家进一步了解51单片机是如何操作的。读者不需要记住每个引脚的功能，只要求在使用时能够查找到相关的知识即可。

3.1 51单片机的内部结构

单片机是在一块芯片中集成了CPU(Central Processing Unit，中央处理器)、RAM(Random Access Memory，随机存取存储器)、ROM(Read Only Memory，只读存储器)、定时器/计数器和多种功能的I/O(Input/Output，输入/输出)线等一台计算机所需要的基本功能部件。8051单片机内包含CPU、ROM、RAM、定时器/计数器、并行I/O接口和中断系统等部件。

8051单片机框图如图3.1所示，其中各功能部件由内部总线连接在一起。图3.1中4KB(4096B)的ROM用EPROM(Erasable Programmable Read Only Memory，可擦除可编程只读存储器)替换即成为8751单片机，去掉ROM即成为8031单片机。

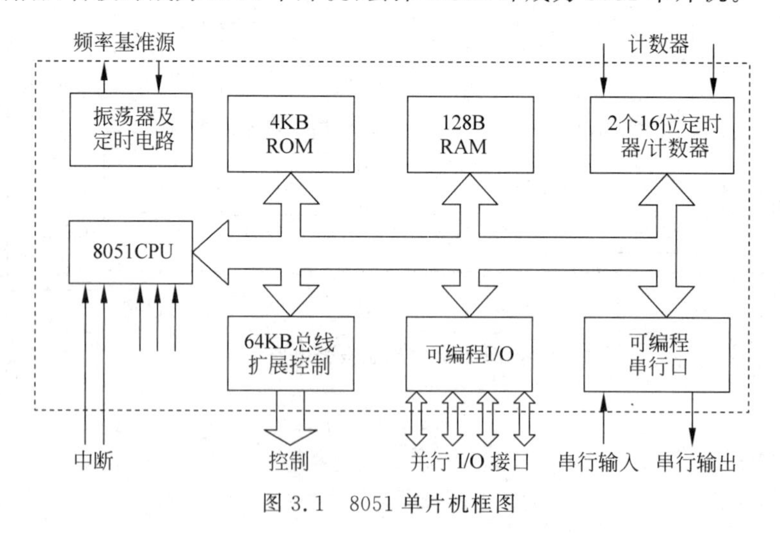

图3.1 8051单片机框图

3.1.1 CPU

CPU是单片机的核心部件，由运算器和控制器组成。8051单片机的CPU主要功能如下。

（1）8 位 CPU。

（2）布尔代数处理器，具有位寻址能力。

（3）128KB 内部 RAM 数据存储器，21 个专用寄存器。

（4）4KB 内部掩模 ROM 程序存储器。

（5）两个 16 位可编程定时器/计数器。

（6）32 个（4×8 位）双向可独立寻址的 I/O 接口。

（7）一个双全工 UART（Universal Asynchronous Receiver/Transmitter，异步串行通信口）。

（8）5 个中断源，两级中断优先级的中断控制器。

（9）时钟电路，外部晶振和电容可产生 1.2～12MHz 的时钟频率。

（10）外部程序存储器寻址空间和外部数据存储器寻址空间都为 64KB。

（11）111 条指令，大部分为单字节指令。

（12）单一+5V 电源供电，双列直插 40 引脚 DIP 封装。

1. 运算器

运算器的功能是进行算术运算和逻辑运算，其操作顺序由控制器控制。运算器由算数逻辑单元（Arithmetic Logical Unit，ALU）、累加器 A（Accumulator）、暂存器 TMP1 和 TMP2，以及程序状态字（Program Status Word，PSW）组成。

2. 控制器

控制器由程序计数器（Program Counter，PC）、堆栈指针（Stack Point，SP）、数据指针寄存器（Data Point Register，DPTR）、指令寄存器（Instruction Register，IR）、指令译码器（Instruction Decoder，ID）、定时控制逻辑和振荡器（Oscillator，OSC）等组成。CPU 根据 PC 中的地址将欲执行指令的指令码从存储器中取出，存放在 IR 中，ID 对 IR 中的指令码进行译码，定时控制逻辑在 OSC 的配合下对 ID 译码后的信号进行分时，以产生执行本条指令所需的全部信号。

OSC 是控制器的核心，与外部晶振、电容组成振荡器，能为控制器提供时钟脉冲。其频率是单片机的重要性能指标之一，时钟频率越高，单片机控制器的控制节拍就越快，运算速度也就越高。

3.1.2 存储器

MCS-51 单片机的存储器有片内和片外之分，片内存储器集成在芯片内部，片外存储器是专用的存储器芯片，需要通过印制电路板（Printed Circuit Board，PCB）上的三总线与 MCS-51 单片机连接。无论片内还是片外存储器，都可分为程序存储器和数据存储器两类。

1. 程序存储器

一般将 ROM 用作程序存储器。MCS-51 单片机具有 64KB 程序存储器寻址空间，它用于存放用户程序、数据和表格等信息。对于内部无 ROM 的 8031 单片机，它的程序存储器必须外接，空间地址为64KB。此时单片机的$\overline{EA}$端必须接地，强制CPU从外部程序存储器读取程序。对于内部有ROM的8051等单片机，正常运行时，需$\overline{EA}$接高电平，使CPU先从内部的程序存储器中读取程序，当PC值超过内部ROM的容量时，才会转向外部程序存储器读取程序。

8051单片机片内有4KB的程序存储单元，其地址为0000H～0FFFH。单片机启动复位后，PC的内容为0000H，所以系统将从0000H单元开始执行程序。

在程序存储器中有一些特殊的单元，在使用中应加以注意。其中，一组特殊单元是0000H～0002H，系统复位后，PC为0000H，单片机从0000H单元开始执行程序，应在0000H～0002H这3个单元中存放一条无条件转移指令，使CPU直接转到用户指定的程序去执行。另一组特殊单元是0003H～002DH，专门用于存放中断服务程序入口地址，中断响应后，按中断的类型自动转到各自的中断服务入口地址执行程序。因此，以上地址单元不能存放程序的其他内容。

2. 数据存储器

一般将RAM用作数据存储器。8051单片机的数据存储区分为内部数据存储区和外部数据存储区两部分。8051单片机内部有128B或256B的RAM用作数据存储器(不同的型号有区别)，它们均可读/写，部分单元还可以位寻址。

8051单片机内部RAM共有256B，分为两部分，其中地址00H～7FH单元作为用户数据RAM，地址80H～FFH单元作为特殊功能寄存器。用户数据RAM又分为工作寄存器区、位寻址区、堆栈和数据缓冲区。

内部RAM的20H～2FH单元为位寻址区，既可作为一般单元用字节寻址，也可以对它们的位进行寻址。位寻址区共有16B(128b)，位地址为00H～7FH。位地址分配如表3.1所示。CPU能直接寻址这些位，执行置1、清0、求“反”、转移、传送和逻辑运算等操作。通常称8051单片机具有布尔处理功能，布尔处理的存储空间就是位寻址区。

表3.1 位地址分配

单元地址(MSB)	位地址(LSB)							
	D7	D6	D5	D4	D3	D2	D1	D0
2FH	7FH	7EH	7DH	7CH	7BH	7AH	79H	78H
2EH	77H	76H	75H	74H	73H	72H	71H	70H
2DH	6FH	6EH	6DH	6CH	6BH	6AH	69H	68H
2CH	67H	66H	65H	64H	63H	62H	61H	60H
2BH	5FH	5EH	5DH	5CH	5BH	5AH	59H	58H
2AH	57H	56H	55H	54H	53H	52H	51H	50H
29H	4FH	4EH	4DH	4CH	4BH	4AH	49H	48H
28H	47H	46H	45H	44H	43H	42H	41H	40H
27H	3FH	3EH	3DH	3CH	3BH	3AH	39H	38H
26H	37H	36H	35H	34H	33H	32H	31H	30H
25H	2FH	2EH	2DH	2CH	2BH	2AH	29H	28H

续表

单元地址(MSB)	位地址(LSB)							
	D7	D6	D5	D4	D3	D2	D1	D0
24H	27H	26H	25H	24H	23H	22H	21H	20H
23H	1FH	1EH	1DH	1CH	1BH	1AH	19H	18H
22H	17H	16H	15H	14H	13H	12H	11H	10H
21H	0FH	0EH	0DH	0CH	0BH	0AH	09H	08H
20H	07H	06H	05H	04H	03H	02H	01H	00H

可以看出，内部 RAM 低 128 个单元的地址范围为 00H～7FH，而位寻址区的位地址范围也为 00H～7FH，二者是重叠的，在应用中可以通过指令的类型区分单元地址和位地址。

内部 RAM 的堆栈及数据缓冲区为 30H～7FH，共有 80 个单元，用于存放用户数据或作为堆栈区使用。8051 单片机对该区中的每个 RAM 单元只实现字节寻址。

3.1.3 特殊功能寄存器

特殊功能寄存器(Special Function Register，SFR)也称专用寄存器。8051 单片机有 21 个 SFR(PC 除外)，它们被离散地分布在内部 RAM 的 80H～FFH 地址单元中，共占据 128 个存储单元，构成了 SFR 存储块。SFR 存储块中，如果其单元地址能被 8 整除，则 8051 单片机允许对其进行位寻址。SFR 反映了 8051 单片机的运行状态，其功能已有专门的规定，用户不能修改其结构。表 3.2 所示为 SFR 分布一览表，这里只对其主要的寄存器进行介绍。

表 3.2 SFR 分布一览表

SFR	功能名称	物理地址	可否位寻址
B	寄存器 B	F0H	可以
A(ACC)	累加器	E0H	可以
PSW	程序状态字(标志寄存器)	D0H	可以
IP	中断优先级控制寄存器	B8H	可以
P3	P3 口数据寄存器	B0H	可以
IE	中断允许控制寄存器	A8H	可以
P2	P2 口数据寄存器	A0H	可以
SBUF	串行口发送/接收数据缓冲寄存器	99H	不可以
SCON	串行口控制寄存器	98H	可以
P1	P1 口数据寄存器	90H	可以
TH1	T1 计数器高 8 位寄存器	8DH	不可以
TH0	T0 计数器高 8 位寄存器	8CH	不可以
TL1	T1 计数器低 8 位寄存器	8BH	不可以
TL0	T0 计数器低 8 位寄存器	8AH	不可以
TMOD	定时器/计数器方式控制寄存器	89H	不可以

续表

SFR	功 能 名 称	物理地址	可否位寻址
TCON	定时器控制寄存器	88H	可以
PCON	电源控制寄存器	87H	不可以
DPH	数据指针寄存器高 8 位	83H	不可以
DPL	数据指针寄存器低 8 位	82H	不可以
SP	堆栈指针寄存器	81H	不可以
P0	P0 口数据寄存器	80H	可以

1. PC

PC 在物理上是独立的，它不属于 SFR 存储块。PC 是一个 16 位的计数器，专门用于存放 CPU 将要执行的下一条指令的地址，寻址范围为 64KB。PC 有自动加一功能，即执行完一条指令后，其内容自动加一。PC 本身并没有地址，因此不可寻址。用户无法对它进行读/写，但是可以通过转移、调用、返回等指令改变其内容，以控制程序执行的顺序。

2. 累加器 A

累加器 A 是 8 位寄存器，又记作 ACC，是一个最常用的专用寄存器。累加器 A 在算数/逻辑运算中用于存放操作数或结果，CPU 通过累加器 A 与外部存储器、I/O 接口交换信息。大部分的数据操作都会通过累加器 A 进行，它就像一个交通要道。在程序比较复杂的运算中，累加器 A 成了制约软件效率的“瓶颈”。它的功能特殊，地位十分重要，因此近年来出现的单片机，有的集成了多累加器结构，或者使用寄存器阵列代替累加器，即赋予更多寄存器以累加器的功能，目的是解决累加器 A 的“交通堵塞”问题，提高单片机的软件效率。

3. 寄存器 B

寄存器 B 是 8 位寄存器，是专门为乘除法指令设计的。在乘法指令中，寄存器 B 专门用于存放乘数和积的高 8 位；在除法指令中，寄存器 B 专门用于存放除数和余数。

4. 工作寄存器

内部 RAM 的工作寄存器区 00H～1FH 共 32B 被均匀地分成 4 个组，每个组 8 个寄存器，分别用 R0～R7 表示，称为工作寄存器或通用寄存器。其中，R0、R1 除作为工作寄存器外，还经常用于间接寻址的地址指针。

在程序中，通过 PSW 寄存器管理它们，CPU 通过定义 PSW 的第 4 位和第 3 位（RS1 和 RS0），即可选中这 4 组通用寄存器中的某一组。其对应的编码关系如表 3.3 所示。

表 3.3 编码关系

RS1（PSW.4）	RS0（PSW.3）	选定的当前使用的通用寄存器名称		
工作寄存器组	片内 RAM 地址			
0	0	第 0 组	00H～07H	R0～R7
0	1	第 1 组	08H～0FH	R0～R7
1	0	第 2 组	10H～17H	R0～R7
1	1	第 3 组	18H～1FH	R0～R7

5. PSW

PSW 是 8 位寄存器，用于存放程序运行的状态信息。PSW 中各位状态通常是在指令执行的过程中自动形成的，但也可以由用户根据需要采用传送指令加以改变。PSW 的各标志位定义如表 3.4 所示。

表 3.4 PSW 的各标志位定义

位序	PSW.7	PSW.6	PSW.5	PSW.4	PSW.3	PSW.2	PSW.1	PSW.0
标志位	CY	AC	F0	RS1	RS0	OV	—	P

各标志位简单介绍如下。

CY(PSW.7)：PSW 的 D7 位，进位、借位标志。进位、借位时 CY=1，否则 CY=0。

AC(PSW.6)：PSW 的 D6 位，辅助进位、借位标志。当 D3 向 D4 有借位或进位时，AC=1，否则 AC=0。

F0(PSW.5)：PSW 的 D5 位，用户标志位。

RS1 和 RS0(PSW.4 和 PSW.3)：PSW 的 D4 和 D3 位，寄存器组选择控制位。

OV(PSW.2)：溢出标志。有溢出时 OV=1，否则 OV=0。

PSW.1：保留位，无定义。

P(PSW.0)：奇偶校验标志位，由硬件置位或清 0。存在 ACC 中的运算结果有奇数个 1 时 P=1，否则 P=0。

6. DPTR

DPTR 是一个 16 位专用寄存器，由 DPL(低 8 位)和 DPH(高 8 位)组成，地址是 82H(DPL，低字节)和 83H(DPH，高字节)。DPTR 是传统 8051 单片机中唯一可以直接进行 16 位操作的寄存器，也可分别对 DPL 和 DPH 按字节进行操作。STC12C5A60S2 系列单片机有两个 16 位的数据指针 DPRT0 和 DPTR1，这两个 DPRT 共用同一个地址空间，可通过设置 DPS/AUXR1.0 来选择具体被使用的数据指针。

7. SP

堆栈是一种数据结构，是内部 RAM 的一段区域。堆栈有栈顶和栈底之分，堆栈的起始地址称为栈底，堆栈的数据入口称为栈顶。堆栈存取数据的原则是“先进后出”。堆栈有两种操作：进栈和出栈，都是对栈顶单元进行操作的。

SP 是一个 8 位专用寄存器。当堆栈中为空时，栈顶地址等于栈底地址，两者重合，SP 的内容即为栈底地址。栈底地址一旦设置，就固定不变，直至重新设置。每当一个数据进栈或出栈时，SP 的内容都会随之变化，即栈顶随之浮动。

在 8051 单片机中，系统复位后，SP 初始化为 07H，堆栈指针先加 1 再堆栈。在响应中断或子程序调用时，发生入栈操作，入栈的是 16 位 PC。8051 单片机中有 PUSH(压入)和 POP(弹出)栈操作指令，如有必要，在中断或调用子程序时可用 PUSH 指令把 PSW 或其他需要保护的寄存器的内容压入堆栈加以保护，返回前再使用 POP 指令把它们恢复。8051

单片机的内部RAM只有从00H到7FH共计128B的空间，而且00H～1FH是工作寄存器区，所以SP的范围一般设定为20H～70H，通常设置为60H。51单片机堆栈的容量最大不超过128B。

8. I/O接口专用寄存器(P0、P1、P2和P3)

8051单片机内有4个8位并行I/O接口P0、P1、P2和P3，每个I/O接口内部都有一个8位数据输出锁存器和一个8位数据输入缓冲器，4个数据输出锁存器与端口号P0、P1、P2和P3同名，皆为SFR中的一个，即4个并行I/O接口还可以当作寄存器直接寻址，参与其他操作。

9. 定时器/计数器(TL0、TH0、TL1和TH1)

8051单片机中有两个16位的定时器/计数器T0、T1，它们由4个8位寄存器(TL0、TH0、TL1和TH1)组成。两个16位定时器/计数器是完全独立的，用户可以单独对这4个寄存器进行寻址，但不能把T0和T1当作16位寄存器来使用。

10. 串行数据缓冲器

串行数据缓冲器(Serial Data Buffer，SBUF)用来存放需要发送和接收的数据。它由两个独立的寄存器组成，一个是发送缓冲器，另一个是接收缓冲器，发送和接收的操作其实都是对SBUF进行的。

11. 其他控制寄存器

除了以上介绍的几个专业寄存器外，还有IP、IE、TCON、SCON和PCON等几个寄存器，这几个控制寄存器主要用于中断、定时和串行接口的控制。

3.1.4 I/O接口

I/O接口是8051单片机对外部实现控制和信息交换的必经之路，用于信息传送过程中的速度匹配。I/O接口有串行和并行之分，串行I/O接口一次只能传送一位二进制信息，并行I/O接口一次能传送一组二进制信息。

3.1.5 定时器/计数器

8051单片机内部有两个16位可编程的定时器/计数器，即定时器T0(由TH0和TL0组成)和定时器T1(由TH1和TL1组成)，它们既可用作定时器定时，又可用作计数器记录外部脉冲个数，其工作方式、定时时间、启动、停止等均用指令设定。

3.1.6 中断系统

中断是CPU正在执行主程序的过程中，由于CPU之外的某种原因，有必要暂停主程序的执行,转而去执行相应的处理程序(中断服务),待处理程序结束之后,再返回源程序断点处继续运行的过程。中断系统是指处理中断过程所需要的硬件电路。

可以引起中断的事件称为中断源。8051 单片机可处理 5 个中断源发出的中断请求,并可按优先权对其进行处理。8051 单片机的引脚中断源有外部和内部之分:外部中断源有 2 个,通常指外部设备,其中断信号可从 P3.2、P3.3 输入,有电平或边沿两种引起中断的触发方式;内部中断源有 3 个,包括 2 个定时器/计数器中断源和 1 个串行口中断源。内部中断源 T0 和 T1 的两个中断方式是在它们从全“1”变为全“0”溢出时,自动向中断系统提出的。内部串行口中断源的中断请求是在串行口每发送完或接收到一个 8 位二进制数据后,自动向中断系统提出的。

8051 单片机的中断系统主要由中断允许控制器(Interrupt Enable,IE)和中断优先级控制器(Interrupt Priority,IP)等电路组成。其中,IE 用于控制 5 个中断源中断请求的允许与禁止,IP 用于控制 5 个中断源的中断请求优先权级别。IE 和 IP 也属于 SFR,其状态可由用户通过指令设定。

3.2 51 单片机的外部引脚

如图 3.2 所示,8051 单片机有 40 个引脚,可分为电源线、端口线和控制线 3 类。

引脚	名称	名称	引脚
1	P1.0	V_{CC}	40
2	P1.1	P0.0/AD0	39
3	P1.2	P0.1/AD1	38
4	P1.3	P0.2/AD2	37
5	P1.4	P0.3/AD3	36
6	P1.5	P0.4/AD4	35
7	P1.6	P0.5/AD5	34
8	P1.7	P0.6/AD6	33
9	RST/V_{PD}	P0.7/AD7	32
10	RXD/P3.0	$\overline{EA}$/V_{PP}	31
11	TXD/P3.1	ALE/$\overline{PROG}$	30
12	$\overline{INT0}$/P3.2	$\overline{PSEN}$	29
13	$\overline{INT1}$/P3.3	P2.7/A15	28
14	T0/P3.4	P2.6/A14	27
15	T1/P3.5	P2.5/A13	26
16	$\overline{WR}$/P3.6	P2.4/A12	25
17	$\overline{RD}$/P3.7	P2.3/A11	24
18	XTAL2	P2.2/A10	23
19	XTAL1	P2.1/A9	22
20	GND	P2.0/A8	21

图 3.2 8051 单片机的引脚

1. 电源线

(1) GND(20 引脚):接地引脚。

(2) V_{CC}(40 引脚):正电源引脚。正常工作时,V_{CC} 接+5V 电源。

2. 端口线

8051 单片机内有 4 个 8 位并行 I/O 接口 P0、P1、P2 和 P3，均可双向使用。

(1) P0 接口(P0.0～P0.7、39～32 引脚)。P0 接口为双向 8 位三态 I/O 接口，它既可作为通用 I/O 接口，又可作为外部扩展时的数据总线及低 8 位地址总线的分时复用接口。作为通用 I/O 接口时，需外加上拉电阻。输出数据可缓存，不需外加专用缓存器；输入数据可缓冲，增加了数据输入的可靠性。P0 接口的每个引脚可驱动 8 个 TTL 负载。

(2) P1 接口(P1.0～P1.7、1～8 引脚)。P1 接口为 8 位准双向 I/O 接口，内部具有上拉电阻，一般作为通用 I/O 接口使用。它的每一位都可以定义为输入线或输出线，作为输入时，锁存器必须置 1。P1 接口的每个引脚可驱动 4 个 TTL 负载。

(3) P2 接口(P2.0～P2.7、21～28 引脚)。P2 接口为 8 位准双向 I/O 接口，内部具有上拉电阻，可直接连接外部 I/O 设备。它与地址总线高 8 位分时复用，可驱动 4 个 TTL 负载。P2 接口一般作为外部扩展时的高 8 位地址总线使用。

(4) P3 接口(P3.0～P3.7、10～17 引脚)。P3 接口也是一个准双向接口，内部具有上拉电阻。它是双功能复用接口，每个引脚可驱动 4 个 TTL 负载。作为第一功能使用时，其功能同 P1 接口；作为第二功能使用时，每一位功能定义如表 3.5 所示。

表 3.5　功能定义

接口标号	第 二 功 能
P3.0	RXD：串行输入(数据接收)接口
P3.1	TXD：串行输出(数据发送)接口
P3.2	$\overline{\text{INT0}}$：外部中断 0 输入线
P3.3	$\overline{\text{INT1}}$：外部中断 1 输入线
P3.4	T0：定时器 0 外部输入
P3.5	T1：定时器 1 外部输入
P3.6	$\overline{\text{WR}}$：外部数据存储器写选通信号
P3.7	$\overline{\text{RD}}$：外部数据存储器读选通信号

3. 控制线

(1) RST/V_{PD}(9 引脚)。RST/V_{PD} 是复位信号/备用电源线引脚。当 8051 单片机通电时，时钟电路开始工作，在 RST 引脚上出现 24 个时钟周期以上的高电平，系统即初始复位。初始复位后，PC 指向 0000H，P0～P3 输出接口全部为高电平，SP 为 07H，其他专用寄存器被清 0。RST 由高电平下降为低电平后，系统立刻由 0000H 地址开始执行程序。8051 单片机的复位方式可以是自动复位，也可以是手动复位。RST/V_{PD} 引脚的第二功能是作为备用电源输入线，当主电源 V_{CC} 发生故障而降低到规定电平时，RST/V_{PD} 引脚上的备用电源自动投入，以保证单片机内部 RAM 的数据不丢失。

(2) ALE/$\overline{\text{PROG}}$(30 引脚)。ALE/$\overline{\text{PROG}}$ 是地址锁存允许/编程引脚。当访问外部程序存储器时，ALE 的输出用于锁存地址的低 8 位，以便 P0 接口实现地址/数据复用；当不访问外部程序存储器时，ALE 将输出一个 1/6 时钟频率的正脉冲信号，这个信号可以用于识别单片机是否工作，也可以当作一个时钟向外输出。需要注意的是，当访问外部数据存储器时，ALE 会跳过一个脉冲。

ALE/$\overline{\text{PROG}}$ 是复用引脚，其第二功能是对 EPROM 型芯片（如 8751 单片机）进行编程和校验时，此引脚会传送 52ms 宽的负脉冲选通信号，用于控制芯片的写入操作。

（3）$\overline{\text{EA}}/V_{PP}$（31 引脚）。$\overline{\text{EA}}/V_{PP}$ 是允许访问片外程序存储器/编程电源线。8051 单片机和 8751 单片机内置有 4KB 的程序存储器，当 $\overline{\text{EA}}$ 为高平且程序地址小于 4KB 时，读取内部存储器指令数据；而超过 4KB 的地址时，则读取外部程序存储器指令。如果 $\overline{\text{EA}}$ 为低电平，则不管地址大小，一律读取外部程序存储器指令。显然，对于片内无程序存储器的 MCS-51 单片机（如 8031），其 $\overline{\text{EA}}$ 端必须接地。

$\overline{\text{EA}}/V_{PP}$ 的复用引脚，其第二功能是片内 EPROM 编程/校验时的电源线。在编程时，$\overline{\text{EA}}/V_{PP}$ 引脚需加上 21V 的编程电压。

（4）XTAL1 和 XTAL2（19、18 引脚）。XTAL1 引脚为片内振荡器反相放大器及内部时钟发生器的输入端，XTAL2 引脚为片内振荡器反相放大器的输出端。8051 单片机的时钟有两种方式：一种是片内时钟振荡方式，但需在 18 和 19 引脚外接石英晶体（频率为 1.2～12MHz）和振荡电容，振荡电容的值一般取 10～30pF，典型值为 30pF；另外一种是外部时钟方式，外部时钟信号从 XTAL1 引脚输入，XTAL2 引脚悬空。

（5）$\overline{\text{PSEN}}$（29 引脚）。$\overline{\text{PSEN}}$ 是片外 ROM 选通线。在访问片外 ROM 执行指令 MOVC 时，8051 单片机自动在 $\overline{\text{PSEN}}$ 引脚上产生一个负脉冲，用于对片外 ROM 的读选通，16 位地址数据将出现在 P2 和 P0 接口上，外部程序存储器则把指令数据放到 P0 接口上，由 CPU 读取并执行。在其他情况下，$\overline{\text{PSEN}}$ 引脚均为高电平封锁状态。

3.3　STC 单片机简介

STC 单片机是增强型 8051 单片机。它基于 8051 内核，指令代码完全兼容传统的 8051 单片机，速度可提高 8～12 倍，带有 A/D 转换器、PWM（Pulse Width Modulation，脉冲密度调制）/双串行口、内置 E^2PROM、RAM、硬件看门狗；具有掉电模式，低功耗；支持 ISP 下载，加密性好，抗干扰性强；12 时钟/机器周期和 6 时钟/机器周期可以任意选择，还有单时钟/机器周期类型单片机。STC 单片机有多种子系列、几百个品种，可以满足不同领域应用的需求。

STC 单片机可直接代替 Atmel、Philips、Winbond（华邦）等公司的同类产品。

3.3.1　STC 单片机的主要特点

STC 单片机的主要特点如下。

（1）抗干扰能力强。STC 单片机具有 ESD（Electro-Static Discharge，静电放电）保护，引脚可以直接耐受 2KV/4KV 的 EFT 测试（Electrical Fast Transient/Burst，电快速瞬变脉冲群）；宽范围电压供电，对电源抖动不敏感；其 I/O 接口、内部供电系统、时钟电路、复位电路、看门狗电路经过特殊处理，抗干扰能力较强。

（2）对外电磁辐射强度低。STC 单片机采用 3 种降低单片机时钟对外电磁辐射的措施

[包括禁止 ALE(Adress Latch Enable,地址锁存允许信号)输出、将外部时钟频率降低一半、时钟振荡器增益设为 1/2Gain],有效地降低了对外电磁辐射。

(3) 超低功耗。STC 单片机在掉电模式下的典型工作电流小于 0.1μA,空闲模式典型工作电流为 2mA,正常模式工作电流为 4~7mA。使用掉电模式时,可由外部中断唤醒,特别适用于电池供电系统,如野外作业系统和手持作业系统。

(4) 运行可靠性高。STC 单片机内部集成了 MAX810 专用复位电路,有效地提高了单片机的可靠性,并简化了外围电路。

(5) 支持 ISP(In-System Programmability,在系统编程)下载。STC 单片机内部设计了 ISP 模块,经过对数据流的验证直接写入用户程序区,完成用户程序下载。

3.3.2 典型 STC 单片机 STC89C51RC

STC89C51RC 单片机如图 3.3 所示,其标识分别解释如下。

STC:前缀,表示芯片为 STC 公司生产的产品。其他前缀还有 AT、i、Winbond 等。

8:表示该芯片为 8051 内核芯片。

9:表示内部含 Flash E^2PROM(Electrically Erasable Programmable Read Only Memory,带电可擦除可编程只读存储器)。还有如 80C51 单片机中的 0 表示内部含掩模 ROM;如 87C51 单片机中的 7 表示内部含 EPROM(紫外线可擦除 ROM)。

图 3.3 STC89C51RC 单片机

C:表示该器件为 CMOS 产品。其他的如 89LV52 和 89LE58 中的 LV 和 LE 都表示该芯片为低电压产品(通常为 3.3V 电压供电);而 89S52 中的 S 表示该芯片含有可串行下载功能的 Flash 存储器,即具有 ISP 功能。

5:固定不变。

1:表示该芯片内部程序存储空间的大小,1 为 4KB,2 为 8KB,3 为 12KB,即该数乘以 4KB 就是该芯片内部的程序存储空间大小。程序存储空间大小决定了一个芯片所能装入执行代码的多少。

RC:STC 单片机内部 RAM 为 512B。其他的如 RD+表示内部 RAM 为 1290B。

其他标识符号如下。

40:表示芯片外部晶振最高可接入 40MHz。AT 单片机的数值一般为 24,表示其外部晶振最高为 24MHz。

C:产品级别,表示芯片使用温度范围。C 表示商业级,温度范围为 0~70℃;I 表示工业用产品,温度范围为-40~+85℃;A 表示汽车用产品,温度范围为-40~+125℃;M 表示军用产品,温度范围为-55~+150℃。

PDIP:产品封装型号,表示双列直插式。

0707:表示本批芯片生产日期为 2007 年第 7 周。

CU8138.00D:芯片制造工艺或处理工艺。

STC 单片机中的 STC89C51RC 的主要性能如下。

(1) CPU：增强型 8051 单片机，6 时钟/机器周期和 12 时钟/机器周期可以任意选择，指令代码完全兼容传统 8051 单片机。

(2) 工作电压：3.3～5.5V(5V 单片机)或 2.0～3.8V(3V 单片机)。

(3) 工作频率范围：0～40MHz，相当于普通 8051 单片机的 0～80MHz，实际工作频率可达 48MHz。

(4) 存储器：片内集成 512B 的 RAM、8KB 的 E^2PROM。

(5) 通用 I/O 接口：32 个，复位后 P1、P2、P3 是准双向接口/弱上拉。P0 接口是漏极开路输出，作为总线扩展用时，不用加上拉电阻；作为 I/O 接口用时，需外加上拉电阻。

(6) 外部中断：可管理 4 路外部中断，下降沿或低电平中断触发电路，掉电模式可由外部中断低电平触发中断方式唤醒。

(7) 定时器/计数器与看门狗：片内集成 3 个 16 位定时器/计数器 T0、T1、T2，具有看门狗功能。

(8) 串行口与程序下载：片内集成 UART，还可用定时器软件实现多个 UART；支持 ISP/IAP(In-Application Programming，在应用可编程)下载，无须专用编程器，也无须专用仿真器，可通过串行接口直接下载用户程序。

(9) 工作范围与封装：－40～85℃(工业级)或 0～75℃(商业级)，PDIP 封装。

(10) 工作模式可分为 3 种：正常工作模式，典型工作电流为 4～7mA；掉电模式，典型工作电流小于 0.1μA，可由外部中断唤醒，中断返回后，继续执行原程序；空闲模式，典型工作电流为 2mA，适用于水表、气表等电池供电系统及便携设备。

第4章 Keil软件

本章讲解的Keil软件版本为μVision V4.00a，为了能让读者更方便地学习本软件的用法，建议读者在学习本章时尽量选择该版本。

4.1 Keil工程的建立

进入Keil软件，如图4.1所示，随之出现编辑界面，如图4.2所示。

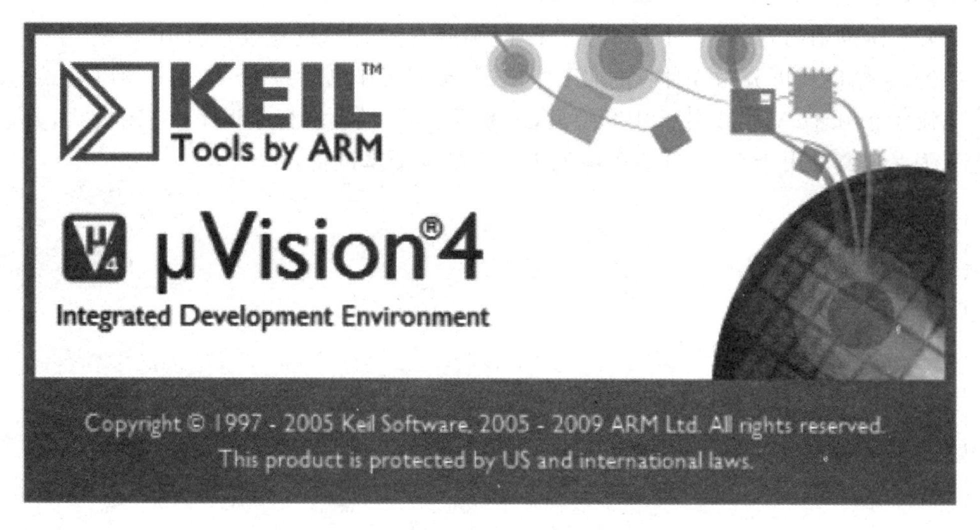

图4.1 启动Keil软件时的界面

建立一个新工程，选择Project→New μVision Project命令，如图4.3所示。

选择工程要保存的路径，然后输入工程文件名。Keil软件的一个工程中通常含有很多小文件，为了方便管理，通常将一个工程放在一个独立的文件夹下，如保存到part4_2文件夹中，工程文件名为part4_2，如图4.4所示，单击“保存”按钮。

弹出图4.5所示对话框，选择单片机的型号，用户可以根据使用的单片机来选择。Keil C51支持绝大部分的51内核单片机，TX-1C单片机实验板上用的是STC89C52，但该对话框中无该型号的单片机。因为51内核单片机具有通用性，所以此处可以任选一款89C52。使用Keil软件的关键是程序代码的编写，而非用户选择的硬件，在这里选择Atmel的AT89C52来说明。选择AT89C52之后，Description列表框中是对该型号单片机的基本说明，单击OK按钮。

图 4.2 编辑界面

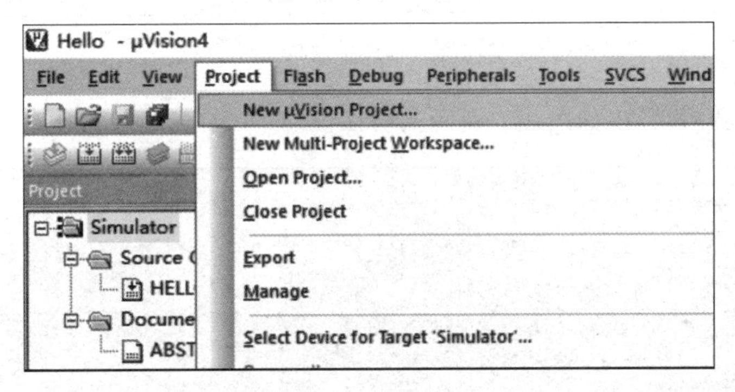

图 4.3 新建工程

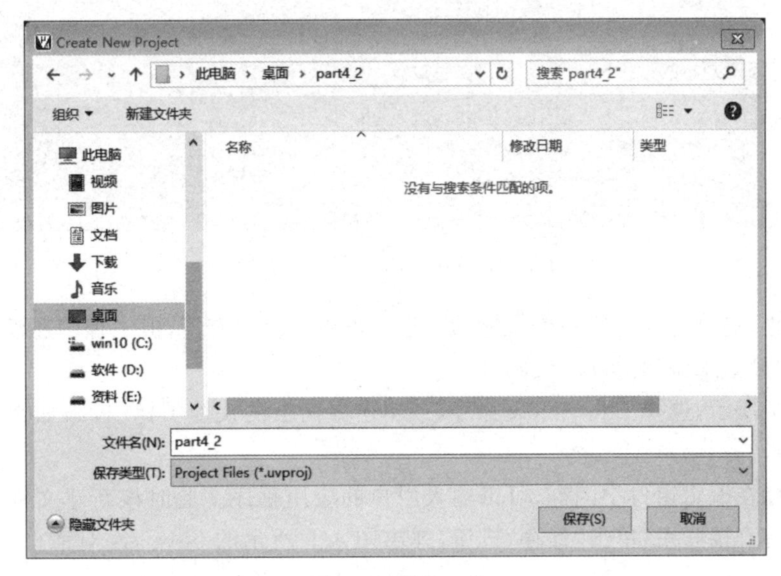

图 4.4 保存工程

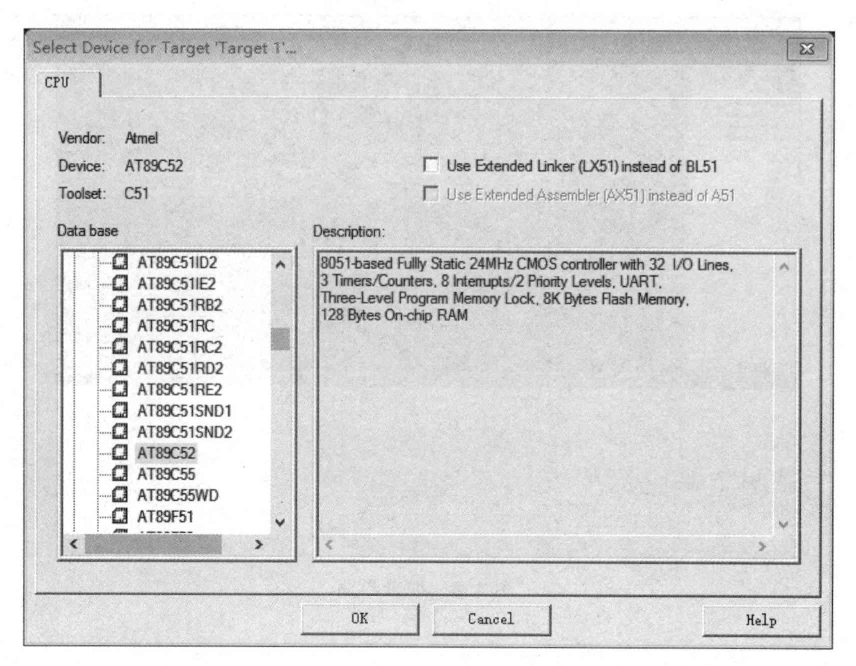

图 4.5 选择单片机型号

完成上一步骤后，弹出如图 4.6 所示的对话框。

图 4.6 添加完单片机后的界面

到此为止，仍没有建立好一个完整的工程。虽然工程名有了，但工程中还没有任何文件及代码，因此接下来添加文件及代码。

如图 4.7 所示，选择 File→New 命令，或单击界面上的快捷图标，添加文件后的界面如图 4.8 所示。

此时光标在编辑窗口中闪烁，可以输入用户的应用程序。此时该新建文件与之前建立的工程还没有直接联系，单击“保存”按钮，弹出图 4.9 所示的 Save As 对话框，在“文件名”

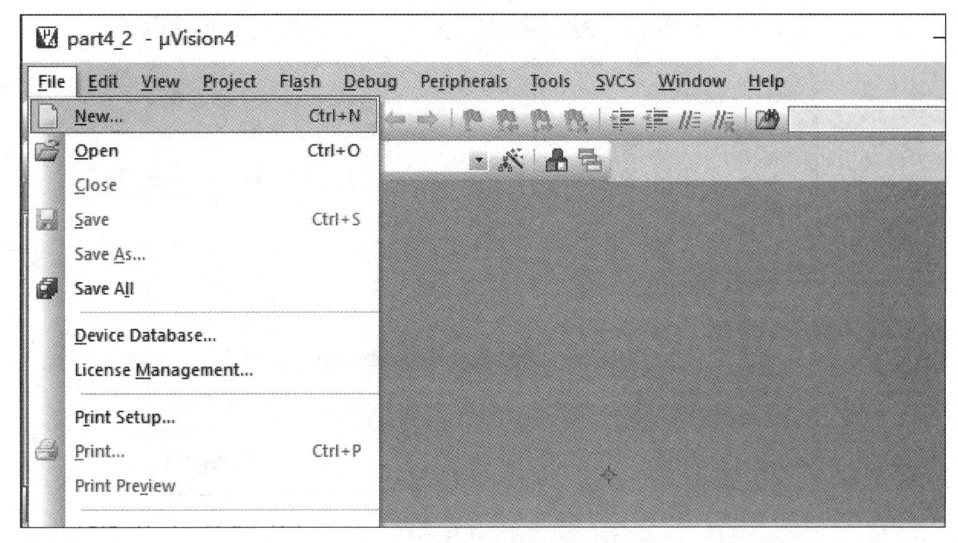

图 4.7　添加文件

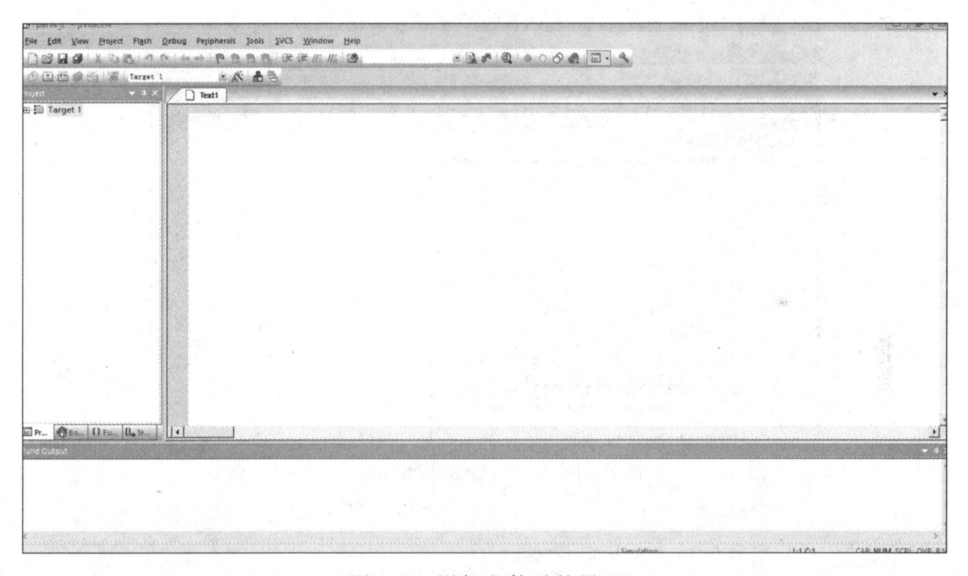

图 4.8　添加文件后的界面

文本框中输入要保存的文件名，同时必须输入正确的扩展名。注意，如果用C语言编写程序，则扩展名必须为.c；如果用汇编语言编写程序，则扩展名必须为.asm。这里的文件名不一定要和工程名相同，用户可以随意填写文件名，然后单击“保存”按钮，保存在该工程文件夹下。

回到编辑界面，单击 Target 1 前面的“+”号，然后右击 Source Group 1，在弹出的快捷菜单中选择 Add Files to Group ‘Source Group 1’命令(图 4.10)，弹出图 4.11 所示对话框。选中 part4_2，单击 Add 按钮，再单击 Close 按钮，然后单击 Source Group 1 前面的“+”号，界面如图 4.12 所示。

可以发现，Source Group 1 文件夹中多了一个子项 part4_2.c，当一个工程中有多个代码文件时，都要加在这个文件夹下，这时源代码文件就与工程关联起来了。

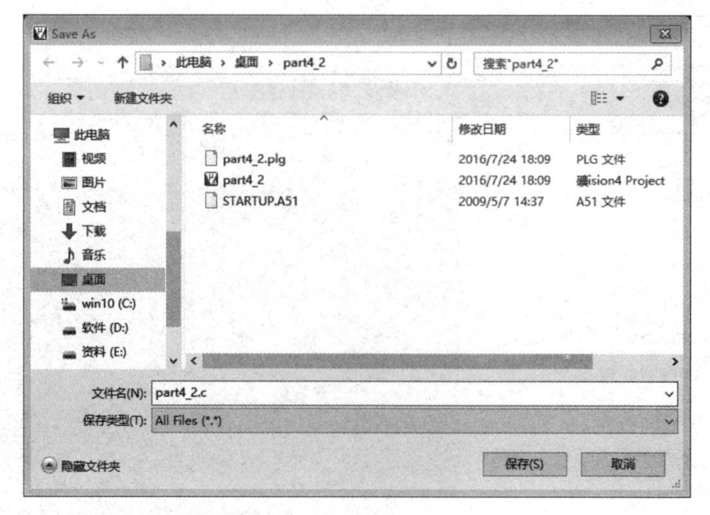

图 4.9　保存文件

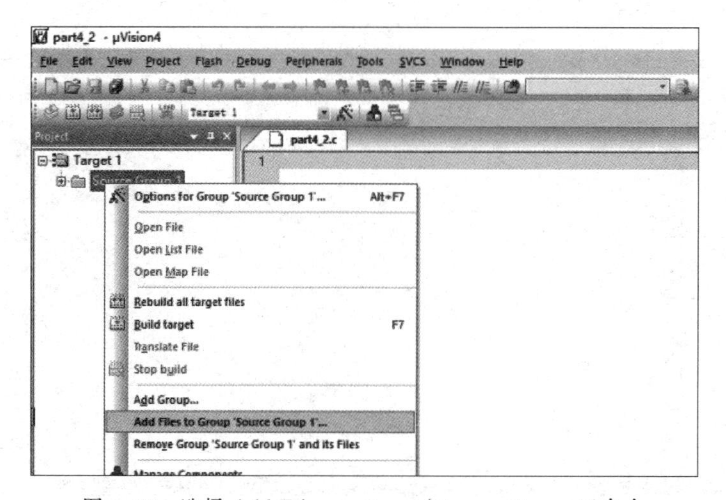

图 4.10　选择 Add Files to Group'Source Group 1'命令

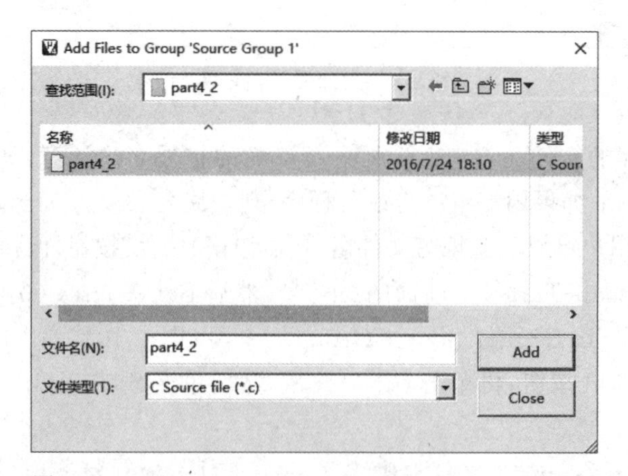

图 4.11　Add Files to Group'Source Group 1'对话框

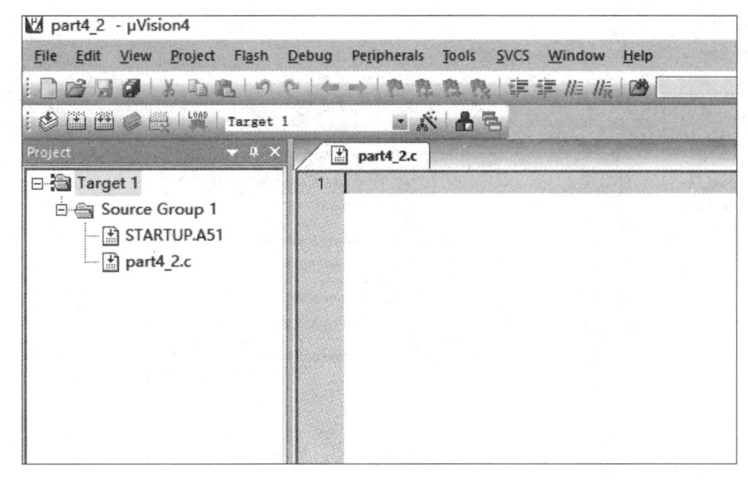

图 4.12 将文件加入工程后的界面

4.2 Keil 头文件简介

1. 头文件 reg52.h

在代码中引用头文件，其实际意义就是将这个头文件中的全部内容放到引用头文件的位置处，免去每次编写同类程序时都要重复编写头文件中的语句。

在代码中加入头文件有两种书写方法，分别为 # include < reg52. h >和 # include "reg52. h"，包含头文件时都不需要在后面加分号。两种书写方法的区别如下。

当使用<>包含头文件时，编译器先进入软件安装文件夹(Keil/C51/1NC)处搜索这个头文件，如果这个文件夹下没有引用的头文件，编译器将会报错；当使用双撇号""包含头文件时，编译器先进入当前工程所在文件夹处开始搜索该头文件，如果当前工程所在文件夹下没有该头文件，编译器将继续回到软件安装文件夹处搜索这个头文件，若找不到该头文件，编译器将报错。

reg52. h 存放在软件安装文件夹处，所以一般写成 # include < reg52. h >。打开该头文件，查看其内容，将鼠标指针移动到 reg52. h 上，右击，在弹出的快捷菜单中选择 Open document < reg52. h >命令，即可打开该头文件，如图 4.13 所示。以后若需打开过程中的其他头文件，也可采用这种方式，或者手动定位到头文件所在的文件夹。

2. 头文件 intrins.h

内部函数描述：_crol_字符循环左移，_cror_字符循环右移，_irol_整数循环左移，_iror_整数循环右移，_lrol_长整数循环左移，_lror_长整数循环右移，_nop_空操作 8051NOP 指令，_testbit_测试并清零位 8051JBC 指令。

函数_crol_、_irol_、_lrol_的原型分别为 unsigned char _crol_(unsigned char val, unsigned char n)、unsigned int _irol_(unsigned int val, unsigned char n)、unsigned int _lrol_

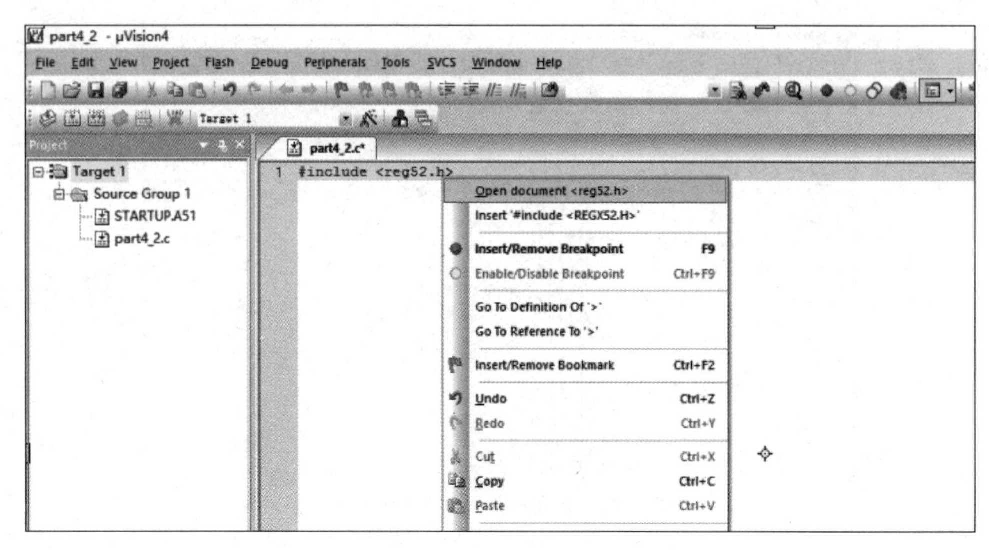

图 4.13 打开头文件方法

(unsigned int val,unsigned char n),其功能是以位形式将 val 左移 *n* 位。该函数与 8051 单片机的 RLA 指令相关,上面几个函数与其参数类型不同。

函数_nop_的原型为 void _nop_(void),其功能是产生一个 NOP 指令,该函数可用作 C 语言程序的时间比较。C51 编译器在_nop_函数工作期间不产生函数调用,即在程序中直接执行 NOP 指令。

函数_testbit_的原型为 bit _testbit_(bit x),其功能是产生一个 JBC 指令。该函数测试一个位,当置位时返回 1,否则返回 0。如果该位置为 1,则将该位复位为 0。8051 单片机的 JBC 指令即用作此目的。_testbit_只能用于可直接寻址的位,在表达式中使用是不允许的。

3. math.h 库

(1) 函数：sin。

功能：计算弧度的正弦值。

使用说明：sin(x),x 为传入的弧度值。

(2) 函数：cos。

功能：计算弧度的余弦值。

使用说明：cos(x),x 为传入的弧度值。

(3) 函数：tan。

功能：计算弧度的正切值。

使用说明：tan(x),x 为传入的弧度值。

(4) 函数：sinh。

功能：计算弧度的双曲正弦值。

使用说明：sinh(x),x 为传入的弧度值。

(5) 函数：cosh。

功能：计算弧度的双曲余弦值。

使用说明：cosh(x)，x 为传入的弧度值。

(6) 函数：tanh。

功能：计算弧度的双曲正切值。

使用说明：tanh(x)，x 为传入的弧度值。

(7) 函数：asin。

功能：计算弧度的反正弦值。

使用说明：asin(x)，x 为传入的弧度值。

(8) 函数：acos。

功能：计算弧度的反余弦值。

使用说明：acos(x)，x 为传入的弧度值。

(9) 函数：atan。

功能：计算弧度的反正切值。

使用说明：atan(x)，x 为传入的弧度值。

(10) 函数：atan2。

功能：计算两个浮点数类型值之比的反正切值。

使用说明：atan2(x,y)，该函数会计算出 x/y 的反正切值。

(11) 函数：log。

功能：计算浮点数的自然对数值。

使用说明：log(x)，计算以 e 为底的对数。

(12) 函数：log10。

功能：计算以 10 为底的对数值。

使用说明：log10(x)，计算以 10 为底的对数。

(13) 函数：pow。

功能：计算某数的某次方值。

使用说明：pow(x,y)，计算 x 的 y 次方。

(14) 函数：exp。

功能：计算浮点数的指数函数值。

使用说明：exp(x)，计算 e 的 x 次方。

(15) 函数：frexp。

功能：调整浮点变量，将原变量的数值部分调整为 0.5～1。

使用说明：double y = frexp(double x, int * expptr)，函数 frexp 将 double x 的数值部分调整为 0.5～1，将调整好的新数值部分回传给 y，而指数部分将传给指针 expptr 所指的位置，使 x=y * (2^expptr)。例如，x=10.5428，y 将为 0.658925，* expptr 将为 4，有算式 10.5428=0.658925 * (2^4)。

(16) 函数：ldexp。

功能：根据所给予的数值部分 x 和指数部分 y 计算出浮点数 x * (2^y)的值。

使用说明：ldexp(double x, int y)，将返回 x * (2^y)的值。

(17) 函数：_cabs。

功能：取得复数的绝对值。

使用说明：double y = _cabs(struct _complex x)，设复数 x 的实数部分为 a，虚数部分为 b，则 cabs 将会计算 x.a 的平方加 x.b 的平方的和开根号的值。

(18) 函数：fabs。

功能：计算浮点数变量的绝对值。

使用说明：fabs(x)，计算 x 的绝对值。

(19) 函数：hypot。

功能：计算已知两边的直角三角形的斜边长。

使用说明：hypot(x,y)，计算 x 与 y 的平方和，再开根号后的值。

(20) 函数：ceil。

功能：计算不小于某浮点数的最小整数。

使用说明：ceil(x)。

(21) 函数：floor。

功能：计算不大于某浮点数的最大整数。

使用说明：floor(y)。

(22) 函数：modf。

功能：求浮点数的小数部分。

使用说明：double z = modf(double x, double * y)，x 的整数部分会写入 * y，返回小数部分。例如，x 为 99.5，z 将为 0.5，* y 将为 99。

(23) 函数：fmod。

功能：求两浮点数相除后的余数。

使用说明：double z = fmod(double x, double y)，z 等于 x 除以 y 后的余数。

(24) 函数：sqrt。

功能：求某非负浮点数的平方根。

使用说明：sqrt(x)。

注意：*以上函数均在 mingw gcc 4.5.0 下用小例程测试通过。在 gcc 4.5.0 中，求整数绝对值的 abs 函数在 stdlib.h 头文件中提供。*

4. 宏 assert

宏的原型为 assert(< expression >)，当 expression 结果为假时，会在 stderr 中输出这条语句所在的文件名和行号，以及这条表达式。这只在调试版本中起作用，在 Release 版本中不会产生任何代码。通常当使用 assert 时，都在强烈说明一个含义：在这里必然如此。它通常用于一个函数的先验条件和后验条件的检查。aasert 是一个只有定义了 DEBUG 才起作用的宏，如果其参数的计算结果为假，就中止调用程序的执行。因此，在上面的程序中任何一个指针为 NULL 都会引发 assert。

assert 并不是一个仓促拼凑起来的宏，为了不在程序的交付版本和调试版本之间引起重要的差别，需要对其进行仔细的定义。宏 assert 不应该弄乱内存，不应该对未初始化的数据进行初始化，即它不应该产生其他的副作用。正是因为要求程序的调试版本和交付版本行为完全相同，所以才不把 assert 作为函数，而把它作为宏。如果把 assert 作为函数，其调用就会引起不期望的内存或代码的兑换。要记住，使用 assert 的程序员是把它看成一个在任何系统状态下都可以安全使用的无害检测手段。

5. ctype. h

ctype. h 提供了很多与字符相关的判断或处理函数，可方便地对字符做判断和转换大小写等处理。下面以函数为单位进行学习。

(1) 函数：isalnum。

功能：测试传入参数对应的 ASCII 符号是否为数字或英文字母，当传入参数为 A～Z、a～z、0～9 时，函数返回非零值，否则返回零。

返回非零值的状况：传入字符 A～Z、a～z、0～9 或数字 65～90、97～122、48～57。

(2) 函数：isalpha。

功能：测试传入参数对应的 ASCII 符号是否为英文字母，当传入参数为 A～Z、a～z 时，函数返回非零值，否则返回零。

返回非零值的状况：传入字符 A～Z、a～z 或数字 65～90、97～122。

(3) 函数：isdigit。

功能：测试传入参数对应的 ASCII 符号是否为阿拉伯数字，当传入参数为 0～9 时，函数返回非零值，否则返回零。

返回非零值的状况：传入字符 0～9 或 48～57。

(4) 函数：isxdigit。

功能：测试传入参数是否为十六进制数字字符，当传入参数为 0～9、A～F、a～f 时，函数返回非零值，否则返回零。

返回非零值的状况：传入字符 0～9、a～f、A～F 或数字 48～57、65～70、97～102。

(5) 函数：isupper。

功能：测试传入参数是否为大写英文字母，当传入参数为 A～Z 时，函数返回非零值，否则返回零。

返回非零值的状况：传入字符 A～Z 或数字 97～122。

(6) 函数：islower。

功能：测试传入参数是否为小写英文字母，当传入参数为 a～z 时，函数返回非零值，否则返回零。

返回非零值的状况：传入字符 a～z 或数字 97～122。

(7) 函数：isascii。

功能：测试传入参数是否为有效的 ASCII 字符，当传入参数为有效的 ASCII 标准字符时，函数返回非零值，否则返回零。

返回非零值的状况：传入对应 ASCII 码为 0～127 的字符或者传入数字 0～127。

(8) 函数：isgraph。

功能：测试传入参数是否为除空格外的可输出字符，是则返回非零值，否则返回零。

返回非零值的状况：传入对应 ASCII 码为 33～126 的字符或者传入数字 33～126。

(9) 函数：isprint。

功能：测试传入参数是否为可输出字符，是则返回非零值，否则返回零。

返回非零值的状况：传入对应 ASCII 码为 32～126 的字符或者传入数字 32～126。

(10) 函数：isspace。

功能：测试传入参数是否为空字符，是则返回非零值，否则返回零。

返回非零值的状况：传入对应 ASCII 码为 9、10、11、12、13、32 的字符或者这几个数字。

(11) 函数：iscntrl。

功能：测试传入参数是否为控制字符，当传入参数为控制字符时，函数返回非零值，否则返回零。

返回非零值的状况：传入对应 ASCII 码为 0～31、127 的字符或者这些数字。

(12) 函数：ispunct。

功能：测试传入参数是否为标点符号，是则返回非零值，否则返回零。

返回非零值的状况：传入对应 ASCII 码为 33～47、58～64、91～96、123～126 的字符或这些数字。

(13) 函数：iscsym。

功能：测试传入参数是否为英文字母、下画线或者数字，若是则返回非零值，否则返回零。

返回非零值的状况：传入字符 0～9、A～Z、_、a～z 或数字 48～57、65～90、95、97～122。

(14) 函数：toupper。

功能：将输入的小写英文字母转换为大写英文字母，若传入的不为小写英文字母，则返回原字符。

注意：_toupper 与其他函数处理方式不同，是均返回(原字符－32)。

(15) 函数：tolower。

功能：将输入的大写英文字母转换为小写英文字母，若传入的不为大写英文字母，则返回原字符。

注意：_tolower 与其他函数处理方式不同，是均返回(原字符＋32)。

以上函数均适用于标准 ASCII 码的相关处理，即 0～127 范围。该头文件中也提供了处理宽字符时相应的函数版本，如 iswalnum、iswalpha 等，功能与此类似，在此就不一一列举。

6. errno

(1) errno 的由来。在 C 语言编程中，errno 是一个不可缺少的变量，特别是在网络编程中。如果程序中没有使用 errno，那么程序可能不够“健壮”。当然，如果是 Win32 平台的 GetLastError()，效果也是一样的。为什么要使用 errno 呢？编者认为，这是系统库设计中的一个无奈之举，它更多的是一个技巧，而不是架构上的需要。观察函数结构可以发现，函数的参数返回值只有一个，这个返回值一般可以携带错误信息，如负数表示错误，而正数表述正确的返回值，如 recv 函数。但是对于一些返回指针的函数，如 char * get_str()，这个方法显然没有用。NULL 可以表示发生错误，但是对于判断发生什么错误却毫无办法。于是，errno 就诞生了。全局变量 errno 可以存放错误原因，当错误发生时，函数的返回值可以通过非法值来提示错误的发生。

(2) errno 的线程安全。errno 是全局变量,但是在多线程环境下,就会变得不方便。当调用一个函数时,发现这个函数发生了错误,当你使用错误原因时,它却变成了另外一个线程的错误提示。将 errno 设置为线程局部变量可以解决这个问题,例如在 GCC 中就是这样的解决的。它保证了线程之间的错误原因不会互相窜改,当你在一个线程中串行执行一系列过程时,得到的 errno 仍然是正确的。

(3) errno 的应用。errno 在库中得到了广泛的应用,但是,错误编码实际上还有很多,我们需要在自己的系统中增加更多的错误编码。一种方式是直接利用 errno,另一种方式是定义自己的 user_errno。使用 errno,strerror 可能无法解析,这需要自己解决。但 errno 使用线程变量的方式是值得借鉴的。查看错误代码 errno 是调试程序的一个重要方法。当 linuc C api 函数发生异常时,一般会将 errno 变量(include errno. h)赋一个整数值,不同的值表示不同的含义,可以通过查看该值推测出错误原因。

7. stdarg. h

stdarg. h 是 C 语言中 C 标准函数库的标头档,stdarg 由 standard(标准) arguments(参数)简化而来,主要目的是让函数能够接收不定量参数。

C++语言的 cstdarg 标头档中也提供这样的机制,虽然其与 C 语言的标头档是相容的,但是也有冲突存在。

不定参数函数(Variadic functions)是 stdarg. h 内容的典型应用,也可以使用其他由不定参数函数呼叫的函数,如 vprintf。

不定参数函数的参数数量是可变动的,它使用省略号来忽略之后的参数,如 printf 函数。其代表性的宣告为 int check(int a, double b,...)。

不定参数函数最少要有一个命名的参数,所以 char * wrong(...)在 C 语言中是不被允许的(在 C++语言中,这样的宣告是合理的)。在 C 语言中,省略符号之前必须要有逗号;在 C++语言中则没有这种强制要求。

定义不定参数函数。使用相同的语法来定义:

```
long func(char, double, int, ...);
long func(char a, double b, int c, ...)
{
    /* ... */
}
```

在旧形式可能会出现较省略的函数定义:

```
long func();
long func(a, b, c, ...)
char a;
double b;
{
     /* ... */
}
```

stdarg. h 数据类型:

- va_list 用来指向参数 C89。

stdarg. h 宏：

- va_start 使 va_list 指向起始的参数 C89。
- va_arg 检索参数 C89。
- va_end 释放 va_list C89。
- va_copy 复制 va_list 的内容 C99。

存取参数：存取未命名的参数，首先必须在不定参数函数中宣告 va_list 类型的变量。呼叫 va_start 并传入两个参数：第一个参数为 va_list 类型的变量，第二个为函数最后一个参数的名称，接着每一呼叫 va_arg 就会回传下一个参数，va_arg 的第一个参数为 va_list，第二个参数为回传的类型。最后，va_end 必须在函数回传前被 va_list 呼叫(当作参数)。注意，不要求读取完所有参数。

C99 提供额外的宏——va_copy，它能够复制 va_list，而 va_copy(va2, va1)的含义为复制 va1 到 va2。

没有机制定义该怎么判别传递到函数的参数量或者类型。函数通常需要知道或确定它们变化的方法。共通的惯例包含使用 printf 或 scanf 类的格式化字串来嵌入明确指定的类型；在不定参数最后的标记值(sentinel value)；总数变量来指明不定参数的数量。

类型安全性：有些 C 语言的实现提供了对不定参数的扩充，允许编译器检查适当格式化字符串及标记(sentinels)的使用。如果没有这个扩充，编译器通常无从检查传入函数的未命名参数是否为所预期的类型。因此，必须做出谨慎的正确性确认，类型不匹配将导致未定义行为 (undefined behavior)。例如，如果写入 NULL 指针，首先就是不能写入对应到适当指针类型但纯粹为 NULL 的指针。再者考虑预设参数应用到未命名参数。float 将会自动被转换成 double。同样，比 int(整数)更小容量的参数类型将会被转换成 int 或者 unsigned int。函数所接收到的未命名参数必须预期到会被转换类型。

例子：

```
#include <stdio.h>
#include <stdarg.h>
void printargs(int arg1, ...) /* 输出所有 int 类型的参数,直到 -1 结束 */
{
    va_list ap;
    int i;
    va_start(ap, arg1);
    for (i = arg1; i != -1; i = va_arg(ap, int))
    printf("%d ", i);
    va_end(ap);
}
int main(void)
{
    printargs(5, 2, 14, 84, 97, 15, 24, 48, -1);
    printargs(84, 51, -1);
    printargs(-1);
    printargs(1, -1);
    return 0;
}
```

该程序的输出结果为 5 2 14 84 97 15 24 48 84 51 1。

8. varargs. h

POSIX 定义所遗留下的标头档 varargs. h，它早在 C 语言标准化前就已经开始使用且提供了类似 stdarg. h 的机能。这个标头档不属于 ISO C 的一部分。档案定义在单一 UNIX 系统规范(Single UNIX Specification)的第二个版本中，除了不能使用标准 C 语言较新的形式定义，包含所有 C89 stdarg. h 的机制；可以不给予参数(标准 C 语言需要至少一个参数；与标准 C 语言运作的方式不同，其中一个写为

```
#include <stdarg.h>
int summate(int n, ...)
{
  va_list ap;
  int i = 0;
  va_start(ap, n);
  for (; n; n--)
  i += va_arg(ap, int);
  va_end(ap);
  return i;
}
```

或比较旧式的定义：

```
#include <stdarg.h>
int summate(n, ...)
int n;
{
    /* ... */
}
```

以此调用：

```
summate(0);
summate(1, 2);
summate(4, 9, 2, 3, 2);
```

使用 varargs. h 的函数为

```
#include <varargs.h>
summate(n, va_alist)
va_dcl /* 这里没有分号! */
{
  va_list ap;
  int i = 0;
  va_start(ap);
  for (; n; n--)
  i += va_arg(ap, int);
  va_end(ap);
  return i;
}
```

以及相同的调用方法。

varargs.h 因为运作模式的不同,因此需要旧数据类型的函数定义。

9. stddef.h

stddef.h 为 C 语言头文件。

作用:定义/声明了一些经常使用的常数、类型和变量。

VC 中 stddef.h 的内容如下:

```
/***
* stddef.h - definitions/declarations for common constants, types, variables
* Copyright (c) 1985 - 1997, Microsoft Corporation. All rights reserved.
* Purpose:
* This file contains definitions and declarations for some commonly
* used constants, types, and variables.
* [ANSI]
* [Public]
****/
#if _MSC_VER > 1000
#pragma once
#endif
#ifndef _INC_STDDEF
#define _INC_STDDEF
#if !defined(_WIN32) && !defined(_MAC)
#error ERROR: Only Mac or Win32 targets supported!
#endif
#ifdef __cplusplus
extern "C" {
#endif
/* Define _CRTIMP */
#ifndef _CRTIMP
#ifdef _DLL
#define _CRTIMP __declspec(dllimport) #else /* ndef _DLL */
#define _CRTIMP
#endif /* _DLL */
#endif /* _CRTIMP */
/* Define __cdecl for non - Microsoft compilers */
#if ( !defined(_MSC_VER) && !defined(__cdecl) )
#define __cdecl
 #endif
/* Define _CRTAPI1 (for compatibility with the NT SDK) */
#ifndef _CRTAPI1
#if _MSC_VER >= 800 && _M_IX86 >= 300
#define _CRTAPI1 __cdecl
#else
#define _CRTAPI1
#endif
#endif
```

```
/* define NULL pointer value and the offset() macro */
#ifndef NULL
#ifdef __cplusplus
#define NULL 0
#else
#define NULL ((void *)0)
#endif
#endif
#define offsetof(s,m) (size_t)&(((s *)0)->m)
/* Declare reference to errno */
#if (defined(_MT) || defined(_DLL)) && !defined(_MAC)
_CRTIMP extern int * __cdecl _errno(void);
#define errno (*_errno())
#else /* ndef _MT && ndef _DLL */
_CRTIMP extern int errno;
#endif /* _MT || _DLL */
/* define the implementation dependent size types */
#ifndef _PTRDIFF_T_DEFINED
typedef int ptrdiff_t;
#define _PTRDIFF_T_DEFINED
#endif
#ifndef _SIZE_T_DEFINED
typedef unsigned int size_t;
   #define _SIZE_T_DEFINED
#endif
#ifndef _WCHAR_T_DEFINED
typedef unsigned short wchar_t;
#define _WCHAR_T_DEFINED
#endif
#ifdef _MT
_CRTIMP extern unsigned long __cdecl __threadid(void);
#define _threadid (__threadid())
_CRTIMP extern unsigned long __cdecl __threadhandle(void);
#endif
#ifdef __cplusplus
}
#endif
#endif /* _INC_STDDEF */
```

4.3 Keil 的基本语法及实例分析

1. main 函数的写法

main 函数的正确书写方法有 3 个：int main()、int main(void) 或者 int main(int argc, char * argv[ ])，有些偏早的版本中允许 void main()这种形式。

在标准 C 语言中，以 C99 为例，标准规定 main 函数应该定义为返回 int 类型，且带有 0 个参数或 2 个参数，即如下形式：

```
int main(void) { /* ... */ }
int main(int argc, char * argv[]) { /* ... */ }
```

或其他等价形式，如 char * argv[]可以写成 char ** argv。顺便指出，argc 指的是 argument count，argv 指的是 argument vector。

标准 C++11 规定：

(1) 一个程序应该包含一个为 main 的全局函数。

(2) main 函数不应该被重载，且必须返回 int 类型。所有的实现应允许以下两种写法：

```
int main() { /* ... */ }
int main(int argc, char* argv[]) { /* ... */ }
```

(3) The function main shall not be used within a program，即不应该在其他函数中调用 main 函数或者 &main 等操作。但是目前很多编译器允许调用 main 函数。

(4) 如果 main 函数省略了返回语句，则相当于 return 0。

C++语言标准明确表示 main 函数应该返回 int 类型，因此返回 void 是无法通过编译的。

扩展：一般地，UINX 支持第三种扩展形式 int main(int argc, char ** argv, char ** envp) { ... }，Mac OS X 还支持 int main(int argc, char ** argv, char ** envp, char ** apple)。

这里只使用 int main()和 int main(int argc, char * argv[])，在通常情况下使用前者，在需要使用到命令行参数时使用后者。

2. 延时 1ms 子程序

延时是时序所需要的；而时序是描述对象之间发送消息的时间顺序，显示多个对象之间的动态协作，这样就需要等待，等待可以通过延时子程序实现。你可能认为使用定时器就可以延时，但是定时器有限，而且其通过中断来控制，若实际情况不需要延时时间十分准，用延时程序就比用中断更方便。利用 for 语句和 while 语句可以写出简单的延时语句。

4.3.1 实例 6：延时子程序

用 for 语句编写一个简单的延时 1ms 的子程序(晶振 12MHz)。

```
void delayms(uint 1ms)
{
   uint i,j;
   for(i = 1ms;i > 0;i -- )              //i = 1ms,即延时约 1ms
      for(j = 110;j > 0;j -- );
}
```

在 C 语言中，这种延时语句不好算出它的精确时间，如果需要非常精确的延时时间，则需利用单片机内部的定时器来延时，它的精度非常高，可以精确到微秒级。实际上，一般的简单延时语句并不需要太精确。

1. ＃define 宏定义

格式：

```
＃define 新名称 原内容
```

注意后面没有分号，＃define命令用它后面的第一个字母组合代替该字母组合后面的所有内容，相当于给“原内容”重新起一个比较简单的“新名称”，方便以后在程序中直接书写简短的新名称，而不必每次都写烦琐的原内容。

例如：

```
#define uint unsigned int
uint i,j;
```

其使用宏定义的目的就是将unsigned int用uint代替。在上面的程序中可以看到，当需要定义unsigned int型变量时，并没有写“unsigned int i,j；”，取而代之的是“uint i,j；”。在一个程序代码中，只要宏定义过一次，那么在整个代码中都可以直接使用它的“新名称”。注意，对同一个内容，宏定义只能定义一次，若定义两次，将会出现重复定义的错误提示。

2. 不带参数函数的写法及调用

在C语言中，如果有一些语句不止一次用到，而且语句内容都相同，就可以把这样的一些语句写成一个不带参数的子函数，当在主函数中需要用到这些语句时，直接调用该子函数即可。实例6的延时子程序可以写为

```
void delayms()
{
  uint i,j;
  for(i = 1;i > 0;i -- )
    for(j = 110;j > 0;j -- );
}
```

其中，void表示该函数执行后不返回任何数据，即它是一个无返回值的函数。delayms是函数名，注意不要和C语言中的关键字相同，一般写成方便记忆或读懂的名字。函数名后是一个括号，该括号里没有任何数据或符号(C语言中的“参数”)，因此该函数是一个无参数的函数。大括号中包含的是其他要实现的语句。

需要注意的是，子函数可以写在主函数的前面或是后面，但是不可以写在主函数中。当写在后面时，必须在主函数之前声明子函数，声明方法如下：将返回值特性、函数名及后面的小括号完全复制，若是无参函数，则小括号内为空；若是有参函数，则需要在小括号内依次写上参数类型，只写参数类型，无须写参数，参数之间用逗号隔开，最后在小括号的后面必须加上分号“;”。当子函数写在主函数前面时，不需要声明，因为写函数体的同时就相当于声明了函数本身。通俗地说，声明子函数的目的是编译器在编译主程序时，当它遇到一个子函数时知道有这样一个子函数存在，并且知道它的类型和带参情况等消息，以方便为这个子函数分配必要的存储空间。

4.3.2 实例 7：点亮一个发光二极管

编写程序，点亮第一个发光二极管。

```
#include <reg52.h>                    //52 系列单片机头文件
sbit led1 = P1^0;                     //声明单片机 P1 接口的第一位
void main()                           //主函数
{
    led1 = 0;                         //点亮第一个发光二极管
}
```

在输入上述程序时，Keil 会自动识别关键字，并以不同的颜色提示用户加以注意，这样会使用户少犯错误，有利于提高编程效率。若新建立的文件没有事先保存，则 Keil 不会自动识别关键字，也不会有不同的颜色出现。输入完程序后，如图 4.14 所示。

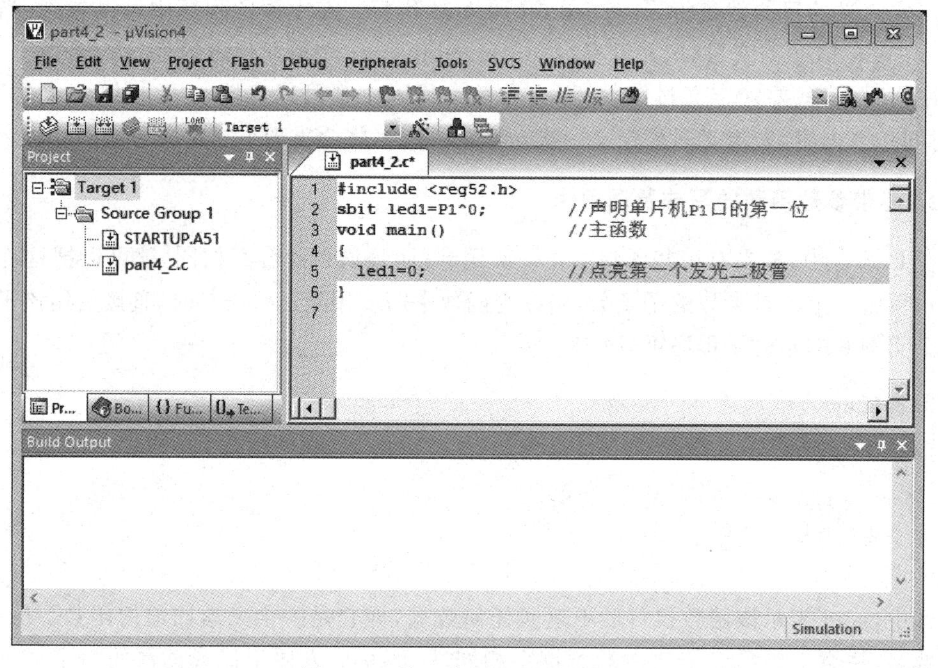

图 4.14 输入代码后的编辑界面

接下来编译此工程，查看程序代码是否有错误。先保存文件，再单击全部编译快捷图标。建议大家每次在执行编译之前都先保存文件，从一开始就养成良好的习惯，这对将来写程序有很大的好处。因为进行编译时，Keil 软件有时会导致计算机死机，不得不重启计算机，若在编写一个很大的工程文件时没有及时保存，那么重启计算机后就会找不到它的任何踪影，只能重写。虽然这种情况极少发生，但出于安全考虑，还是建议大家及时保存。编译后的界面如图 4.15 所示，Build Output 窗口中显示的是编译过程及编译结果，其信息表示此工程成功编译通过。

当然，并不是每个用户第一次都能很顺利地编译成功。下面故意改错一处，然后编译一次，观察它的编译错误信息，并介绍如何查找错误。

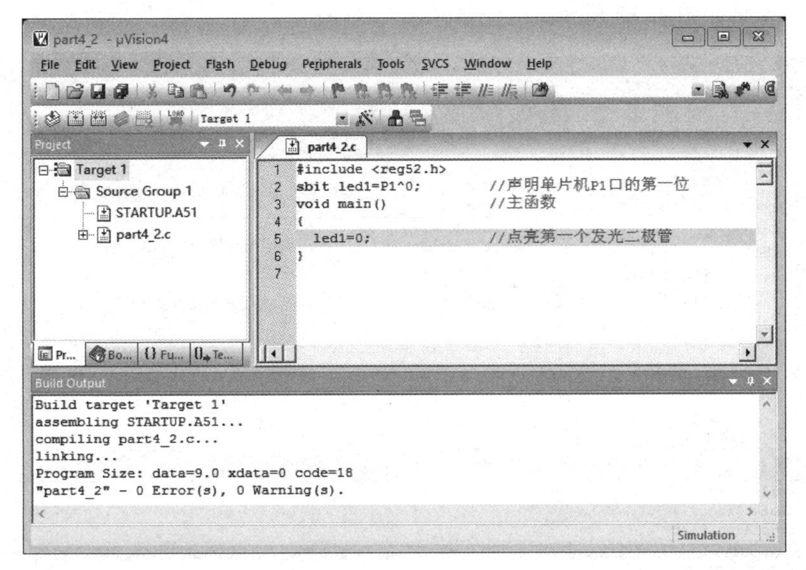

图 4.15　编译后的界面

将程序中“led1＝0；//点亮第一个发光二极管”一行中的“1”删除，保存，然后编译，如图 4.16 所示。

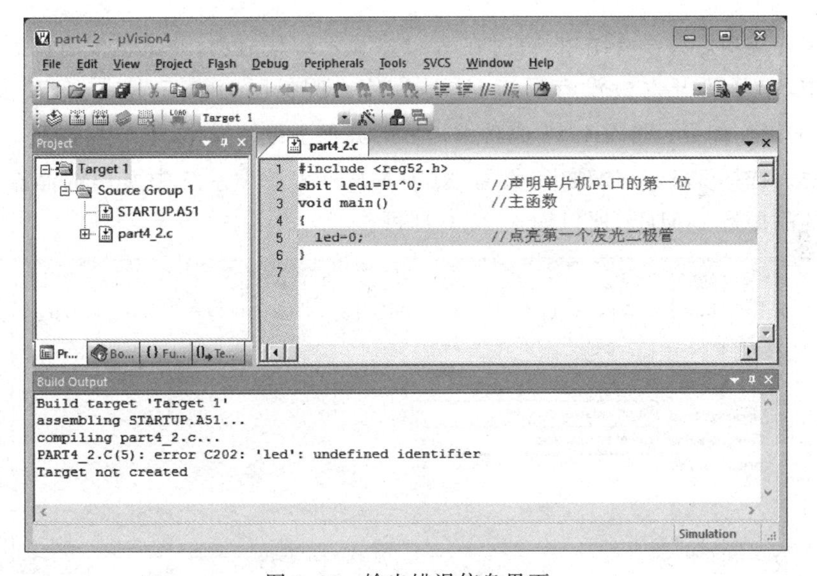

图 4.16　输出错误信息界面

从图 4.16 可以看出，编译过程出现了错误，错误信息有一处，位于 part4_2.c 的第 5 行。在一个比较大的程序中，如果某处出现了错误，编译后会发现有很多个错误信息，其实这些错误并非真正的错误，而是当编译器发现一个错误时，编译器已经无法完整编译完后续的代码引发的。解决办法如下：将错误信息窗口右侧的滚动条拖到最上面，双击第一条错误信息，可以看到 Keil 软件将自动定位错误，同时在代码行前面出现一个蓝色箭头。需要说明的是，有些软件不能准确显示错误信息，也不能准确定位，它只能定位到错误出现的大概位置，开发人员应根据这个大概位置和错误提示信息自行查找和修改错误。双击图 4.16 中的错误信息后，界面如图 4.17 所示。

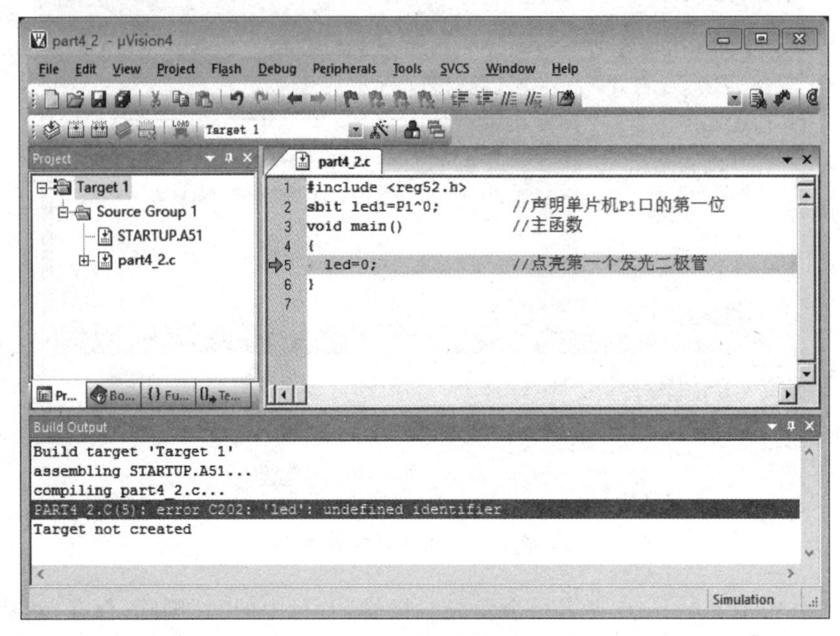

图 4.17 定位错误

工程编译成功后并没有结束，有时在 Keil 中显示编程成功，调试也没有问题，但是传送到单片机中，单片机开发板没有反应，这是为什么呢？因为没有生成 HEX 文件。生成 HEX 文件的操作如下：在图 4.15 成功编译后的界面上继续操作，单击按钮，弹出图 4.18 所示对话框。选择 Target 选项卡，设置 Xtal(MHz)为最小系统中所用的晶振的属性值。在这里用的晶振是 24MHz，所以输入 24.0 即可。

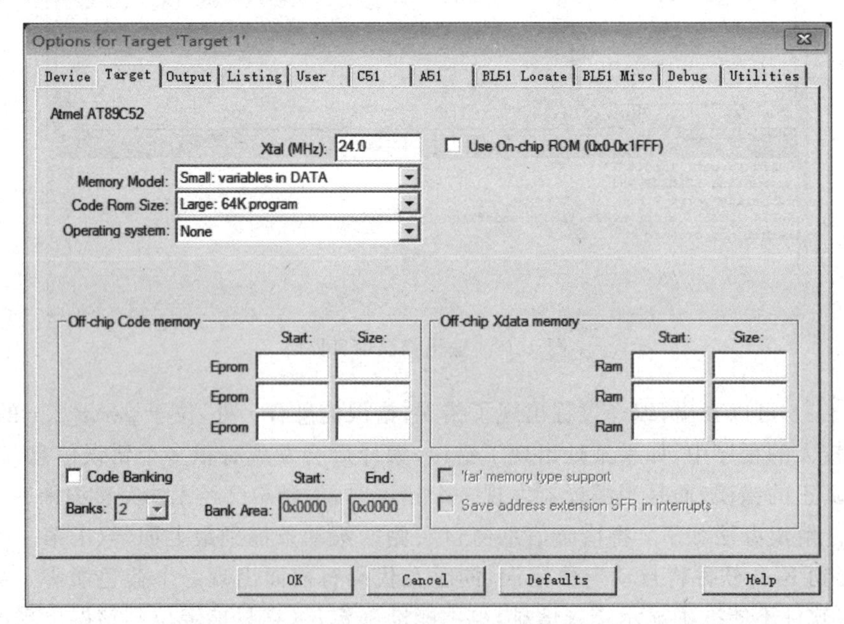

图 4.18 Options for Target 'Target 1'对话框

选择 Output 选项卡,选中 Create HEX File 复选框,如图 4.19 所示,单击 OK 按钮。

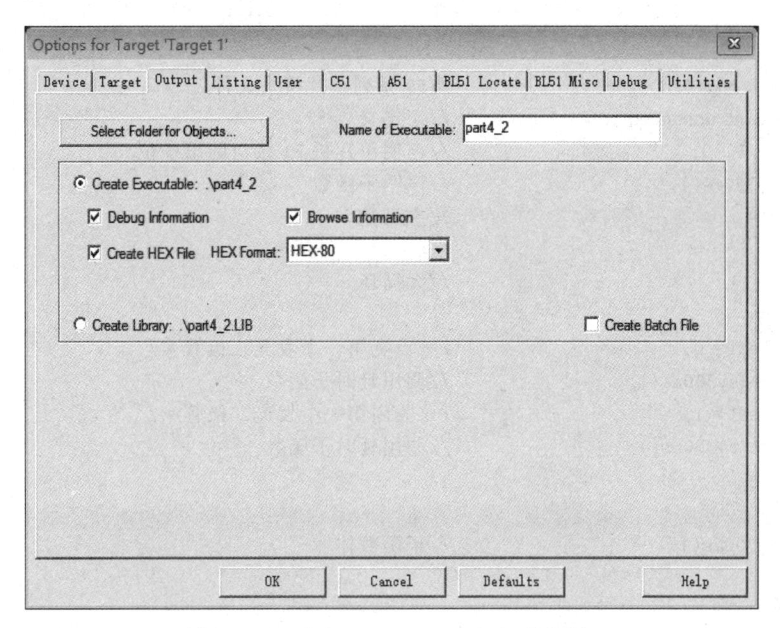

图 4.19　选中 Create HEX File 复选框

返回图 4.15 成功编译后的界面,单击全部编译快捷按钮,重新编译一次,在 Build Output 窗口中会出现生成 HEX 文件的提示,如图 4.20 所示。这时在之前保存的工程文件夹下会出现一个 HEX 文件,调试时把 HEX 文件烧写进单片机即可。

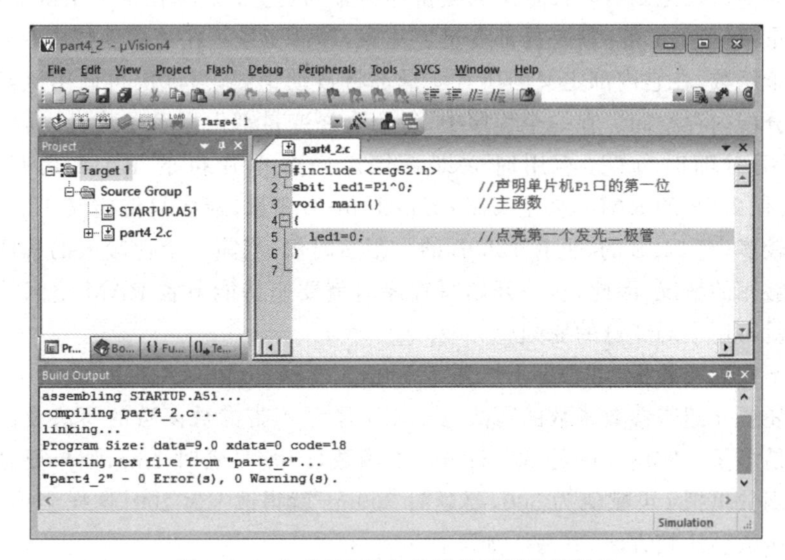

图 4.20　生成 HEX 文件后的重新编译界面

4.3.3　实例 8：延时函数控制小灯闪烁(一)

写出一个完整调用子函数的例子,让实验板上第一个发光二极管以间隔 300ms 亮灭闪动。新建一个文件 part4_2. c,将其添加到工程中,删除原来的文件,在新文件中输入以下代码：

```
#include <reg52.h>                    //52 系列单片机头文件
#define uint unsigned int             //宏定义
sbit led1 = P1^0;                     //声明单片机 P1 接口的第一位
void delay300ms();                    //声明子函数
void main()                           //主函数
{
    while(1)                          //大循环
    {
        led1 = 0;                     /* 点亮第一个发光二极管 */
        delay300ms();                 //调用延时子函数
        led1 = 1;                     /* 关闭第一个发光二极管 */
        delay300ms();                 //调用延时子函数
    }
}
viod delay300ms()                     //子函数体
{
    uint i,j;
    for(i = 300;i > 0;i -- )          // i = 300,即延时约 300ms
        for(j = 110;j > 0;j -- );
}
```

在实例 8 中,“uint i,j; ”语句中的 i 和 j 两个变量的定义放到了子函数里,而没有写到主函数的最外面。在主函数外面定义的变量称为全局变量;定义在某个子函数内部的变量称为局部变量,这里的 i 和 j 就是局部变量。注意,局部变量只在当前函数中有效,程序一旦执行完当前子函数,在它内部定义的所有变量都将自动销毁,当下次再调用该函数时,编译器重新为其分配内存空间。在一个程序中,每个全局变量都占据着单片机内固定的 RAM,局部变量是用时随时分配,不用时立即销毁。一个单片机的 RAM 是有限的,如果 AT89C52 只有 256B 的 RAM,要定义 unsigned int 型变量,最多只能定义 128 个;STC 单片机内部比较多,有 512B 的,也有 1280B 的。很多时候,当写一个比较大的程序时,经常会遇到内存不够用的情况,因此,从一开始写程序时就要坚持能节省 RAM 空间就要节省,能用局部变量就不用全局变量的原则。

将程序下载到实验板,可看见小灯先亮 300ms,再灭 300ms,一直闪烁。

本小节还要介绍带参数函数的写法及调用。学了不带参数函数的写法及调用后,本节学起来就容易多了。实例 6 中的 delayms()子函数,i=1 时延时 1ms,如果要延时 500ms,就需要在子函数里把 i 再赋值为 500,要延时 200ms 就得改 i 为 200,这样会很麻烦。使用带参数的子函数会比较方便,其写法如下：

```
void delayms(uint xms)
{
    uint i,j;
    for(i = xms;i > 0;i -- )          //i = xms,即延时约 x 毫秒
        for(j = 110;j > 0;j -- );
}
```

上面代码中，delayms 后面的括号中多了一句 uint xms，这就是该函数所带的一个参数，xms 是一个 uint 型变量，又称该函数的形参。在调用此函数时，用一个具体真实的数据代替此形参，该真实数据称为实参。形参被实参代替之后，在子函数内部所有和形参名相同的变量都将被实参代替。声明方法在前面已经讲过，这里再强调一下，声明时必须带上参数类型，如果有多个参数，多个参数类型都要写上，类型后面可以不写变量名，也可以写上变量名，具体使用过程参考实例 8。有了这种带参函数，要调用一个延时 300ms 的函数就可以写成“delayms(300)；”，要延时 200ms 就可以写成“delayms(200)；”，这样就会大大简化程序。

4.3.4 实例 9：延时函数控制小灯闪烁（二）

写一个完整的程序，让一个小灯闪动，闪动方式为亮 200ms、灭 800ms。完整的程序代码如下：

```
#include <reg52.h>                    //52 系列单片机头文件
#define uint unsigned int             //宏定义
sbit led1 = P1^0                      //声明单片机 P1 接口的第一位
void delayms(uint);                   //声明子函数
void main()                           //主函数
{
    while(1)                          //大循环
    {
        led1 = 0;                     /* 点亮第一个发光二极管 */
        delayms(200);                 //延时 200ms
        led1 = 1;                     /* 关闭第一个发光二极管 */
        delayms(800);                 //延时 800ms
    }
}
void delayms(uint xms)
{
  uint i,j;
  for(i = xms;i > 0;i -- )            //xms,即延时约 x 毫秒
    for(j = 110;j > 0;j -- );
}
```

将程序下载到实验板，可看见小灯先亮 200ms，再灭 800ms，一直闪烁。

接下来用 C 语言编写一个点亮实验板上第一个发光二极管的程序。

先回到 4.2 节最后的编辑界面 part4_2.c 下，在当前编辑框中输入实例 9 中的 C 语言源程序。

注意：在输入源代码时务必将输入法切换成英文半角状态。

第 5 章 Proteus及最小系统电路

本章开始介绍仿真软件 Proteus 的使用，通过仿真软件对实际的情况进行模拟，初学者能够比较清楚地掌握单片机的基本知识。

5.1 Proteus 的使用

Proteus 是将电路仿真软件、PCB 设计软件和虚拟模型仿真软件三合一的设计平台，其处理器模型支持 8051、HC11、PIC10/12/16/18/24/30/DsPIC33、AVR、ARM、8086 和 MSP430 等，2010 年又增加了 Cortex 和 DSP 系列处理器，并持续增加其他系列处理器模型。在编译方面，它也支持 IAR、Keil 和 MPLAB 等多种编译器。

电路设计的步骤如图 5.1 所示，即电路仿真→PCB 设计→虚拟模型仿真。

Proteus 实现了单片机仿真和 SPICE 电路仿真相结合，具有模拟电路仿真、数字电路仿真，如存储器、AD/DA、总线、显示器、键盘等仿真功能；有各种虚拟仪器，如示波器、逻辑分析仪、信号发生器等。

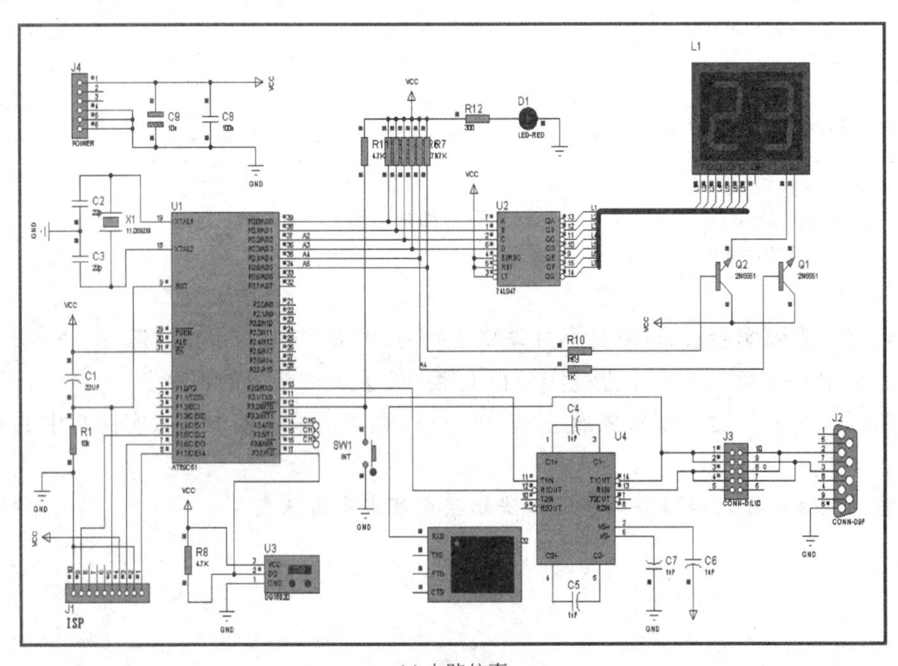

(a) 电路仿真

图 5.1　电路设计的步骤

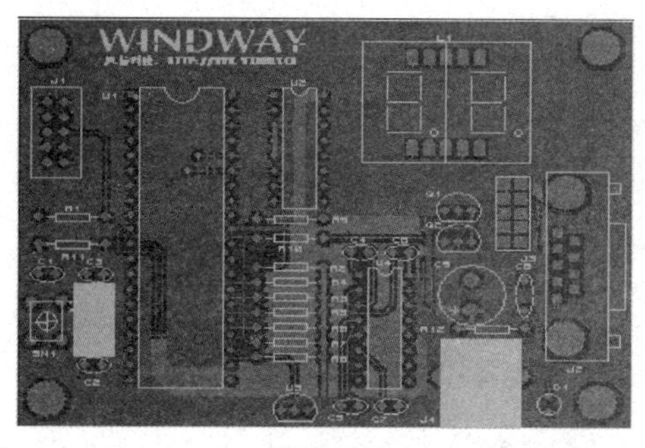

(b) PCB设计

(c) 虚拟模型仿真

图 5.1(续)

Proteus 支持主流单片机系统的仿真，目前支持的单片机类型有 68000 系列、8051 系列、AVR 系列、PIC12 系列、PIC16 系列、PIC18 系列、Z80 系列、HC11 系列及各种外围芯片。

提供软件调试功能。Proteus 在硬件仿真系统中具有全速、单步、设置断点等调试功能，同时可以观察各个变量、寄存器等的当前状态。

同时，Proteus 支持第三方的软件编译和调试环境，如 Keil C51 μVision4 等软件。

Proteus 具有强大的原理图绘制、PCB 设计等功能。

5.2 Proteus 工程的建立和原理图绘制

单击“开始”菜单，选择 Proteus 8 Professional 文件夹→Proteus 8 Professional 打开应用程序(或者直接在桌面上双击快捷方式)。在绘制原理图之前，必须新建一个 Proteus 工程。单击 Proteus 主页顶部的 New Project 按钮，新建工程，步骤如图 5.2～图 5.8 所示。

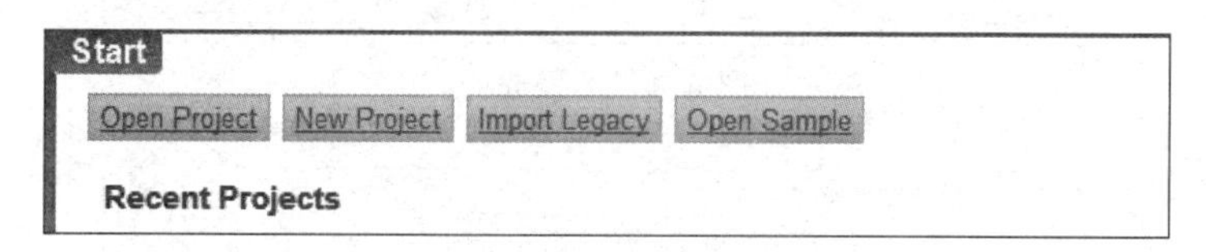

图 5.2 新建工程文件

至此，完成新建工程过程。

界面最大的区域称为编辑窗口，其作用类似于一个绘图窗口，用于放置和连接元器件。屏幕左上方较小的区域称为预览窗口，其用来预览当前的设计图，蓝色边框显示的是当前图纸的边框，绿色边框表示编辑窗口的大小。当从对象选择器中选择一个新对象时，预览窗口则用于预览这个被选中的对象。

在预览窗口中右击，在弹出的快捷菜单中选择“自动隐藏”命令，将自动隐藏预览窗口和对象选择器，使编辑窗口占有最大的可视面积，对绘制原理图有很大的帮助。选择了自动隐藏功能后，对象选择器和预览窗口将最小化为一个弹出框，当鼠标指针放在上面时或者选择不同的对象模式时，弹出框将重新打开，显示对象选择器和预览窗口。

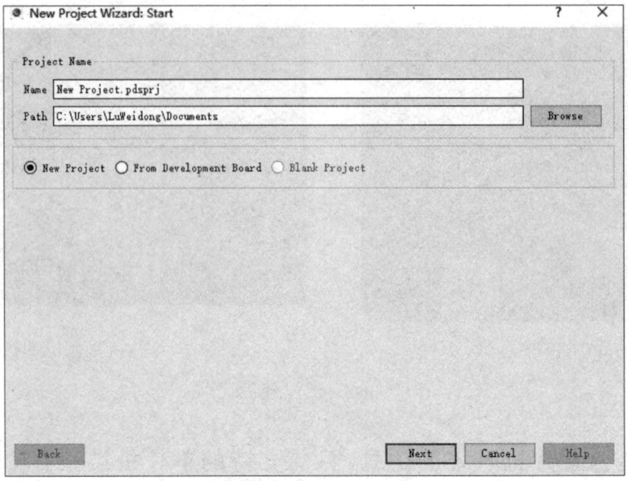

New Project Wizard: Start ? ×

Project Name

Name New Project.pdsprj

Path C:\Users\LuWeidong\Documents Browse

New Project From Development Board Blank Project

Back Next Cancel Help

图 5.3　设置工程所在位置

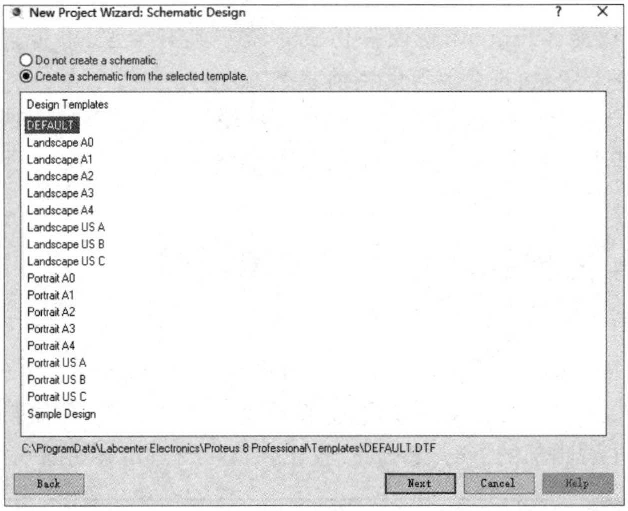

New Project Wizard: Schematic Design ? ×

Do not create a schematic.

Create a schematic from the selected template.

Design Templates

DEFAULT

Landscape A0

Landscape A1

Landscape A2

Landscape A3

Landscape A4

Landscape US A

Landscape US B

Landscape US C

Portrait A0

Portrait A1

Portrait A2

Portrait A3

Portrait A4

Portrait US A

Portrait US B

Portrait US C

Sample Design

C:\ProgramData\Labcenter Electronics\Proteus 8 Professional\Templates\DEFAULT.DTF

Back Next Cancel Help

图 5.4　工程选项

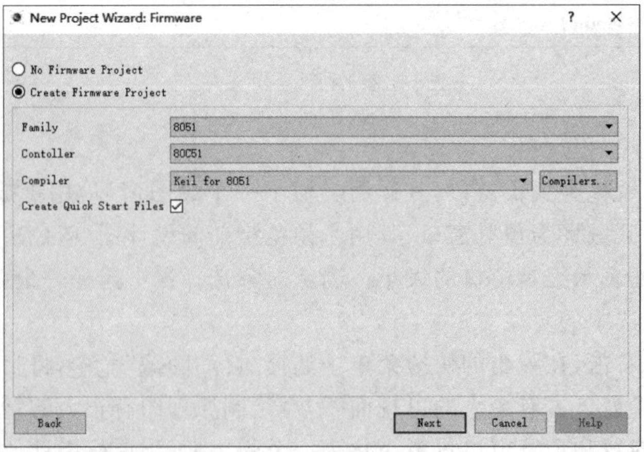

New Project Wizard: Firmware ? ×

No Firmware Project

Create Firmware Project

Family 8051

Contoller 80C51

Compiler Keil for 8051 Compilers...

Create Quick Start Files

Back Next Cancel Help

图 5.5　选择型号

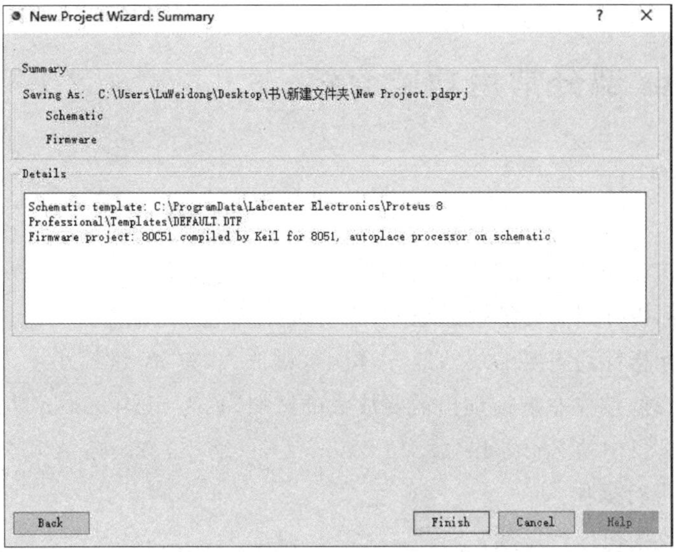

New Project Wizard: Summary
Summary
Saving As: C:\Users\LuWeidong\Desktop\书\新建文件夹\New Project.pdsprj
Schematic
Firmware
Details
Schematic template: C:\ProgramData\Labcenter Electronics\Proteus 8 Professional\Templates\DEFAULT.DTF
Firmware project: 80C51 compiled by Keil for 8051, autoplace processor on schematic
Back
Finish
Cancel
Help

图 5.6 完成创建

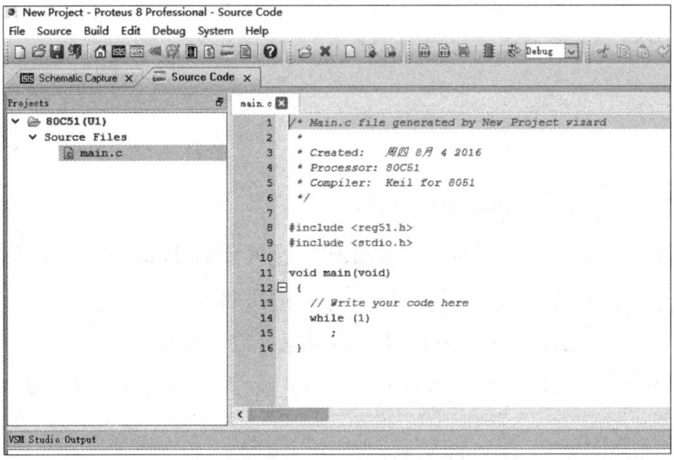

New Project - Proteus 8 Professional - Source Code
File Source Build Edit Debug System Help
Schematic Capture
Source Code
Projects
80C51 (U1)
Source Files
main.c
/* Main.c file generated by New Project wizard
*
* Created: 周四 8月 4 2016
* Processor: 80C51
* Compiler: Keil for 8051
*/
#include <reg51.h>
#include <stdio.h>
void main(void)
{
// Write your code here
while (1)
;
}
VSM Studio Output

图 5.7 程序编译界面

New Project - Proteus 8 Professional - Schematic Capture
File Edit View Tool Design Graph Debug Library Template System Help
Schematic Capture
Source Code
Device Selector - 80C51
80C51

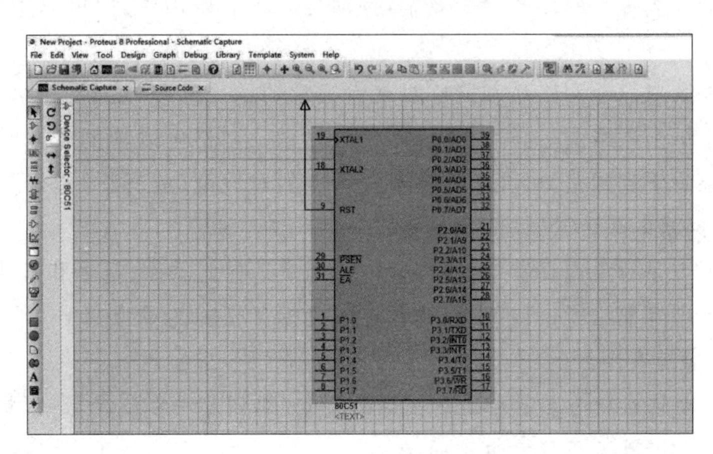

图 5.8 电路仿真界面

5.3 Proteus 部分常用功能介绍

5.3.1 缩放

有如下几种方法可以对原理图进行缩放。

(1) 移动鼠标指针到需要缩放的地方,滚动鼠标滚轮进行缩放。

(2) 移动鼠标指针到需要缩放的地方,按 F6 键放大,按 F7 键缩小。

(3) 按 Shift 键,按住左键拖动出需要放大的区域,称为 Shift Zoom 功能。

(4) 使用工具条中的 Zoom In(放大)、Zoom Out(缩小)、Zoom All(全图)、Zoom Area(放大区域)工具进行操作。

(5) 单击缩放按钮进行缩放。

(6) 按 F8 键,可以在任何时候显示整张图纸。

(7) Shift Zoom 功能和滚轮缩放也可应用于预览窗口。在预览窗口进行操作,编辑窗口将有相应的变化。

5.3.2 平移

有如下几种方法可以对原理图进行平移。

(1) 按下鼠标滚轮,出现✥光标,表示图纸已经处于提起状态,可以进行平移。

(2) 将鼠标指针置于要平移到的地方,按 F5 键进行平移。

(3) 按 Shift 键,在编辑窗口边缘移动鼠标指针,可以进行平移。

(4) 若想要平移至相距比较远的地方,最快捷的方式是在预览窗口中单击显示该区域。

使用第一种方式进行平移时,在图纸提起状态下,也可使用鼠标滚轮进行缩放操作。掌握这些操作将会大大提高原理图绘制效率,特别是滚轮的使用,不但可以用于缩放,还可以用于平移。

可以在编辑窗口显示网格点和网格线来为视觉辅助。选择"视图"→"切换网格"命令,或者在工具栏中单击网格图标,可以切换网格的显示。网格可以帮助放置器件并进行连线快速对齐。如果看不到网格,可能需要调整显示器的对比度,或者在"模板"→"设置设计颜色"命令下改变网格的颜色(默认的颜色是轻灰色)。

在预览窗下方是对象选择器(对象列表窗),用来选择元器件、符号和其他库对象。

界面底部是坐标显示栏,可读出鼠标指针的坐标。坐标的单位是 th(千分之一英寸,与 mil 相同),坐标原点在图纸的中心。

注意:ISIS 允许对所有工具栏进行重定位,并可以调整对象选择器/预览窗的大小和位置。本章是以它们的默认位置来讨论的。

5.3.3 设计视觉帮助

ISIS是一个界面非常友好的应用平台，它提供两种主要的可视化方法，帮助使用者了解正在进行的操作：一是鼠标指针指向对象时，对象会被虚线包围；二是鼠标光标也会根据其功能发生改变。

简单来说，当鼠标指针移动到某一元件上时，它的样式会发生变化，表明该对象将被选中，这个对象称为“热对象”；鼠标光标表明当按下鼠标左键时，能够对“热对象”进行什么操作。光标含义说明列表如表5.1所示。

表5.1 光标含义说明列表

光　　标	描　　述
	标准光标：没有指向任何对象时显示
	放置光标：显示为白色笔形光标，单击放置对象
	连线光标：显示为绿色笔形光标，单击开始连线
	总线光标：显示为蓝色笔形光标，单击开始绘制总线
	选择光标：单击时光标所指对象被选中
	移动光标：可移动鼠标指针下的对象
	拖线光标：按住鼠标左键，对连线或2D图形进行拖曳调整
	赋值光标：当使用属性赋值工具设置对象属性，鼠标指针指向对象时，单击将把相关属性设置到对象中

5.3.4 设计概述

本节介绍STC89C51基本示例电路的设计。

本节将从以下几个方面的操作来熟悉如何绘制原理图：从元件库中选取元件、将它们放置在电路图中并进行相应的电路连线。

1. 从元件库中选取元件

有以下两种方法可以选取元件。

(1) 如图5.9所示，单击对象选择器左上方的按钮，也可以通过快捷键来启动元件库浏览器对话框(默认的快捷键是P)。

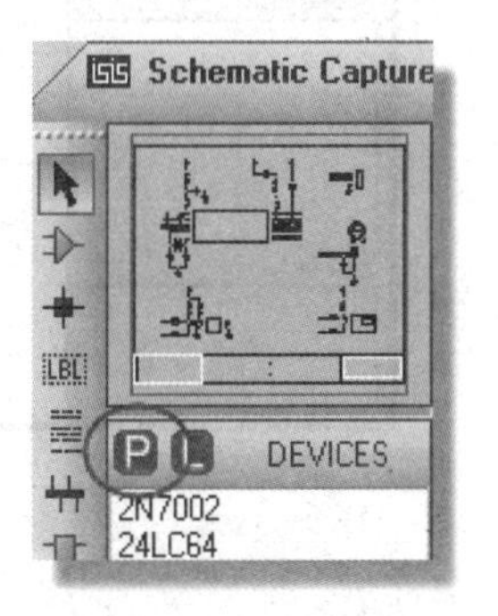

图5.9 打开元件库

在原理图编辑区域任意位置右击，在弹出的快捷菜单中选择“放置”→“元件”→From Libraries命令，如图5.10所示。

(2) 元件拾取对话框如图5.11所示。

① 大类(Category)。在左侧的Category中共列出了以下几个大类，其含义如表5.2所示。

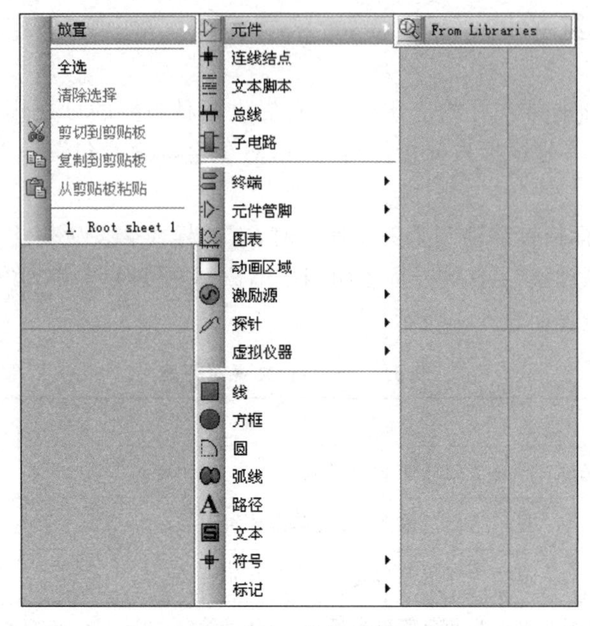

图 5.10　放置元件

图 5.11　元件拾取对话框

表 5.2 Proteus 元器件库大类

Analog ICS：模拟电路集成库	CMOS 4000 Series：CMOS 4000 系列
Capacitors：电容	Connectors：插座、插针等电路接口连接
Data Converters：ADC、DAC	Diodes：二极管
Debugging Tools：调试工具	ECL 10000 Series：ECL 10000 系列
Electromechanical：电动机	Laplace Primitives：拉普拉斯变换
Inductors：电感	Mechanics：力学元件
Memory ICs：存储器芯片	Microprocessor ICs：CPU
Modeling Primitives：简单模式库	Miscellaneous：元件混合类型
Operational Amplifiers：运算放大器	Optoelectronics：光电元件
PLDs & FPGAs：可编程逻辑器件	PICAXE：PICAXE 集成电路
Resistors：电阻	Simulator Primitives：仿真模拟源
Switches & Relays：开关及继电器	Speakers & Sounders：扬声器、蜂鸣器
Switching Devices：开关器件	Thermionic Valves ：热电子元件
Transistors：晶体管	Transducers：传感器
TTL 74 Series：标准 TTL 系列	TTL 74LS Series：低功耗肖特基 TTL 系列
TTL 74AS Series：先进的肖特基 TTL 系列	TTL 74S Series：肖特基 TTL 系列
TTL 74F Series：快速 TTL 系列	TTL 74HC Series：高速 CMOS 系列
TTL 74HCT Series：与 TTL 兼容的高速 CMOS 系列	TTL 74ALS Series：先进的低功耗肖特基 TTL 系列

当要从库中拾取一个元件时，首先要清楚它属于表 5.2 中的哪一类，然后在元件拾取对话框中选中 Category 中相应的大类。

② 子类(Sub-category)。选取元件所在的大类后，即可选择子类。也可以直接选择生产厂家(Manufacturer)，这样会在元件拾取对话框中间部分的查找结果(Results)中显示符合条件的元件列表，从中找到所需的元件并双击，元件即可被拾取到对象选择器中。如果要继续拾取其他元件，最好使用双击元件名称的办法，因为这样对话框不会关闭。如果只选取一个元件，可以在单击元件名称后单击 OK 按钮，关闭对话框。

如果选取大类后没有选取子类或生产厂家，则在元件拾取对话框的查询结果中会把此大类下的所有元件按元件名称首字母升序排列出来。

Proteus 中的常用元器件中英文对照如下。

单片机：Microprocessor ICs。

晶振：CRYSTAL。

电容(瓷片电容)：CAP。

电解电容：CAP-ELEC。

极性电容：CAP-POL。

电阻：RES。

电位器：RESISTOR。

上拉电阻：PULLUP。

开关：SWITCH。

按键：BUTTON。

七段码数码管：7SEG。

发光二极管：LED。

2. 连线

放置好元器件以后，即可开始进行连线。连线过程中使用以下 3 种技术可以使电路连接方便快捷。

(1) 无模式连线。在 ISIS 中没有“连线模式”，即连线可以在任何时候放置或编辑，这样减少了鼠标的移动和模式的切换，提高了开发效率。

(2) 自动跟随。开始放置连线后，连线将随着鼠标指针以直角方式移动，直至到达目标位置。

(3) 动态光标显示。连线过程中，光标样式会随不同动作而变化。起始点是绿色铅笔，过程是白色铅笔，结束点是绿色铅笔。

下面介绍在两个引脚之间连线的基本步骤，现在连接的是 SCK 引脚和 100Ω 电阻。将光标放置在存储芯片的 SCK 引脚上，光标会自动变成绿色，如图 5.12 所示。

单击，向左移动鼠标到 100Ω 电阻的引脚处，导线将会跟随移动，在移动的过程中光标/画线笔将变成白色，如图 5.13 所示。

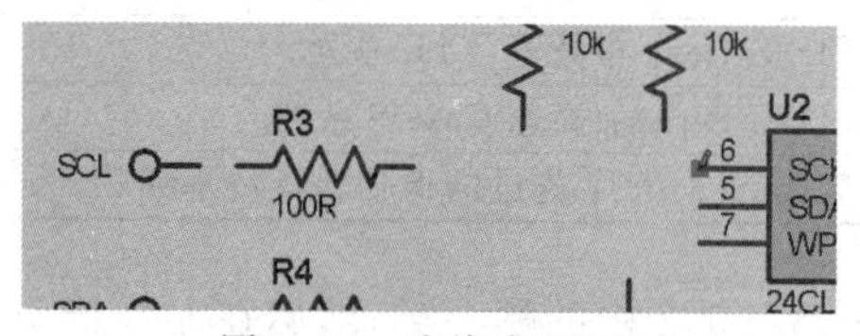

图 5.12 连线步骤(1)

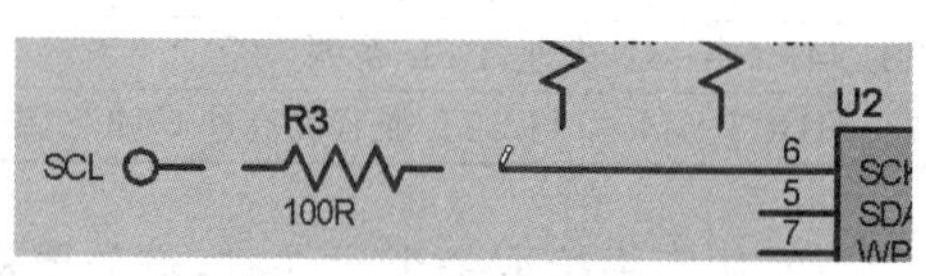

图 5.13 连线步骤(2)

再次单击，完成画线，如图 5.14 所示。

在导线上进行连线的方法基本相同，但仍然有以下几个地方需要注意。

(1) 不可以从导线的任意位置开始连线，而只能从芯片的引脚开始连线，连接到另一根导线。当连接到其他已存在的导线时，系统会自动放置节点，然后结束连线操作。

(2) 在连线过程中，如果需要连接两根导线，其操作步骤如下：首先需要在其中一根导线上放置节点，然后从这个节点上连线到另一根导线。

(3) 如果需要在放置导线后再进行修改(如在此例中连接 SDA 和电阻的导线)，只需要在所需要移动的导线上右击，在弹出的快捷菜单中选择“拖动导线”命令，或者在导线上单击拉动导线即可，如图 5.15 所示。

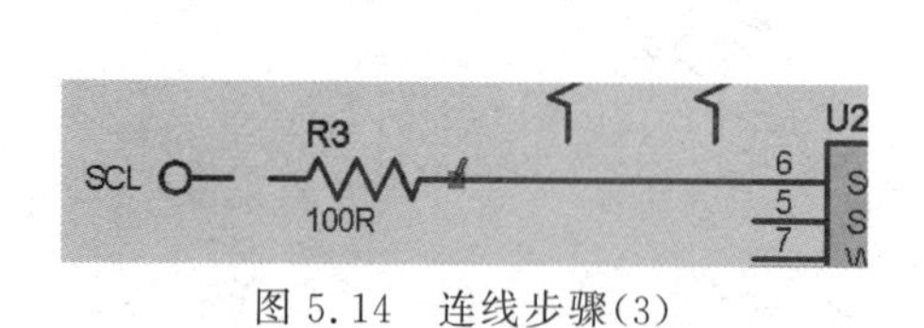

图 5.14 连线步骤(3)

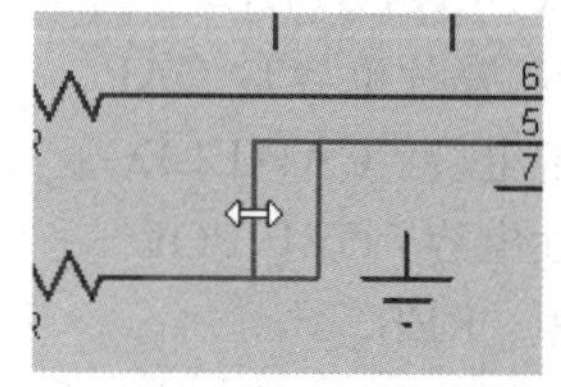

图 5.15 修改导线位置

3. 拖动导线

掌握以上连线技巧后，即可把电路图中的所有元件都连接起来。连接好的电路如图 5.16 所示。

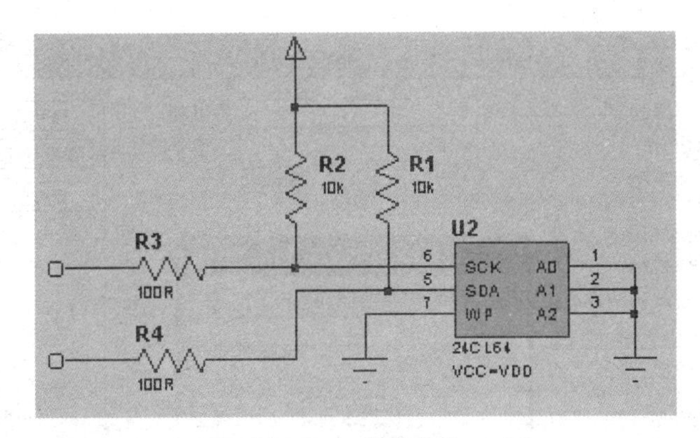

图 5.16 完成连线

ISIS 提供了视觉标识帮助，如果光标变成绿色，表示可以开始或者停止连线。

1）电源连接

ISIS 为电源网络提供了隐式连接方法，可以减少大量的电源导线，主要使用到下面 3 种方法。

(1) 隐藏电源引脚。管理电源网络最为简单的方式就是使用“设计”菜单中的“配置电轨”对话框。在弹出该对话框后，可以看到预定义的 3 种电源 GND、V_{CC}/V_{DD} 和 V_{EE}。从对话框顶部的下拉列表中可以发现，GND 网络连接到 GND 电源地，而 V_{CC} 和 V_{DD} 网络都连接到 V_{CC}/V_{DD} 电源。其实现如下：

GND 网络是由电路中未命名的接地终端创建的。

V_{DD} 网络是由电路中命名为 V_{DD} 的电源终端创建的。

I^2C 存储芯片有两个隐藏的引脚 V_{CC} 和 GND，同样会自动连接到以这两个名字命名的网络中。

管理电源网络和电源供应在原理图设计中是非常重要的，因此需要多加练习来增强这个能力。关闭“配置电轨”对话框，右击 I^2C 芯片，在弹出的快捷菜单中选择“编辑属性”命令，弹出“编辑元件”对话框。单击“隐藏引脚”按钮，可以看到所有隐藏的引脚和其对应的网络分配。引脚查询如图 5.17 所示。

(2) ISIS 中隐藏的电源引脚。现在将电源引脚从默认的 V_{CC} 网络修改为连接到 V_{DD} 网络，单击“确定”按钮，关闭对话框。然后弹出“配置电轨”对话框，再打开 V_{DD}/V_{CC} 选项就会发现 V_{CC} 网络已经不存在。

将 V_{DD}/V_{CC} 的电源电压修改为 3.3V，这也是电路实际工作的电压。电源电压在 PCB 设计中仅作为设计参考，但在仿真过程中，电源电压的设定则有着非常重要的作用。

修改电源电压并不会改变电源网络的连接，即如果两个电源网络的电压都是 3.3V，但这两个电源网络不一定是相连的，只有分配到同一个电源供应的网络才是相连的。

返回原理图中，编辑 V_{DD} 终端(右击，在弹出的快捷菜单中选择“编辑属性”命令)，修改终端标签为 MY_POWER_NET(图 5.18)。再次弹出“配置电轨”对话框，会发现一个未连接的电源网络(电源网络未连接到电源供应)。

如果按照前面的指示进行了操作，那么现在需要选择 V_{CC}/V_{DD} 电源供应，然后把 MY_POWER_NET 电源网络加入 V_{CC}/V_{DD} 电源供应中。

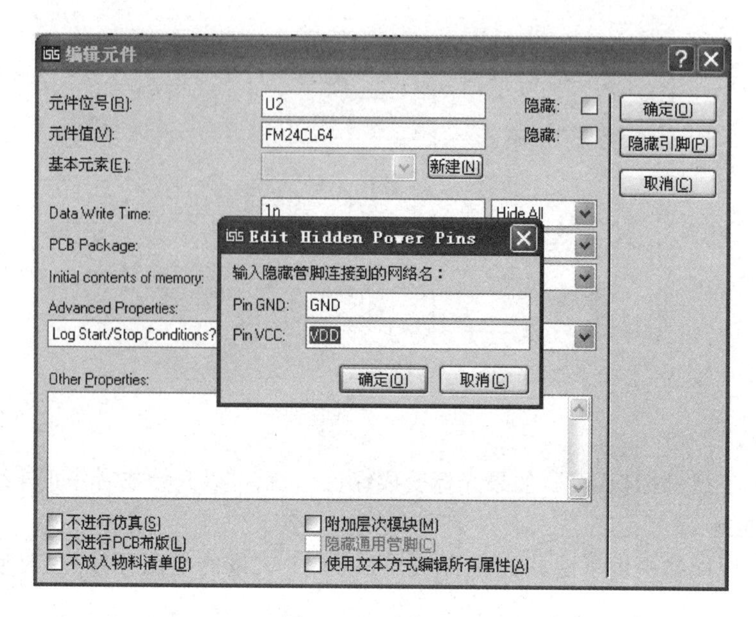

图 5.17　引脚查询

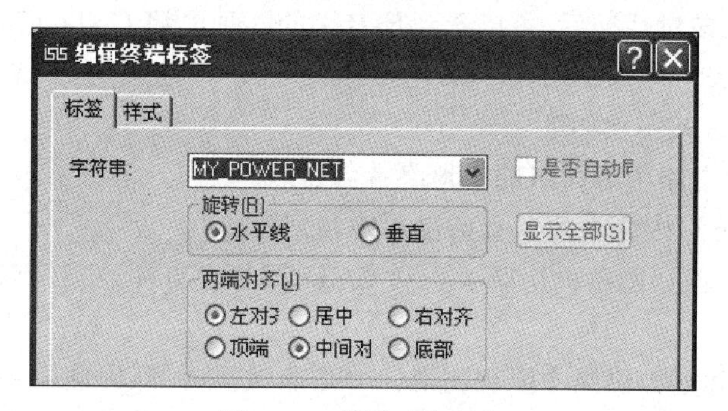

图 5.18　编辑引脚名称

(3) 修改终端命名

需要说明的是，当使用电压对终端进行命名时，系统会自动加入对应电压的电源供应中。例如，使用+12V 给终端命名，将使该终端自动加入+12V 的电源供应中，用户不用再进行电轨配置。如果还需要更多的灵活性（如模拟地和数字地），那么必须使用终端命名，然后在“配置电轨”对话框中进行灵活的配置操作，更多信息详见软件的帮助手册。

2) 元件的标签和标号

我们知道，所有放置到原理图中的元器件都有一个唯一的参考标号和元件值。元件的参考标号是把元件放置到原理图上时系统自动分配的，如果需要，也可以手动修改。对于其他的标签，如元件值标签，可以更改元件值，更改摆放的位置，选择显示或隐藏等操作。下面演示上述操作的过程。

(1) “编辑元件”对话框。放大原理图中的其中一个电阻，可以看到电阻元件的旁边有两个标签：一个唯一的参考标号（如 R1）和一个电阻值（如 10kΩ）。可以在“编辑元件”对话框中编辑这两个标签，并且选择显示或隐藏标签。在电阻上双击弹出“编辑元件”对话框，如

图 5.19 所示。在该对话框中可以编辑元件参考标号和元件值,“隐藏”复选框用于设置参考标号和元件值是否可见。在一个很密集的电路中,“隐藏”复选框可以让电路更加整洁。如果在这种情况下,想要查看元件的标号或值,需要弹出“编辑元件”对话框。

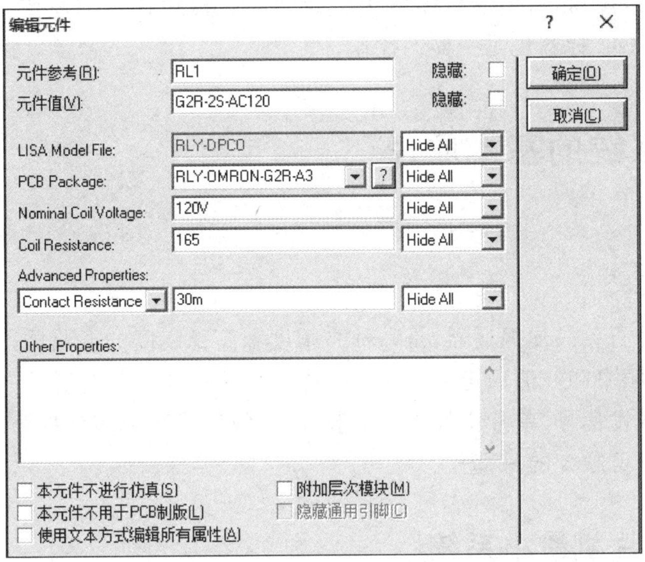

图 5.19 “编辑元件”对话框

读者可以多练习修改元件的标号、值和可见性等操作,但是要注意,如果把又一新增电阻的标号设置为 R1,电路图中将会出现两个相同的参考标号,这样在绘制 PCB 时将导致网络表错误。若使用“编辑元件”对话框中的“新建”按钮来重新给元件标号,便可以自动获得一个不重复的标号,以避免错误,引脚修改如图 5.20 所示。

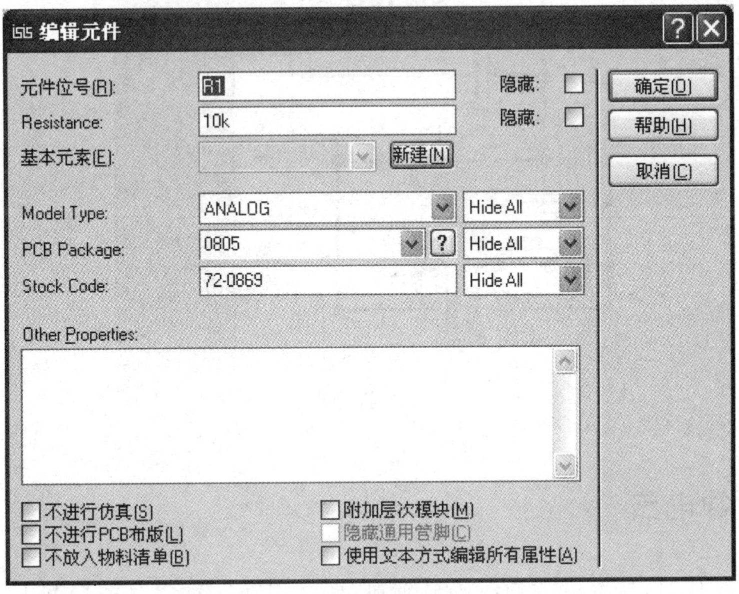

图 5.20 引脚修改

(2) 使用“新建”按钮将自动分配一个不重复的标号。同样地，全局命名功能也可以避免元件重名。可以将标签移动到更为合适的位置，当进行连线时，如果连线的路径被标签阻挡，这时就需要移动标签到另一个位置。现在可以试着将R2电阻的10k标签移动到R2元件的另一边，选中电阻后，将鼠标指针移动到R2标签上，按住鼠标左键，将R2标签移动到元件左侧，同理对10k标签也是一样的操作。

5.4 最小系统的基本原理

5.4.1 晶振

晶振的全称是石英晶体振荡器，是一种高精度和高稳定度的振荡器，通过一定的外接电路，晶振可以生成频率和峰值稳定的正弦波。由于单片机在运行时需要一个脉冲信号，作为自己执行指令的触发信号，单片机收到一个脉冲，就执行一次或多次指令。所以晶振电路是单片机最小系统不可缺少的一部分。

5.4.2 51单片机最小系统

单片机的最小系统是由组成单片机系统必需的一些元件构成的，除了单片机之外，还包括电源供电电路、时钟电路和复位电路。单片机最小系统电路(仿真图)如图5.21所示。

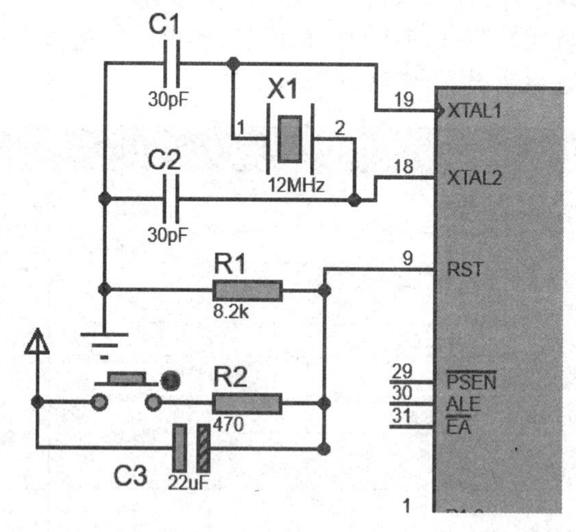

图5.21 单片机最小系统电路

5.4.3 时钟电路

单片机在工作时，从取指令到译码再到执行，必须在时钟信号的控制下才能有序地进行。时钟电路就是为单片机的工作提供基本时钟的。单片机的时钟信号通常有两种产生方式：内部时钟方式和外部时钟方式。

内部时钟方式是在单片机 XTAL1 和 XTAL2 引脚上跨接一个晶振和两个稳频电容，可以与单片机片内的电路构成一个稳定的自激振荡器。晶振的取值范围一般为 1.2～12MHz，常用的晶振频率有 6MHz、11.0592MHz、12MHz 等。一些新型的单片机还可以选择更高的频率。外接电容的作用是对振荡器进行频率微调，使振荡信号频率与晶振频率一致，同时起到稳定频率的作用，一般选用 20～30pF 的瓷片电容。

外部时钟方式则是在单片机 XTAL1 引脚上外接一个稳定的时钟信号源，它一般适用于多片单片机同时工作的情况，使用同一时钟信号可以保证单片机的工作同步。

时序是单片机在执行指令时 CPU 发出的控制信号在时间上的先后顺序。AT89C51 单片机的时序概念有 4 个，可用定时单位来说明，包括振荡周期、时钟周期、机器周期和指令周期。

振荡周期：片内振荡电路或片外为单片机提供的脉冲信号的周期。时序中 1 个振荡周期定义为 1 个节拍，用 P 表示。

时钟周期：振荡脉冲送入内部时钟电路，由时钟电路对其二分频后输出的时钟脉冲周期称为时钟周期。时钟周期为振荡周期的 2 倍。时序中 1 个时钟周期定义为 1 个状态，用 S 表示；每个状态包括 2 个节拍，用 P1、P2 表示。

机器周期：单片机完成一个基本操作所需要的时间。一条指令的执行需要一个或几个机器周期，一个机器周期固定地由 6 个状态 S1～S6 组成。

指令周期：执行一条指令所需要的时间，一般用指令执行所需机器周期数表示。AT89C51 单片机多数指令的执行需要 1 个或 2 个机器周期，只有乘除两条指令的执行需要 4 个机器周期。

了解了以上几个时序的概念后，我们就可以很快地计算出执行一条指令所需要的时间。例如，若单片机使用 12MHz 的晶振频率，则振荡周期＝1/(12MHz)＝1/12μs，状态周期＝1/6μs，机器周期＝1μs，执行一条单周期指令只需要 1μs，执行一条双周期指令则需要 2μs。

5.4.4 复位电路

无论是在单片机刚开始接上电源时，还是运行过程中发生故障都需要复位。复位电路用于将单片机内部各电路的状态恢复到一个确定的初始值，并从这个状态开始工作。

单片机的复位条件：必须使其 RST 引脚上持续出现两个(或以上)机器周期的高电平。

单片机的复位形式：上电复位和按键复位。单片机复位电路(仿真图)如图 5.22 所示。

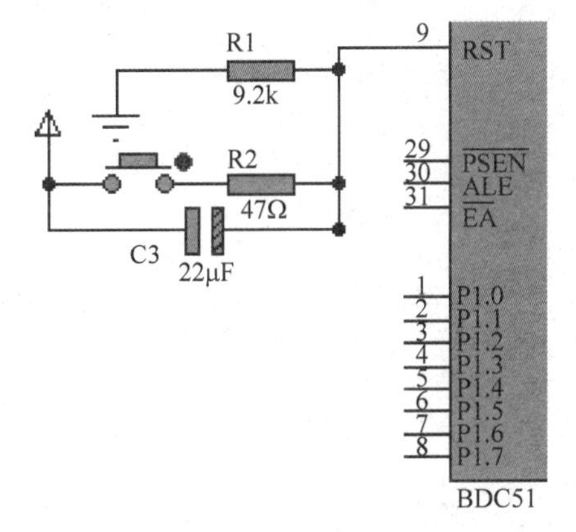

图 5.22　复位电路仿真图

上电复位电路中，利用电容充电来实现复位。在电源接通瞬间，RST 引脚上的电位是高电平(V_{CC})，电源接通后对电容进行快速充电，随着充电的进行，RST 引脚上的电位也会逐渐下降为低电平。只要保证 RST 引脚上高电平出现的时间大于两个机器周期，便可以实现正常复位。

按键复位电路中，当按键没有按下时，电路同上电复位电路。如在单片机运行过程中按下 RESET 键，已经充好电的电容会快速通过 470Ω 电阻的回路放电，从而使 RST 引脚上的电位快速变为高电平，此高电平会维持到按键释放，从而满足单片机复位的条件，实现按键复位。

第6章 基于51单片机点亮发光二极管

本章通过几个流水灯实例来说明单片机的基本使用，以及每个引脚上的高低电平变化。运用单片机完成一些实例，可以增加初学者的兴趣，使初学者更加容易上手单片机。

6.1 发光二极管概述

发光二极管(LED)是一种半导体组件，具有单向导电性，主要由支架、银胶、晶片、金线、环氧树脂5种物料所组成，常见的颜色有红、黄、绿、橙等，具有体积小、耗电低、直流驱动、超低功耗、使用寿命长、高亮度、低热量、环保、坚固耐用等特点。

常用发光二极管有直插式发光二极管和贴片式发光二极管。直插式发光二极管有两个引脚，长引脚为阳极(正极)，短引脚为阴极(负极)；贴片式发光二极管的正面的一端会有彩色标记，此端一般为阴极，如图6.1和图6.2所示。

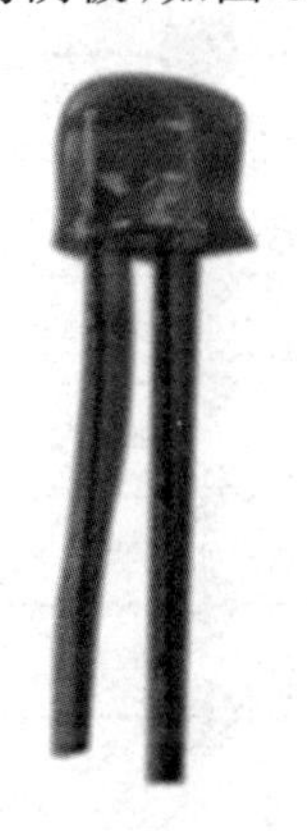

图6.1 直插式发光二极管

图6.2 贴片式发光二极管

发光二极管通过5mA左右电流即可发光，电流越大，其亮度越大。发光二极管中的电流一般控制在3～20mA，否则将会烧毁发光二极管。因此，在使用发光二极管时一般会串联一个限流电阻，从而起到限制通过发光二极管电流大小保护发光二极管的作用，如图6.3所示(仿真图)。为达到限流作用，可以采用单个电阻与LED串联，也可以采用排阻来达到理想的限流作用。排阻就是一排电阻，若有8个LED，每个LED串联一个电阻，然后在电阻的另一端接电源，由于每个LED的接法相同，因此可以把电阻的另一端连在一起，如此就有9个引脚，其中一个为公共端，如图6.4所示(仿真图)。

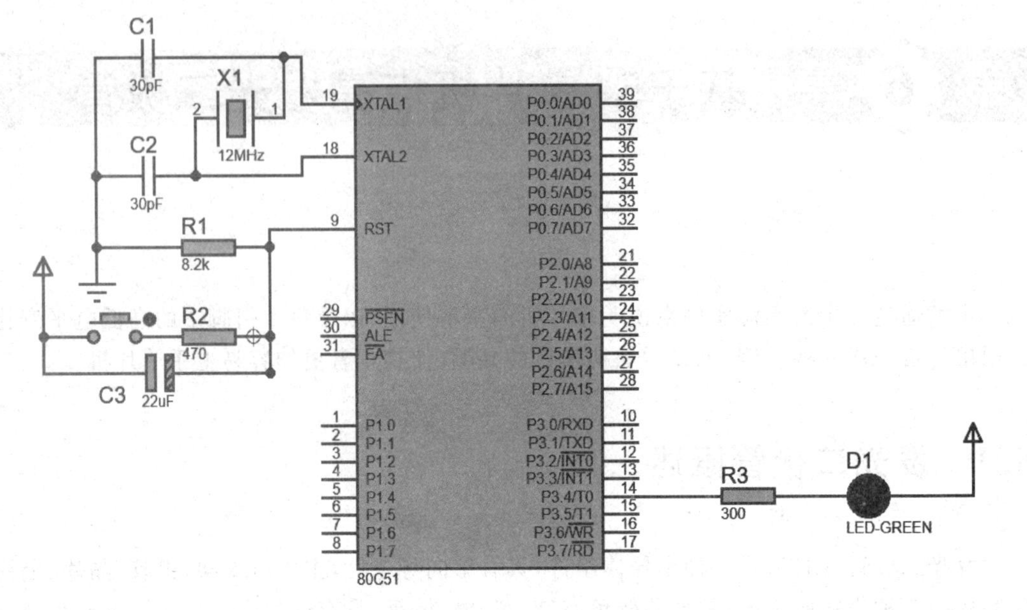

图 6.3　单个限流电阻

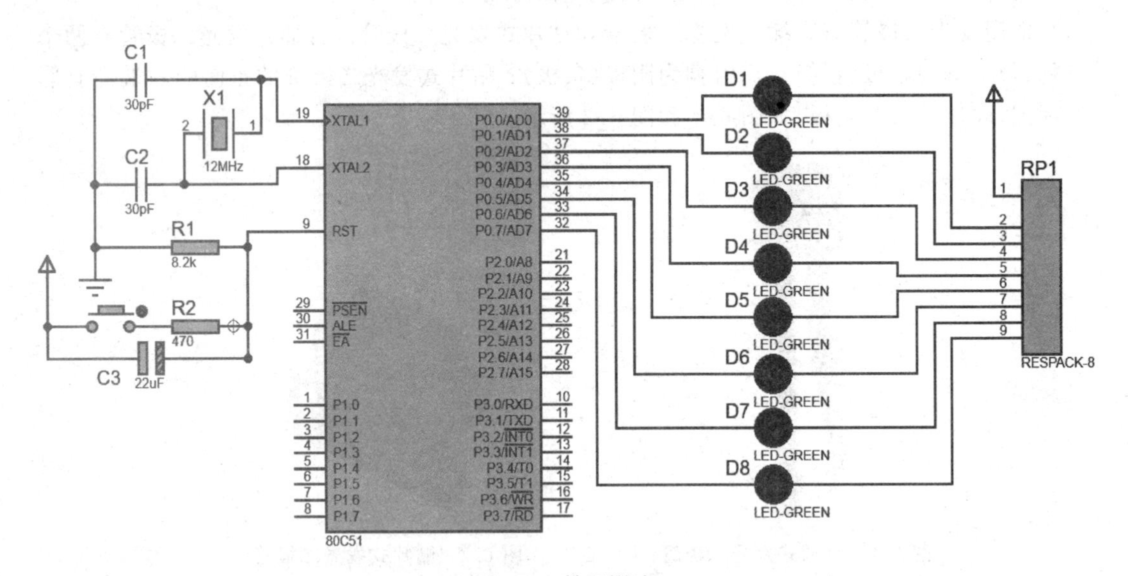

图 6.4　排阻限流

6.2　利用 4 个 LED 进行流水灯设计实例

利用 4 个 LED 进行流水灯设计，其仿真图如图 6.5 所示。

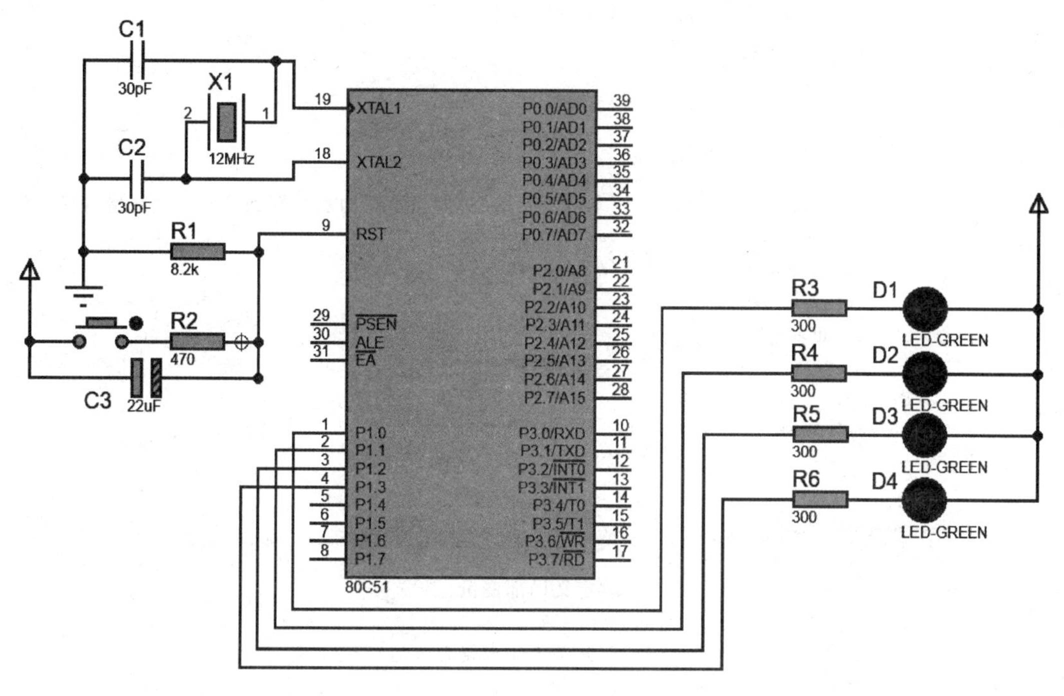

图 6.5 LED 仿真原理图

6.2.1 实例 10：小灯先左移再右移

循环左移和循环右移的应用，注意黑色圆圈为灯亮，白色圆圈为灯灭，如图 6.6 所示。

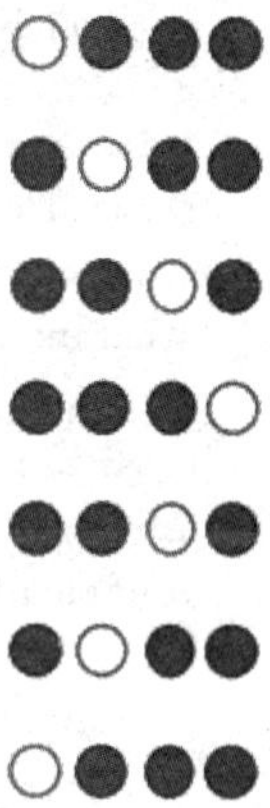

通过观察，LED 只有一个不亮，且是不亮的那个灯先左移再右移。

代码如下：

图 6.6 小灯先左移再右移

```
#include <reg52.h>                    //51 单片机头文件
#include <intrins.h>                  //_crol_和_cror_函数包含在此头文件中
#define uint unsigned int             //宏定义
#define uchar unsigned char
void delayms(uint);                   //子函数声明
uchar aa;                             //定义变量(全局变量)
uint i;                               //定义变量(全局变量)
void main()
{
    while(1)
    {
        aa = 0x01;
        for(i = 0;i < 4; i++)
        {
            P1 = aa;                  /* LED 连接在 P1 接口前 4 个引脚灯的起始条件是第 1 个
                                         灯不亮,其余 3 个均亮 */
            delayms(500);
```

```
            aa = _crol_(aa,1);        //循环左移
            if(aa == 0x04)
            break;
        }
        for(i = 0;i < 4; i++)
        {
            P1 = aa;                  /* 当 aa = 0x08,即当不亮的那个灯到第 4 个时开始右移 */
            delayms(500);
            aa = _cror_(aa,1);        //循环右移
            if(aa == 0x01)
            break;
        }
        P1 = aa;
        delayms(500);
    }
}
void delayms(uint xms)                //延时程序
{
    uint i,j;                         //定义局部变量
    for(i = xms;i > 0;i -- )
        for(j = 110;j > 0;j -- );     //此条语句末尾有分号
}
```

6.2.2 实例 11：小灯右移渐变消失再出现

小灯右移渐变消失再出现，如图 6.7 所示。

代码如下：

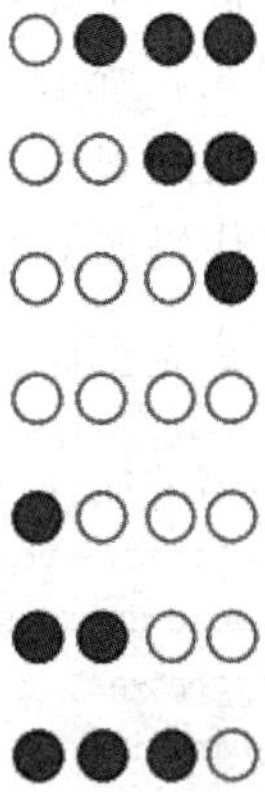

```
#include < reg52.h >                  //51 单片机头文件
#include < intrins.h >                //_crol_和_cror_函数包含在此头文件中
#define uint unsigned int             //宏定义
#define uchar unsigned char
void delayms(uint);                   //子函数声明
uchar aa;                             //定义变量(全局变量)
uint i;                               //定义变量(全局变量)
void main()
{
    while(1)
    {
        aa = 0xf1;
        for(i = 0;i < 8;i++)
        {
            P1 = aa;
            delayms(500);
            aa = _crol_(aa,1);        //循环左移
            if(aa == 0x1f)
            break;
        }
        P1 = aa;
```

○●●●
○○●●
○○○●
○○○○
●○○○
●●○○
●●●○

图 6.7 小灯右移渐变消失再出现

```
            delayms(500);
        }
    }
    void delayms(uint xms)              //延时程序
    {
        uint i,j;                       //定义局部变量
        for(i = xms;i > 0;i -- )
            for(j = 110;j > 0;j -- );   //此条语句末尾有分号
    }
```

6.2.3 实例12：小灯右移4位再左移4位

在实例10的基础上添加了一部分，与其原理一致，如图6.8所示。

代码如下：

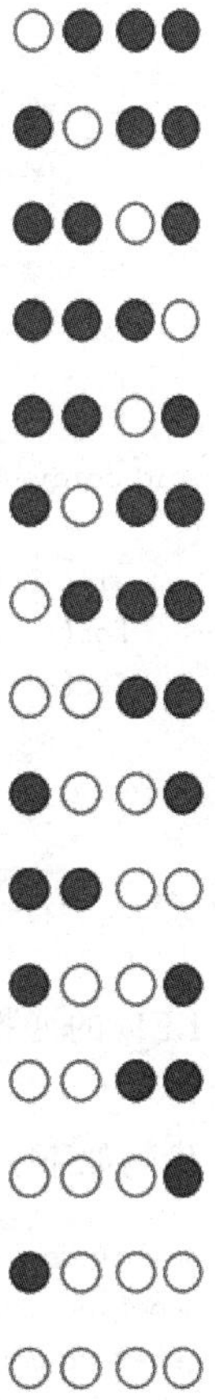

```
#include < reg52.h >
#include < intrins.h >
#define uint unsigned int
#define uchar unsigned char
void delayms(uint);
uchar aa,i;
void main()
{
    aa = 0x01;                          //初始状态
    while(1)
    {
        for(i = 0;i < 4;i++)
        {
            if(aa == 0xFF)
            aa = 0x01;                  //亮3个小灯
            P1 = aa;
            delayms(500);
            aa = _crol_(aa,1);          //循环左移一个单位
            if(aa == 0x08)
            break;
        }
        for(i = 0;i < 4;i++)
        {
            P1 = aa;
            delayms(500);
            aa = _cror_(aa,1);          //循环右移一个单位
        }
        aa = 0x03;                      //亮2个小灯
        for(i = 0;i < 4;i++)
        {
            P1 = aa;
            delayms(500);
            aa = _crol_(aa,1);
            if(aa == 0x0C)
```

图6.8 小灯右移4位再左移4位

```
                break;
            }
            for(i = 0;i < 3;i++)
            {
                P1 = aa;
                delayms(500);
                aa = _cror_(aa,1);
            }
            aa = 0x07;                  //只亮 1 个小灯
            for(i = 0;i < 2; i++)
            {
                P1 = aa;
                delayms(500);
                aa = _crol_(aa,1);
                if(aa == 0x0e)
                break;
            }
            P1 = aa;
            delayms(500);
            aa = 0xFF;                  //全部熄灭
            P1 = 0xFF;
            delayms(500);
        }
    }
    void delayms(uint xms)              //延时程序
    {
        uint i,j;                       //定义局部变量
        for(i = xms;i > 0; i -- )
        for(j = 110;j > 0; j -- );      //此条语句末尾有分号
    }
```

6.2.4 实例 13：通过十六进制数值控制小灯移动

LED 的变换实质上是十六进制从 0 到 F 的变换过程，即从 0000 到 1111，如图 6.9 所示。

代码如下：

```
#include < reg52.h >
#define uint unsigned int
#define uchar unsigned char
sbit led1 = P1^0;                   //声明单片机的 P1 接口第一个位置
sbit led2 = P1^1;
sbit led3 = P1^2;
sbit led4 = P1^3;
void delayms(uint);
uchar aa, i;
void main()
{
    aa = 0x00;
```

```
        while(1)
        {
            for(i = 0; i < 16; i++)
            {
                aa++;
                P1 = aa;                    //灯处于全亮状态
                delayms(500);
            }
        }
    }
    void delayms(uint xms)
    {
        uint i,j;
        for(i = xms;i > 0;i -- )
            for(j = 110;j > 0;j -- );
    }
```

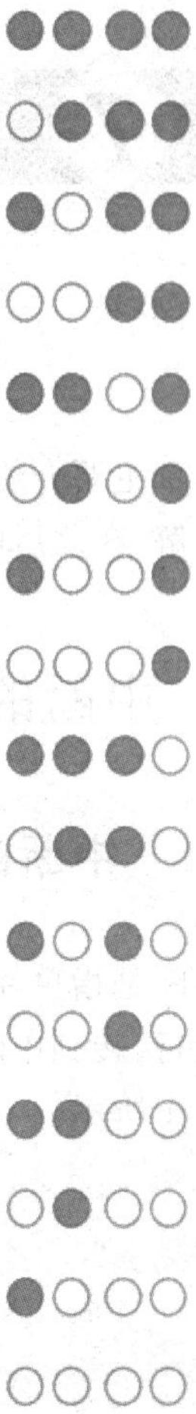

图 6.9 通过十六进制数值控制小灯移动

说明如下。

(1) P1＝aa 是对单片机 P1 接口的 8 个 I/O 接口同时进行操作,此处只用了前 4 个,后面 4 个不影响前 4 个的使用。把 aa 转换为二进制 00000001,仿真图中 LED 共阳极连接,所以此处表示第一个灯熄灭,其余灯全部为亮的状态。

(2) 在写延时子程序时,不要忽略第二个 for 语句后的分号“;”。第一个 for 语句执行一次,即 i 每减一次,第二个 for 语句就执行 110 次,相当于一共执行了 xms×110 次 for 语句。通过该循环语句可以写出不同时间段的延迟程序。

(3) aa＝0x00 中,要注意第一个 0 是阿拉伯数字 0 而不是英文字母 o,P1＝aa 中 P 为大写,若写为小写,则程序在编译时会出现错误。

(4) 若要将此程序烧写进自己焊的实验板中,一定要连接编译生成 HEX 文件,这样才能利用烧写软件将该程序下载到实验板中;同理,在用 Proteus 仿真时也必须要产生 HEX 文件。

(5) 在编写程序时,若遗忘函数声明,将导致在利用软件编译时出现错误,无法成功编译。此处_crol_和_cror_函数是带返回值的有参函数,故此处的函数声明为 void delayms(uint);,函数 void delayms(uint xms)中的 xms 为形参,因此在调用此函数时就应该用一个具体的实数来代替此形参,这个真实的数据就是实参,在调用函数时会有形参和实参之间的传递,如 delayms(200)。

(6) 局部变量和全部变量二者的本质区别在于参数适用的范围。局部变量是指在程序中只在特定过程或函数中可以访问的变量。局部变量是相对于全局变量而言的。在子程序中定义的变量称为局部变量,在程序的一开始定义的变量称为全局变量。全局变量的作用域是整个程序,局部变量的作用域是定义该变量的子程序。当全局变量与局部变量同名时,在定义局部变量的子程序内局部变量起作用,在其他地方全局变量起作用。

第7章 单片机中断系统

本章主要介绍中断的基本概念，通过介绍相关的寄存器的知识，让初学者对中断有进一步的了解，在之后的章节中还会对其加以深入介绍。

7.1 中断的基本概念

7.1.1 中断的定义和作用

中断是指单片机在执行正常程序的过程中，由于某些事件的发生，需要暂时中止当前程序的运行，转到中断处理程序去处理临时发生的事件，处理完之后又恢复原来程序的运行，如图 7.1 所示。

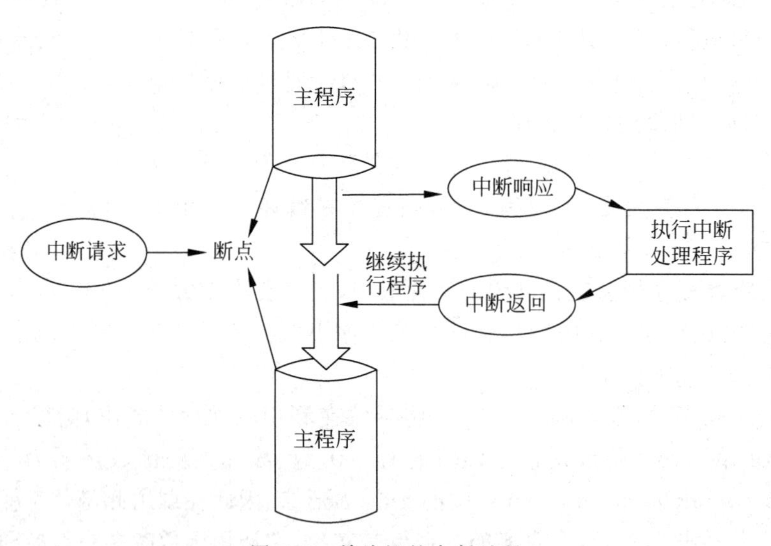

图 7.1 单片机的中断过程

中断是单片机重要的功能之一，它是为了使单片机能够对外部或者内部随机发生的事件进行实时处理而设置的。要学习好单片机，必须要深入了解中断的概念、过程及其操作使用。计算机在引入中断的概念后，可以提高单片机的工作效率，使单片机与多个外部事务处于并行工作状态，并能够对其进行统一管理，进而大大提高了数据的处理速度。

7.1.2　中断源

引起 CPU 中断的原因或能发出中断请求的来源为中断源，中断源通常可分为外部设备中断源、控制对象中断源、故障中断源、定时脉冲中断源和程序中断源等几类。

51 单片机一共有 5 个中断源，52 单片机则有 6 个中断源，它们的符号、名称和产生条件如表 7.1 所示。

表 7.1　中断源的符号、名称和产生条件

符号(单片机类型)	名　称	产生条件
INT0(51/52)	外部中断 0	由接口 P3.2 引入，低电平或下降沿引起
INT1(51/52)	外部中断 1	由接口 P3.3 引入，低电平或下降沿引起
T0(51/52)	定时器/计数器 0 中断	由 T0 计数器记满回零引起
T1(51/52)	定时器/计数器 1 中断	由 T1 计数器记满回零引起
T2(52)	定时器/计数器 2 中断	由 T2 计数器记满回零引起
TI/TR(51/52)	串行口中断	串行口完成一帧字符发送/接收后引起

7.1.3　中断优先级和中断嵌套

对中断进行深入思考，如果执行中断处理时又出现一个中断，这时单片机该如何处理呢？本节即引入中断优先级和中断嵌套的概念。

对于中断优先级，当 CPU 在某一时刻接收到若干个中断源发出的中断请求，而 CPU 又只能响应其中一个中断请求时，便有了中断优先级的概念，即给中断源设置一个优先级的关系，如图 7.2 所示。

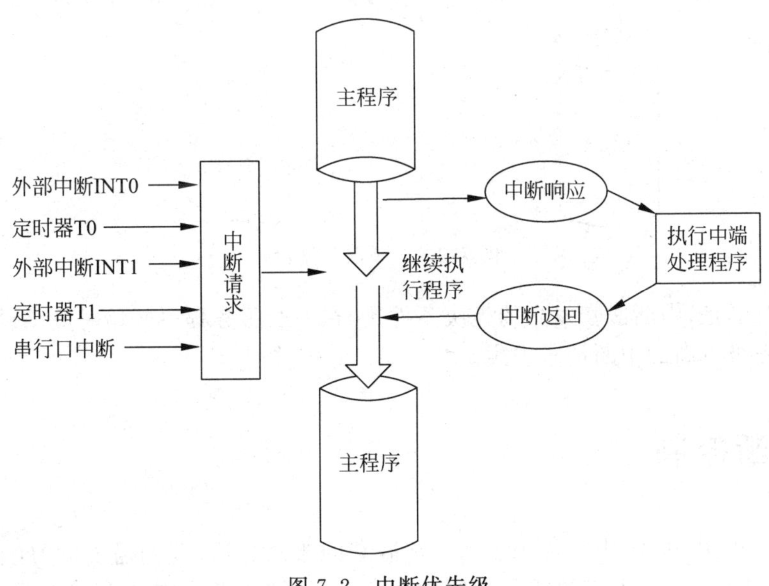

图 7.2　中断优先级

51单片机内部中断系统对中断优先级有一个默认的优先级顺序,如表7.2所示。若没有人为操作优先级寄存器,单片机会按照默认的一套优先级自动处理,单片机可以通过中断优先级寄存器IP进行优先级设置。

表7.2 51单片机内部各中断源中断优先级顺序

中 断 源	中 断 标 志	默认优先级
外部中断INT0	IE0	最高 ↓ 最低
定时器T0	TF0	
外部中断INT1	IE1	
定时器T1	TF1	
串行口中断	TI/RI	

中断优先级不仅发生在同一时刻的多个中断请求的情况下,还存在于一个中断正在被响应,而另一个中断又产生的情况中,此时即引进中断嵌套的概念。

对于中断嵌套,我们可以通俗地理解为:当CPU正在处理一个中断程序时,又有另一个中断现象发生,若该中断优先级高于当前中断优先级CPU将会停止当前的中断程序而又去执行新的中断程序,当新的中断程序完成后再回到刚才停止的中断程序处继续执行,最后返回主程序继续执行主程序的过程,如图7.3所示。

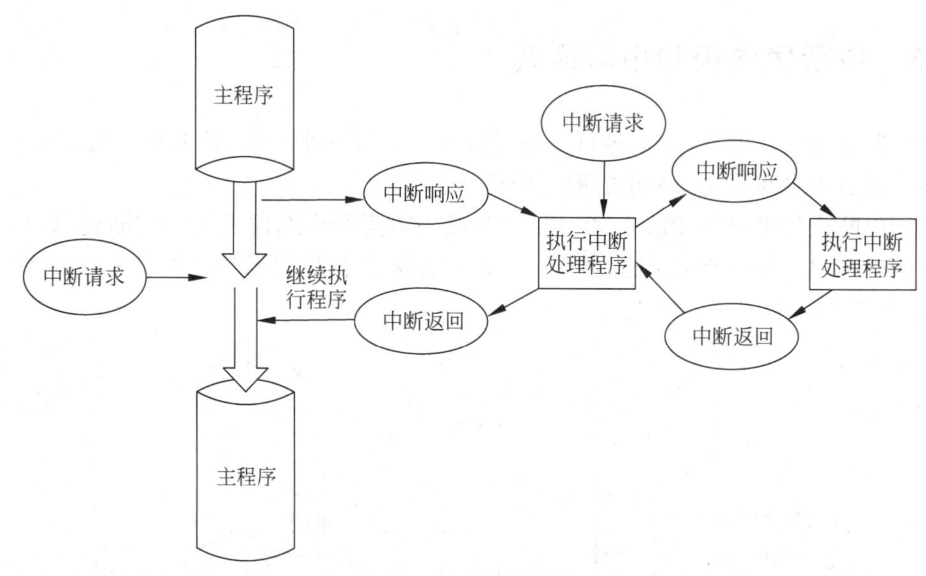

图7.3 中断嵌套流程

需要注意的是,中断嵌套发生的先决条件是,在中断服务程序开始时应该设置开放中断指令和有优先级更高的中断请求发生。

7.2 中断控制

在理解中断、中断源、中断优先级和中断嵌套的概念之后,我们需要学习配置相应的寄存器来使用中断这一功能,在这里先介绍中断允许寄存器(IE)和中断优先级寄存器(IP)。

可以将寄存器当作一个暂时存放数据信息的容器,对于某些特殊寄存器,将数据信息设置好之后能够在单片机中进行相应的寻址，找到其对应的功能并打开从而让单片机实现相应的控制。

7.2.1 中断允许寄存器 IE

IE 用来设定各个中断源的打开和关闭，它是一个 8 位的特殊功能寄存器，位地址由低到高分别是 A8H～AFH，并且可以对相应的某一位单独寻址进行操作。

注意：单片机复位时 IE 全部清零。

IE 的各位定义如表 7.3 所示。

表 7.3 IE 的各位定义

位序号	D7	D6	D5	D4	D3	D2	D1	D0
位符号	EA	—	ET2	ES	ET1	EX1	ET0	EX0
位地址	AFH	—	ADH	ACH	ABH	AAH	A9H	A8H

注：其中 D5 ET2 为 T2 定时器位符号，在 52 单片机中有效。

EA 为全局中断允许位。EA=1，打开全局中断控制，但是每个中断是否真的开放取决于 IE 中相对应的中断允许控制位状态；EA=0，关闭全部中断。

—为无效位。

ET2 为定时器/计数器 2 中断允许位。ET2=1，打开 T2 中断；ET2=0，关闭 T2 中断。

ES 为串行口中断允许位。ES=1，打开串行口中断；ES=0，关闭串行口中断。

ET1 为定时器/计数器 1 中断允许位。ET1=1，打开 T1 中断；ET1=0，关闭 T1 中断。

EX1 为外部中断 1 中断允许位。EX1=1，打开外部中断 1 中断；EX1=0，关闭外部中断 1 中断。

ET0 为定时器/计数器 0 中断允许位。ET0=1，打开 T0 中断；ET0=0，关闭 T0 中断。

EX0 为外部中断 0 中断允许位。EX0=1，打开外部中断 0 中断；EX0=0，关闭外部中断 0 中断。

7.2.2 中断优先级寄存器 IP

IP 用来设置各个中断源中的高低优先级，它是一个 8 位的特殊功能寄存器，位地址由低到高分别是 B8H～BFH，可以对相应的某一位单独寻址操作。

注意：单片机复位时 IP 全部被清零。

IP 的各位定义如表 7.4 所示。

表 7.4 IP 的各位定义

位序号	D7	D6	D5	D4	D3	D2	D1	D0
位符号	—	—	—	PS	PT1	PX1	PT0	PX0
位地址				BCH	BBH	BAH	B9H	B8H

注：—为无效位。

PS 为串行口中断优先级控制位。PS=1，串行口中断定义为高优先级中断；PS=0，串行口中断定义为低优先级中断。

PT1 为定时器/计数器 1 中断优先级控制位。PT1=1，定时器/计数器 1 中断定义为高优先级中断；PT1=0，定时器/计数器 1 中断定义为低优先级中断。

PX1 为外部中断 1 中断优先级控制位。PX1=1，外部中断 1 定义为高优先级中断；PX1=1，外部中断 1 定义为低优先级中断。

PT0 为定时器/计数器 0 中断优先级控制位。PT0=1，定时器/计数器 0 定义为高优先级；PT0=0，定时器/计数器 0 定义为低优先级。

PX0 为外部中断 0 中断优先级控制位。PX0=1，外部中断 0 定义为高优先级中断；PX0=0，外部中断 0 定义为低优先级中断。

高优先级中断能够打断低优先级中断以形成中断嵌套，同优先级中断之间，或低级对高级中断则不能形成中断嵌套。若几个同级中断同时向 CPU 请求中断响应，在没有设置中断优先级的情况下，按照默认中断级别响应中断；在设置中断优先级后，则按设置顺序确定响应的先后顺序。

C51 中断服务程序的写法如下：

```
void 函数名()interrupt 中断号[using 工作组]
{
    中断服务程序内容
}
```

其中，中断号取值 0～5 分别对应外部中断 0、定时器/计数器 0、外部中断 1、定时器/计数器 1、定时器/计数器 2；工作组取值 0～3。

注意：中断不能返回任何值，所以前面是 void，后面是函数名，名字可以自定义，但不可与 C 语言的关键字相同。中断函数不带任何参数，所以函数名后面的小括号内是空的。中断号是指单片机的几个中断源的序号，该序号是单片机识别不同中断的唯一标志，所以一定要写正确。

using 工作组是指这个中断使用单片机内存中 4 个工作寄存器的哪一个，C51 编译后会自动分配工作组，因此最后这句通常可以省略不写。

C51 中断写法实例如下：

```
void T1 - time() interrupt 3
{
    TH1 = (65536 - 50000)/256;
    TL1 = (65536 - 50000) % 256;
}
```

上述代码为定时器 1 的中断服务程序，定时器 1 的中断服务序号是 3，因此写成 interrupt 3，服务程序的内容是给两个初值寄存器装入新值。写中断前的准备如下。

(1) 通过 TMOD 赋值确定工作方式是 T0 还是 T1。

(2) 计算初值，装入 TH0 TL0 或者 TH1 TL1。

(3) 设置中断方式时，对 IE 赋值，打开中断。

(4) 使 TR0 和 TR1 置位，启动定时器/计数器定时或计数。

第8章 单片机的定时器中断

本章首先讨论定时器的基本概念，继而介绍定时器的基本原理及相关寄存器的具体操作。最后，在此基础上，着重对中断服务程序的写法和实际应用进行介绍。

8.1 基本概念

1. 计数

计数是指对外部事件的个数进行计量，如家用水费表、出租车上的行程计费表等都是计数器。而在计算机中，外部事件的发生是以输入脉冲表示的，所以计数的实质就是对外部的输入脉冲的个数进行计量。实现整个计数功能的器件称为计数器。89C51单片机中有两个计数器，即T0和T1。

2. 定时

定时是指打开它后，它会自动计数，当计数到限定值时，它就会溢出，产生中断让CPU处理。在89C51单片机中，定时器和计数器是同一个部件，本质上是相同的，但是又有不同，计数器的计数源来自外部引脚输入，而定时器是针对单片机内部一个非常稳定的计数源进行定时的。

3. 定时的分类

定时分为3种，包括软件定时、硬件定时和外部器件定时。

软件定时是指通过一个for循环等待，继而实现延时，起到定时的作用。软件定时通常在定时要求不是很严格时应用，用在一般的延时处理中，需要占用CPU的时间，所以软件定时的时间一般不可以过长。

硬件定时是指利用硬件电路实现定时。硬件定时的优点就是不会占用CPU的时间，所以其一般应用于需要较长时间的定时操作。

外部器件定时是通过可编程定时器/计数器芯片8253/8254实现对系统脉冲的计数。外部器件定时的时间可以由程序设定，还可以对外部脉冲(外部事件)进行计数。

8.2 定时器概述

51单片机内部共有两个16位可编程的定时器/计数器,即定时器T0和定时器T1。52单片机内部多一个T2定时器/计数器。它们既有定时功能又有计数功能,通过设置与它们相关的特殊功能寄存器,可以选择启用定时功能或计数功能。需要注意的是,这个定时器系统是单片机内部一个独立的硬件部分,它与CPU和晶振通过内部某些控制线连接并相互作用。CPU一旦开启定时功能,定时器便在晶振的作用下自动开始计时,当定时器的计数器计满回零后,能够自动溢出产生中断,表示定时时间或者计数已经终止,即通知CPU该如何处理。在定时模式下,可以根据需求自主设置定时时间,在计数模式下也可以设置计数初值。

8.2.1 定时器的结构

89C51单片机内部定时器的内部结构框图如图8.1所示,定时器/计数器的实质是加1计数器(16位),由高8位和低8位两个寄存器组成。TMOD是定时器/计数器的工作方式寄存器,确定工作方式和功能;TCON是控制寄存器,控制T0、T1的启动和停止及设置溢出标志。在程序开始时,需要对TMOD和TCON进行初始化编程,定义T0和T1的工作方式及控制T0和T1计数的启动/停止。在使用定时器时,如需定时精确的数值,需要对TH0和TL0、TH1和TL1装入初值,即设定定时器初值。

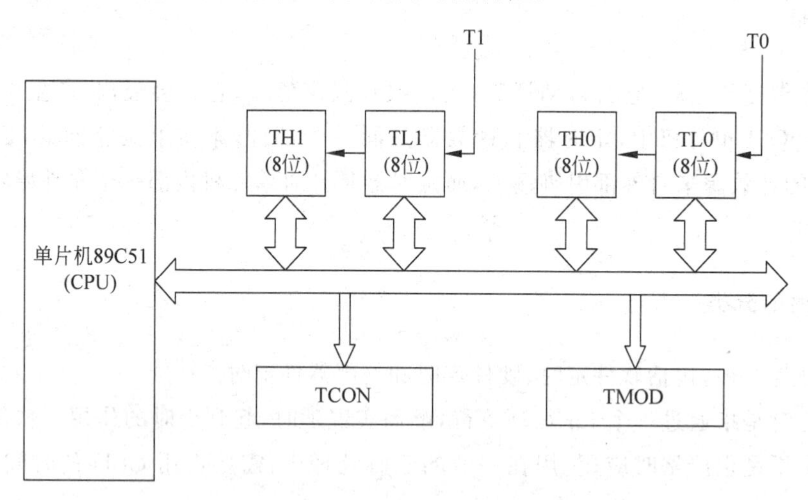

图8.1 89C51单片机内部定时器的内部结构框图

加1计数器输入的计数脉冲有两个来源,一个是由系统的时钟振荡器输出脉冲经12分频后送来;另一个是T0或T1引脚输入的外部脉冲源,每来一个脉冲计数器加1,当加到计数器为全1时,再输入一个脉冲就使计数器回零,且计数器的溢出使TCON寄存器中的TF0或TF1置1,向CPU发出中断请求(定时器/计数器中断允许时)。如果定时器/计数器工作于定时模式,则表示定时时间已到;如果工作于计数模式,则表示计数值已满。

由此可见，由溢出时计数器的值减去计数初值才是加 1 计数器的计数值。

设置为定时器模式时，其也是通过计数实现的。计数脉冲来自内部时钟脉冲，每个机器周期计数值增 1，每个机器周期＝12 个振荡周期，因此计数频率为振荡频率的 1/12，所以定时时间＝计数值×机器周期。例如，晶振频率为 12MHz，当计数值为 50000 时，定时时间是 50000×12×(1/12MHz)s＝50ms。

设置为计数器模式时，外部事件计数脉冲由 T0 或 T1 引脚输入计数器，即对外部事件进行计数。计数脉冲来自相应的外部输入引脚 T0(P3.4)或 T1(P3.5)。当输入信号发生由 1 至 0 的负跳变(下降沿)时，计数器(TH0、TL0 或 TH1、TL1)的值增 1。计数的最高频率一般为振荡频率的 1/24。以 12MHz 的晶振为例，计数的最高频率为 0.5MHz，即周期为 2μs，则最大能够识别 2μs 时间内的负跳变。

单片机在使用定时器或计数器功能时，通常需要设置两个与定时器有关的寄存器：定时器/计数器工作方式寄存器 TMOD 与定时器/计数器控制寄存器 TCON。

8.2.2 定时器的工作原理

1. 工作方式寄存器 TMOD

工作方式寄存器 TMOD 用于设置定时器/计数器的工作模式和工作方式。定时器/计数器工作方式寄存器在特殊功能寄存器中，字节地址为 89H，不能位寻址。TMOD 用来确定定时器的工作方式及功能选择，单片机复位时 TMOD 全部被清 0。TMOD 的各位定义如表 8.1 所示。

表 8.1 TMOD 的各位定义

D7	D6	D5	D4	D3	D2	D1	D0
GATE	$C/\overline{T}$	M1	M0	GATE	$C/\overline{T}$	M1	M0
T1 方式位				T0 方式位			

由表 8.1 可知，TMOD 的高 4 位用于设置定时器 1，低 4 位用于设置定时器 0，对应 4 位的含义如下。

GATE 为门控制位，其状态决定定时器/计数器的启动/停止，是取决于 TRx(x＝0,1)，还是取决于 TRx(x＝0,1)和 $\overline{INTx}$(x＝0,1)引脚两个条件的组合。GATE＝0，定时器/计数器启动与停止仅受 TCON 寄存器中的 TRx(x＝0,1)控制；GATE＝1，定时器/计数器启动与停止由 TCON 寄存器中的 TRx(x＝0,1)和外部中断引脚(INT0 或 INT1)上的输入信号共同控制，如图 8.2 所示。

$C/\overline{T}$ 为定时器模式和计数器模式选择位。$C/\overline{T}$＝1，外部事件计数器，对 Tx 引脚的负脉冲计数。加 1 计数器对来自输入引脚 T0(P3.4)和 T1(P3.5)的外信号脉冲进行计数，每来一个脉冲，计数器加 1，直到计时器计满溢出。$C/\overline{T}$＝0，片内时钟定时器，对机器周期脉冲计数定时。加 1 计数器对脉冲进行计数，每来一个脉冲，计数器加 1，直到计时器计满溢出；因为进行 12 分频之后，即一个计数脉冲的周期就是一个机器周期；计数器改为计算机

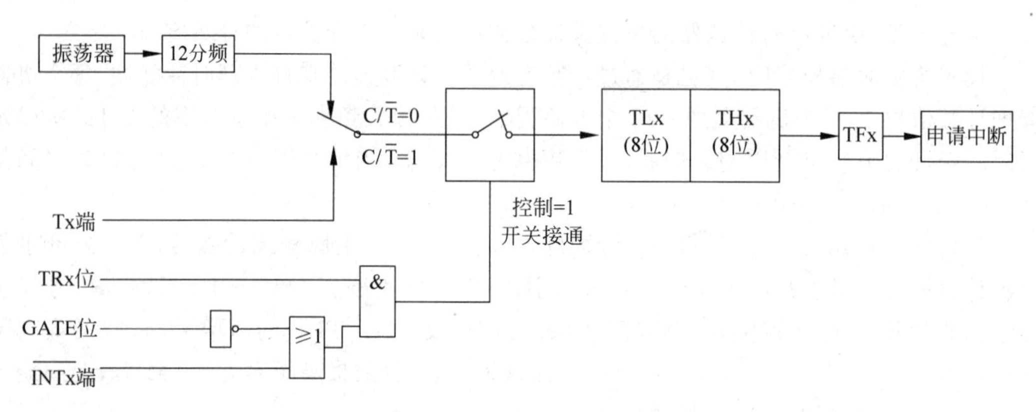

图 8.2 定时器/计数器方式控制逻辑结构

周期脉冲个数，以此实现定时。

M1M0 为工作方式选择位。

每个定时器/计数器都有 4 种工作方式，它们由 M1M0 设定，如表 8.2 所示。

表 8.2 定时器/计数器的 4 种工作方式

M1M0	方　式	说　明	使用情况
0 0	方式 0	13 位定时器/计数器	不经常用
0 1	方式 1	16 位定时器/计数器	经常使用
1 0	方式 2	8 位自动重装初值的定时器/计数器	经常使用
1 1	方式 3	两个 8 位定时器/计数器	几乎不用

2. 控制寄存器 TCON

控制寄存器 TCON 的高 4 位用来控制定时器的启、停，标志定时器溢出和中断情况；低 4 位用于对外部中断的控制。定时器/计数器控制寄存器在特殊功能寄存器中，该寄存器可进行位寻址。单片机复位时 TCON 全部被清 0。TCON 各位定义如表 8.3 所示。其中，TF1、TR1、TF0 和 TR0 位用于定时器/计数器，IE1、IT1、IE0 和 IT0 位用于外部中断。

表 8.3 控制寄存器 TCON 各位定义

D7	D6	D5	D4	D3	D2	D1	D0
TF1	TR1	TF0	TR0	IE1	IT1	IE0	IT0

TCON 各位含义如下。

TFx(x=0,1)：定时器溢出标志位。当定时器计满溢出时，由硬件使 TFx 置 1，并且申请中断。当中断被响应后，进入中断服务程序后，由硬件自动清 0。

TRx(x=0,1)：定时器运行(启/停)控制位。由软件清 0 关闭定时器。当 GATE=1，且 $\overline{INTx}$ 为高电平时，TRx 置 1，启动定时器 1；当 GATE=0 时，TRx 置 1，启动定时器 1。

IEx(x=0,1)：外部中断请求标志。当 CPU 检测到 $\overline{INTx}$ 引脚上有中断请求信号时，由硬件将 IEx 置为 1，请求中断；继而执行中断服务程序，将 IEx 由硬件自动清 0，以备下一次中断的到来。

ITx(x=0,1):外部中断触发方式控制位。当 ITx=0 时,为电平触发方式,每个机器周期地采样 $\overline{\text{INTx}}$ 引脚,若 $\overline{\text{INTx}}$ 引脚为低电平,则 IEx 置 1,否则 IEx 清 0;当 ITx=1 时,$\overline{\text{INTx}}$ 引脚为负跳变沿触发方式,当第一个机器周期采样到 $\overline{\text{INTx}}$ 引脚有负跳变时,IEx 置 1,否则 IEx 清 0。

从上面的知识点可知,每个定时器都有 4 种工作方式,可通过设置 TMOD 寄存器中的 M1M0 位来进行工作方式的选择。

方式 1 的计数位数是 16 位,对 T0 来说,由 TL0 寄存器作为低 8 位、TH0 寄存器作为高 8 位,可组成 16 位加 1 计数器。

如图 8.2 所示,当 GATE=0,TR0=1 时,TL0 便在机器周期的作用下开始加 1 计数。当 TL0 计满后向 TH0 进一位,直到把 TH0 也计满,此时计数器溢出,置 TF0 为 1,接着向 CPU 申请中断,CPU 进行中断处理。在这种情况下,只要 TR0 为 1,计数就不会停止。这就是定时器 0 的工作方式 1 的工作过程,其他 8 位定时器、13 位定时器的工作方式与其大同小异,将会在 8.2.3 小节重点介绍。

8.2.3 定时器的工作方式

1. 工作方式 0

定时器/计数器的工作方式 0 也称 13 位定时器/计数器工作方式,将 M1M0 设为 00 即可。工作方式 0 由 TH0 的全部 8 位和 TL0 的低 5 位构成 13 位加 1 计数器,此时 TL0 的高 3 位未用。有关控制状态字(GATE,C/$\overline{\text{T}}$,TF0,TR0)的功能与设置与 8.2.2 小节的介绍相同。

无论定时工作方式还是计数工作方式,在计数过程中,当 TL0 的低 5 位溢出时,都会向 TH0 进位,而当全部 13 位计数器溢出时,计数器中断,溢出标志位 TF0 置位,产生中断,执行中断服务子程序,如图 8.3 所示。

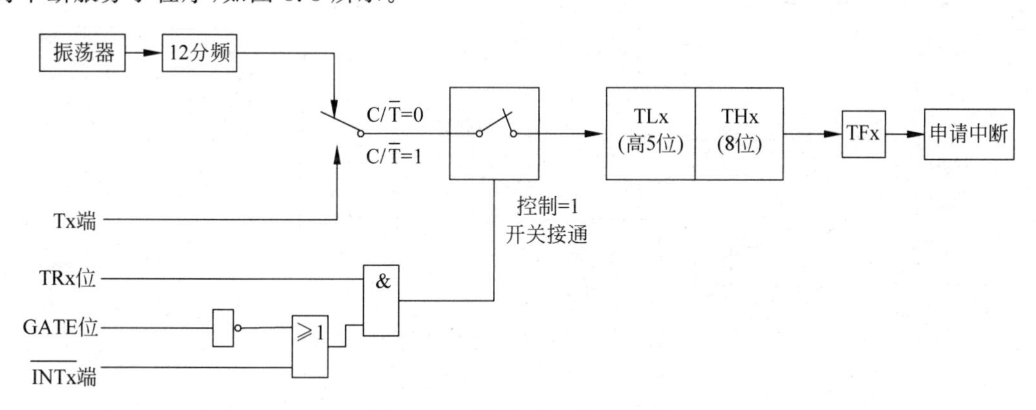

图 8.3 工作方式 0 控制逻辑

2. 工作方式 1

工作方式 1 是 16 位定时器/计数器方式,将 M1M0 设为 01 即可,其他特性与工作方式 0 相同。工作方式 0 和工作方式 1 的区别仅在于计数器的位数不同,工作方式 0 为 13 位,工作方式 1 为 16 位，由 TH0 作为高 8 位，TL0 作为低 8 位，如图 8.4 所示。

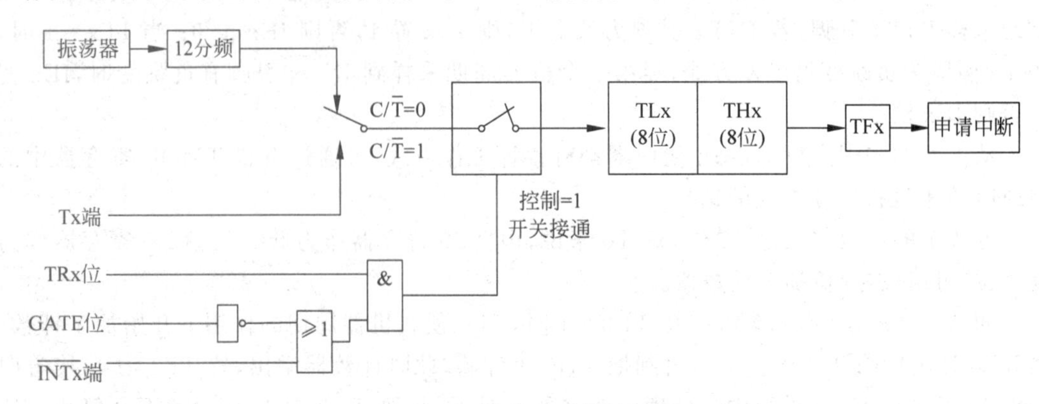

图 8.4　工作方式 1 控制逻辑

3. 工作方式 2

工作方式 2 是自动重新装入计数初值的 8 位定时器/计数器工作方式，将 M1M0 设为 10 即可。工作方式 2 的 16 位定时器/计数器被拆成两个 8 位寄存器 TH0 和 TL0，CPU 在对它们进行初始化时必须装入相同的定时器/计数器初值。定时器/计数器启动后，TL0 按 8 位加 1 计数器计数。当 TL0 计数溢出时，置位 TF0 的同时，又从预置寄存器 TH0 中重新获得计数初值，并启动计数。如此反复，既可省去程序不断给计数器赋值的麻烦，又可提高计数准确度。其只有 8 位，最大计数值是 $2^8=256$，计数值有限，所以这种工作方式适合于需要重复计数的应用场合。例如，可以通过工作方式 2 产生中断，从而产生一个固定频率的脉冲，也可以作为串行通信的波特率发生器使用，如图 8.5 所示。

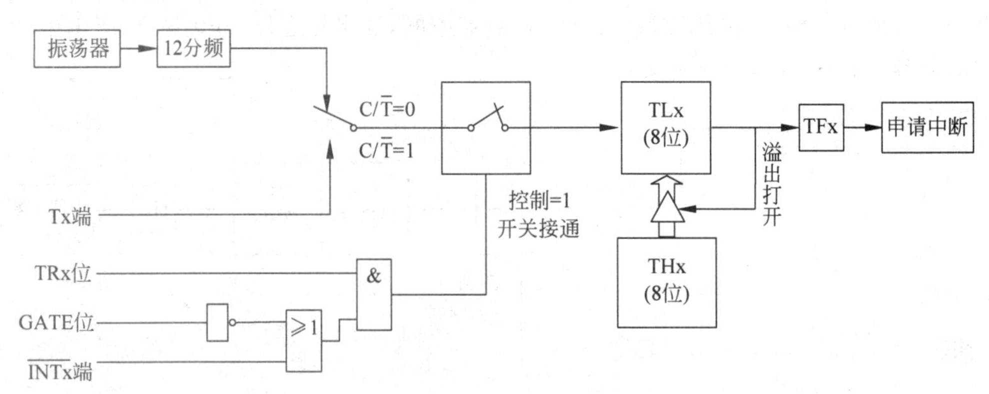

图 8.5　工作方式 2 控制逻辑

4. 工作方式 3

当 M1M0＝11 时，定时器/计数器 0 处于工作方式 3 下。在工作方式 3 下，定时器/计数器 1 的工作方式与定时器/计数器 0 的工作方式不同。在工作方式 3 下，定时器/计数器被拆分成两个独立的 8 位计数器 TL0 和 TH0。其中，TL0 既可以作为计数器使用，也可以作为定时器使用，定时器/计数器 0 的各控制位和引脚信号全归它使用。其功能和操作与工作方式 0 或工作方式 1 完全相同。TH0 只能作为简单的定时器使用，而且由于定时器/计数器 0 的控制位已被 TL0 占用，因此只能借用定时器/计数器 1 的控制位 TR1 和 TF1，即以计数溢出去置位 TF1，TR1 则负责控制 TH0 定时的启动和停止。由于 TL0 既能作为定时器也能作为计数器使用，而 TH0 只能作为定时器而不能作为计数器使用，因此在工作方式 3 下，定时器/计数器 0 可以构成两个定时器或者一个定时器和一个计数器，如图 8.6 所示。

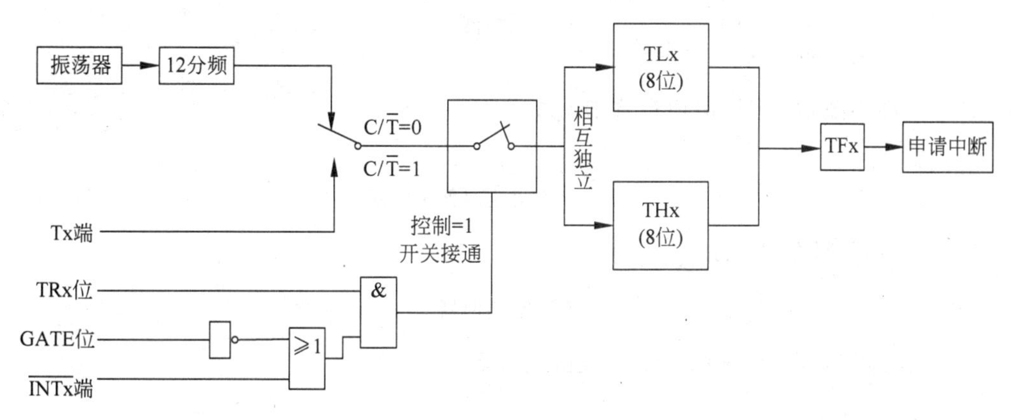

图 8.6　工作方式 3 控制逻辑

8.2.4　定时器/计数器的应用

定时器/计数器在应用时，工作方式和工作过程都可以通过程序进行设定及修改，因此，定时器/计数器在使用时必须初始化，并设定工作方式，计算和设定初值。

1. 定时器/计数器初始化

定时器/计数器初始化的具体步骤如下。

(1) 对 TMOD 赋值，以确定定时器的工作模式。

(2) 置定时器/计数器初值，直接将初值写入寄存器的 TH0、TL0 或 TH1、TL1。

(3) 根据需要，对 IE 置初值，开放定时器中断。

(4) 对 TCON 寄存器中的 TR0 或 TR1 置位，启动定时器/计数器，计数器即按规定的工作模式和初值进行计数或开始定时。

2. 定时器/计数器的计数范围

假设晶振为 12MHz，则振荡周期为[1/(12MHz)]μs，一个机器周期为 12 个振荡周期，所以每计数一次的时间是 1μs。

(1) 工作方式 0：13 位定时器/计数器，最多可以计数 2^{13} 次，即 8192μs。

(2) 工作方式 1：16 位定时器/计数器，最多可以计数 2^{16} 次，即 65536μs。

(3) 工作方式 2 和工作方式 3：都是 8 位定时器/计数器，最多可以计数 2^{8} 次，即 256μs。

3. 定时器/计数器C语言初始化

设定定时器的工作方式,如:

```
TMOD = 0x10;                        //设定定时器1为工作方式1
```

计算初值。例如,需要设定的初值为50000,则

```
TH1 = (65536 - 10000)/256;          //装入初值
TL1 = (65536 - 10000) % 256;
```

设定允许中断IE,根据需要设置IP,如:

```
EA = 1;                             //开总中断
ET1 = 1;                            //允许定时器1中断
```

启动定时器/计数器,如:

```
TR0 = 1;                            //开启定时器0
```

中断程序的编写。C51的中断函数格式如下:

```
void 函数名()interrupt 中断号
{
    中断服务程序内容
}
```

中断函数不能返回任何值,所以使用"void+函数名"的形式,名字可以随便起,但不能与C语言中的关键字相同;中断函数不带任何参数,所以函数名后面的小括号内为空;中断号是指单片机中几个中断源的序号,该序号是编译器识别不同中断的唯一符号,因此在写中断服务程序时务必要写正确。一个简单中断服务程序的代码如下:

```
void T1_time()interrupt 3
{
    TH1 = (65536 - 10000)/256;
    TL1 = (65536 - 10000) % 256;
}
```

上述代码是一个定时器1的中断服务程序,定时器1的中断序号是3,因此应写成interrupt 3,服务程序的内容是给两个初值寄存器装入新值。

8.3 定时器/计数器的基础应用实例

8.3.1 实例14:利用定时器控制小灯闪烁

利用定时器0工作方式1,实现第一个发光二极管以1s亮灭闪烁。

新建文件interrupt.c,程序代码如下:

```
#include<reg52.h>                   //52系列单片机头文件
```

```
#define uchar unsigned char
#define uint unsigned int
sbit led1 = P1^0;
uchar num;
void main()
{
    TMOD = 0x01;                        //设置定时器 0 为工作方式 1(M1M0 为 01)
    TH0 = (65536 - 50000)/256;          //装入初值
    TL0 = (65536 - 50000) % 256;
    EA = 1;                             //开总中断
    ET0 = 1;                            //开定时器 0 中断
    TR0 = 1;                            //启动定时器 0
    while(1);                           //程序停止在这里,等待中断发生
}
void T0_time()interrupt 1
{
    TH0 = (65536 - 50000)/256;          //装入初值
    TL0 = (65536 - 50000) % 256;
    num++;                              //num 每加一次判断一次是否到 20 次
    if(num == 20)                       //计数 20 次说明到了 1s
    {
        num = 0;                        //把 num 清 0,重新再计 20 次
        led1 = ~led1;                   //让发光管状态取反
    }
}
```

编译程序并加载到 Proteus 仿真中,可以看到在 Proteus 中第一个发光管以 1s 间隔闪烁,仿真图如图 8.7 所示(注:图示无法动态显示)。

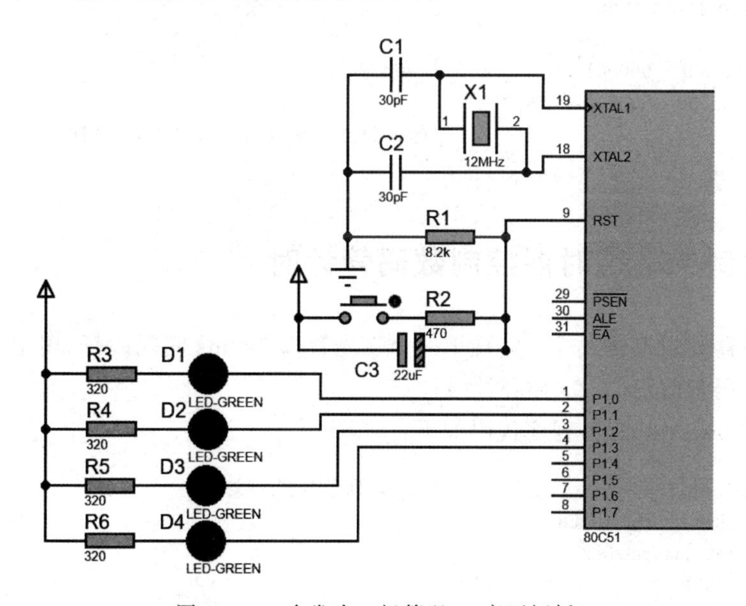

图 8.7 一个发光二极管以 1s 亮灭闪烁

分析：进入主程序后，首先是对定时器和中断有关的寄存器初始化，按照前面介绍的通常的初始化过程来操作即可。定时 50ms 的初值。启动定时器后，主程序停止在 while(1)处。读者可能会有疑问：程序都停止在这里了，中断程序何时执行呢？主程序既然停止了，为什么发光管却在闪烁呢？解释如下：一旦开启定时器，定时器便开始计数，当计数溢出时，自动进入中断服务程序执行代码，执行完中断程序后再回到原来处继续执行，即继续等待。

为了确保定时器的每次中断都是 50ms，需要在中断函数中每次为 TH0 和 TL0 重新装入初值，因为每进入一次中断需要 50ms 时间，所以在中断程序中判断是否进入了 20 次，即判断时间是否到了 1s，若时间到则执行相应的动作。

注意：一般在中断服务程序中不要写过多的处理语句，因为如果语句过多，中断服务程序中的代码还未执行完毕，而下一次中断又来临，就会丢失这次中断。当单片机循环执行代码时，这种丢失累积出现，程序就会完全乱套。一般遵循的原则是：能在主程序中完成的功能就不在中断函数中完成，若非要在中断函数中实现功能，那么一定要高效、简洁。这样一来，实例 14 中的 20 次判断就可写在主程序中，实现如下。

"while(1)；"处改为

```
while(1)                                //程序停止在这里,等待中断发生
if(num == 20)                           //计数 20 次,说明到了 1s
{
    num = 0;                            //把 num 清 0,重新再计 20 次
    led1 = ~led1;                       //让发光管状态取反
}
```

中断函数改为

```
void T0_time()interrupt 1
{
    TH0 = (65536 - 50000)/256;          //装入初值
    TL0 = (65536 - 50000) % 256;
    num++;                              //num 每加一次判断一次是否到 20 次
}
```

8.3.2 实例 15：定时器控制数码管计时

使用定时器 0 的工作方式 1 实现第一个发光管以 200ms 间隔闪烁，用定时器 1 的工作方式 1 实现数码管前两位 59s 循环计时。

新建文件 interrupt1.c，程序代码如下：

```
#include <reg52.h>                      //52 系列单片机头文件
#define uchar unsigned char
#define uint unsigned int
sbit led1 = P1^0;
uchar code table[] = {
0x3f,0x06,0x5b,0x4f,
0x66,0x6d,0x7d,0x07,
```

```
0x7f,0x6f,0x77,0x7c,
0x39,0x5e,0x79,0x71};                //共阴极数码管字形码
void delayms(uint);
void display(uchar,uchar);
uchar num,num1,num2,shi,ge;
void init()
{
    TMOD = 0x11;                     //设置定时器 0 与定时器 1 为工作方式 1(00010001)
    TH0 = (65536 - 50000)/256;       //装初值
    TL0 = (65536 - 50000) % 256;
    TH1 = (65536 - 50000)/256;       //装初值
    TL1 = (65536 - 50000) % 256;
    EA = 1;                          //开总中断
    ET0 = 1;                         //开定时器 0 中断
    ET1 = 1;                         //开定时器 1 中断
    TR0 = 1;                         //启动定时器 0
    TR1 = 1;                         //启动定时器 1
}
void main()
{
    init();
    while(1);                        //程序停止在这里,等待中断发生
    {
        display(shi,ge);
    }
}
void display(uchar shi,uchar ge)     //显示子函数
{
    P0 = table[shi];                 //送段选数据
    P2 = 0xfe;
    delayms(5);                      //延时
    P0 = table[ge];
    P2 = 0xfd;
    delayms(5);
}
void delayms(uint xms)
{
    uint i,j;
    for(i = xms;i > 0;i -- )         //i = xms,即延时约 xms
        for(j = 110;j > 0;j -- );
}
void T0_time() interrupt 1
{
    TH0 = (65536 - 50000)/256;       //重装初值
    TL0 = (65536 - 50000) % 256;
    num++;
    if(num1 == 4)                    //如果到了 4 次,说明 200ms 时间到
    {
        num1 = 0;                    //把 num1 清 0,重新再计 4 次
        led1 = ~led1;                //让发光管状态取反
    }
```

```
}
void T1_time() interrupt 3
{
    TH1 = (65536 - 50000)/256;          //重装初值
    TL1 = (65536 - 50000) % 256;
    num2++;
    if(num2 == 20)                      //如果到了 20 次,说明 1s 刷新时间到
    {
        num2 = 0;                       //把 num2 清 0,重新再计 4 次
        num++;
        if(num == 60)                   //这个数用来送数码管显示,到 60 后归 0
            num = 0;
            shi = num/10;               //把一个两位数分离后分别送数码管显示
            ge = num % 10;              //十位和个位
    }
}
```

分析：本例中用了两个中断函数，单片机在区分进入哪个中断服务程序时是根据interrupt 后面的序号决定的，两个定时器各自产生中断时都会有各自的中断服务程序。另外，主程序初始化定时器和中断寄存器后便进入数码管动态扫描大循环中不停地显示数码管，因为数码管是动态显示，所以不能停止扫描程序，同时也是在等定时器中断的到来。

这里需要注意以下两点。

本例中不能把判断发光管亮灭时间是否到达的语句写在主程序中，若写在主程序中，有可能有会发生如下错误情况：当主程序运行在数码管显示语句中时，恰好定时器 0 进入中断且 num1 刚好也加到 4，当定时器 0 中断再次进入时，主程序仍未退出数码管显示语句，那么此时 num1 的值变成了 5，这样的话，num1＝4 这个点便永远检测不到，因此发光管的闪烁便失去了控制。虽然本例中这种情况不会发生，因为数码管显示语句的执行总时间为 10 多毫秒，小于定时器 0 中断一次的时间，但写程序时一定要严格，绝对不能抱侥幸心理。若有这种情况发生，大家可自行测试，将显示数码管代码中的 delayms(5) 延长至 delayms(30)，或缩短定时器 0 中断一次的时间。

在这里把数码管的显示部分写成了一个带参数的函数，两个参数分别为要显示的十位数和个位数，以后在操作数码管时都可以写成类似这样的带参数函数，调用起来会非常方便。在定时器 1 的中断服务程序中，最后面有两条语句：

```
shi = num/10;                       //求模运算,即求出 num 中有多少个整数倍 10
ge = num % 10;                      //求余运算,即求出 num 中除去整数倍 10 后的余数
```

这两条语句的作用是把一个两位数分离成两个一位数，因为数码管在显示时只能是逐位显示，不能在一个数码管上同时显示两位数，因此这个操作是必需的。如果要把一个 3 位数分离成 3 个一位数，同样可用这样的方法：

```
bai = num/100;
shi = num % 100/10;
ge = num % 10;
```

8.3.3　实例16：定时器/计数器的应用

设外部有一个计数源，编制程序，对外部计数源进行计数并显示。将外部计数源连接到定时器/计数器的外部引脚T1上，通过LED将计数的值表示出来，用51单片机的P1接口连接这8个LED，从而控制P1接口来显示计数值。

新建文件interrupt2.c，程序代码如下：

```
#include<reg52.h>                      //52系列单片机头文件
void main()
{
    P1 = 0x00;
    TMOD = 0x60;                       //定时器1为计数器,工作方式2,最大计数值256
    TH1 = 0;
    TL1 = 0;                           //初值为0
    TR = 0;
    while(1)
    {
        P1 = TL1;
    }
}
```

分析：首先，让P1接口全部为低电平，使8个LED初始化(全灭)；接着，通过控制工作方式寄存器TMOD使得定时器/计数器工作在计数器模式下，而且设定为工作方式2，使其最大计数值为256；然后，令计数初值为0，当外部引脚T1有信号输入时，计数值便会随之变化；最后，将计数器的数值输送到P1接口，8个LED就会显示计数器数值。

这里要注意区分LED的正负极，LED的正极接在单片机的P1接口，负极接在GND上；同时，P1接口需要通过电阻连接电源进行上拉。8个LED所显示的方式为二进制，最大计数值为11111111(8个LED全亮)，换算为十进制即为256。

【知识拓展】

要求必须使用定时器。结合按键控制LED并开启定时器，通过LED二进制计数，显示经过的秒数，积满15清零。

```
//定时器控制LED二进制计数,显示经过的秒数,计满15后清零
#include<reg52.h>                      //载入52单片机头文件
#define uint unsigned int
#define uchar unsigned char
uchar count;                           //计数累积
temp = 0xff;                           //P0接口状态值
void main()
{
    TMOD = 0x01;                       //设置定时器0为工作方式1(M1M0 = 01)
    TH0 = (65536 - 45872)/256;         //计时器装入初值,频率为11.0592MHz
    TL0 = (65535 - 45872) % 256;
    EA = 1;                            //打开总中断
    ET0 = 1;                           //开启定时器0中断
    TR0 = 1;                           //启动定时器0
```

```
    while(1)                            //程序到此无限循环,等待中断发生
    {
        if(count == 20)                 //计数判断
        {
                                        //计算方式: 1/11.0592(MHz) × 45872 × 20 = 1s
            temp -- ;                   //十六进制递减(LED 为共阳极)
            count = 0;                  //清零,重新计数到 1s
        }
        P0 = temp;
    }
}
void T0_time() interrupt 1              //中断函数
{
    TH0 = (65535 - 45872)/256;          //计时器装入初值
    TL0 = (65535 - 45872) % 256;
    count++;
}
```

按下按键 1 后,LED 闪烁周期为 1s;
按下按键 2 后,LED 闪烁周期为 2s,以此类推。

```
#include <reg52.h>
#define uint unsigned int
#define uchar unsigned char
void delay(uint time);                  //延时函数
int keyscan();                          //按键函数
uchar temp1 = 0xff;                     //LED 当前显示的数值(十六进制)
uint key = 0;                           //按键
uint num;                               //时间累加
uint p = 20;                            //控制 LED 闪烁时间
uint key_sc = 0;                        //当前按键值
void main()
{
    TMOD = 0x01;                        //设置定时器 0 为工作方式 1(M1M0 = 01)
    TH0 = (65536 - 50000)/256;          //计时器装入初值,频率为 12MHz
    TL0 = (65535 - 50000) % 256;
    EA = 1;                             //打开总中断
    ET0 = 1;                            //开启定时器 0 中断
    TR0 = 1;                            //启动定时器 0
    P0 = temp1;
    key_sc = keyscan();
    while(key_sc)                       //程序到此无限循环,等待中断发生
    {
        key_sc = keyscan();
        P0 = temp1;
        if(num == key_sc)
        {
            temp1 = ~temp1;
            num = 0;
        }
        P0 = temp1;
```

```
    }
}
void T0_time() interrupt 1              /* 中断函数 */
{
    TH0 = (65535 - 50000)/256;
    TL0 = (65535 - 50000) % 256;
    num++;
}
/*****************************
//函数名称: delay(uint time)
//延时计算: 110×time×12*1/12MHz
*****************************/
void delay(uint time)
{
     uint x,y;
     for(x = 0;x < 110;x++)
         for(y = 0;y < time;y++);
}
/*
//函数名称: keyscan()
//参数返回: key
//功能: 判断哪个键被按下
 */
int keyscan()
{
    P2 = 0xfe;
    temp = P2;                          //判断是否有键按下
    temp = temp&0xf0;
    if(temp!= 0xf0)                     //判断是否有键按下
    {
        delay(10);                      //延时消抖
        temp = P2;                      //再次判断
        temp = temp&0xf0;
        if(temp!= 0xf0)
        {
            temp = P2;
            switch(temp)
            {
                case 0xbe:
                    p = 20;
                    break;
                case 0x7e:
                    p = 40;
                    break;
            }
            while(temp!= 0xf0)
            {
                temp = P2;
                temp = temp&0xf0;
            }
        }
```

```
    }
    P2 = 0xfd;
    temp = P2;
    temp = temp&0xf0;
    if(temp!= 0xf0)
    {
        delay(10);
        temp = P2;
        temp = temp&0xf0;
        if(temp!= 0xf0)
        {
            temp = P2;
            switch(temp)
            {
                case 0xbd:
                    p = 30;
                    break;
                case 0x7d:
                    p = 40;
                    break;
            }
            while(temp!= 0xf0)
            {
                temp = P2;
                temp = temp&0xf0;
            }
        }
    }
return key;
}
```

8.3.4 实例 17：定时器制作"一秒大战"程序

制作"一秒大战"程序，按下按键 2 开始/重置游戏，游戏开始后按下按键 1 开始计时，再次按下按键 1 停止计时。比较两次按键按下的间隔时间 T。

950ms＜T＜1000ms：点亮 4 个 LED；

900ms＜T＜950ms：点亮 3 个 LED；

850ms＜T＜900ms：点亮 2 个 LED；

800ms＜T＜850ms：点亮 1 个 LED；

1000ms ＜T＜1050ms：闪烁 4 个 LED；

1050ms ＜T＜1100ms：闪烁 3 个 LED；

1100ms ＜T＜1150ms：闪烁 2 个 LED；

1150ms ＜T＜1200ms 闪烁 1 个 LED；

T＜800ms 或者 T＞1200ms：全部熄灭。

示例代码如下：

```
//一秒大战程序
#include<reg52.h>
#include<intrins.h>
#define uint unsigned int
#define uchar unsigned char
uchar temp,key = 0,key_sc = 0,count_sum = 0,flag = 0;
void delay(uint time);
int keyscan();
void display(uchar num);
void delay_timer();
void P5_1();
void main()
{
    TMOD = 0x01;                        //设置定时器 0 为工作方式 1(M1M0 = 01)
    TH0 = (65536 - 5000)/256;           //计时器装入初值,频率为 11.0592MHz
    TL0 = (65535 - 5000) % 256;
    while(1)
    {
        key_sc = keyscan();
        while(key_sc == 2)
        {
            P5_1();
            key_sc = keyscan();
            EA = 0;
        }
        if(key_sc == 1)
        {
            EA = 1;                     //打开总中断
            ET0 = 1;                    //开启定时器 0 中断
            TR0 = 1;                    //启动定时器 0
            flag = 1;
            while(flag)
            {
                count_sum++;
                if(keyscan() == 1)
                    flag = 0;
            }
        }
        if(count_sum > 230&&count_sum < 240)
            while(1)
            {
                P0 = 0xf0;
                delay_timer();
                P0 = ~P0;
                key_sc = keyscan();
                if(key_sc == 2)
                    break;
            }
        else if(count_sum > 220&&count_sum < 230)
            while(1)
            {
```

```
                P0 = 0xf1;
                delay_timer();
                P0 = ~P0;
                key_sc = keyscan();
                if(key_sc == 2)
                    break;
            }
        else if(count_sum > 210&&count_sum < 220)
            while(1)
            {
                P0 = 0xf3;
                delay_timer();
                P0 = ~P0;
                key_sc = keyscan();
                if(key_sc == 2)
                    break;
            }
        else if(count_sum > 200&&count_sum < 210)
            while(1)
            {
                P0 = 0xf7;
                delay_timer();
                P0 = ~P0;
                key_sc = keyscan();
                if(key_sc == 2)
                    break;
            }
        else if(count_sum > 190&&count_sum < 200)
            P0 = 0xf0;
        else if(count_sum > 180&&count_sum < 190)
            P0 = 0xf1;
        else if(count_sum > 170&&count_sum < 180)
            P0 = 0xf3;
        else if(count_sum > 160&&count_sum < 170)
            P0 = 0xf7;
        else
            P0 = 0xff;
    }
}
int keyscan()
{
    P2 = 0xfe;
    temp = P2;
    temp = temp&0xf0;
    if(temp!= 0xf0)
    {
        delay(10);
        temp = P2;
        temp = temp&0xf0;
        if(temp!= 0xf0)
        {
```

```
                temp = P2;
                switch(temp)
                {
                    case 0xbe:
                        key = 1;
                        break;
                    case 0x7e:
                        key = 2;
                        break;
                }
                while(temp!= 0xf0)
                {
                    temp = P2;
                    temp = temp&0xf0;
                }
                //display(key);
            }
        }
        P2 = 0xfd;
        temp = P2;
        temp = temp&0xf0;
        if(temp!= 0xf0)
        {
            delay(10);
            temp = P2;
            temp = temp&0xf0;
            if(temp!= 0xf0)
            {
                temp = P2;
                switch(temp)
                {
                    case 0xbd:
                        key = 3;
                        break;
                    case 0x7d:
                        key = 4;
                        break;
                }
                while(temp!= 0xf0)
                {
                    temp = P2;
                    temp = temp&0xf0;
                }
                //display(key);
            }
        }
        return (key);
}
void T0_time() interrupt 1              //中断函数
{
    TH0 = (65535 - 5000)/256;           //计时器装入初值
```

```
        TL0 = (65535 - 5000) % 256;
        count++;
    }
    void delay(uint time)
    {
         uint x,y;
         for(x = 0;x < 100;x++)
            for(y = 0;y < time;y++);
    }
    void delay_timer()
    {
        uint x;
        for(x = 4;x > 0;x--);
    }
    void P5_1()
    {
        uchar temp = 0x01,
              temp1 = 0x08;
        for(i = 0;i < 3;i++)
        {
            P1 = temp;
            temp = _crol_(temp,1);
            delay_timer();
        }
        for(i = 0;i < 3;i++)
        {
            P1 = temp1;
            temp1 = _cror_(temp1,1);
            delay_timer();
        }
    }
```

第9章 数码管静态、动态显示原理

9.1 数码管显示原理

9.1.1 常见数码管

常见数码管如图 9.1 和图 9.2 所示。

图 9.1 单位数码管

图 9.2 4 位数码管

9.1.2 数码管内部电路

数码管内部电路如图 9.3 所示。从图 9.3(a)可以看出，一个数码管有 10 个引脚，内部一共有 8 个小的发光二极管；图 9.3(b)所示为共阴极内部电路；图 9.3(c)所示为共阳极内部电路。

对共阴极数码管[图 9.3(b)]而言，其 8 个发光二极管的阴极在数码管内部全部连接在一起，所以称为“共阴”，而阳极是独立的，通常一般将阴极接地。给数码管任一阳极加高电平，对应的二极管就会点亮。若想显示一个 8 字，并且将右下角的小数点点亮，可以给 8 个阳极全部输入高电平；如果想要显示一个 0 字，除了给 g、dp 两位输入低电平外，其余引脚全输入高电平。想要让数码管显示多少，就给相应的发光二极光输入高电平即可，因此，在显示数字之前先从 0～9 进行编码，在阳极输入对应的电平即可。

共阳极数码管[图 9.3(c)]其内部 8 个发光二极管的所有阳极全部连接在一起，公共端接高电平，因此要给点亮的发光二极管阴极输入低电平，此时的显示数字编码与共阴极的编码相反。数码管内部发光二极管点亮时，也需要 5mA 以上的电流，而且电流不可过大，否则会烧毁发光二极管。由于单片机的 I/O 接口不能输出如此大的电流，因此数码管与单片

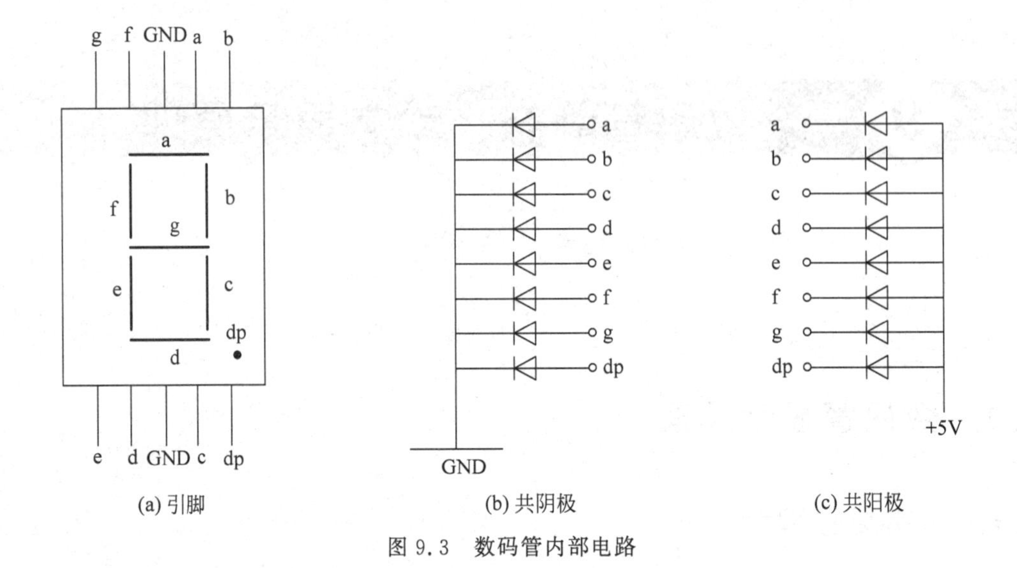

(a) 引脚　　(b) 共阴极　　(c) 共阳极

图 9.3　数码管内部电路

机连接时需要加驱动电路,可以用上拉电阻的方法或使用专门的数码管驱动芯片。TX-1C 单片机实验板上使用的是 74HC573 锁存器,其输出电流较大,电路接口简单。

图 9.2 为 4 位一体的数码管,当多位一体时,其内部的公共端是独立的,而负责显示什么数字的段选线全都连接在一起。独立的公共端可以控制多位一体中的哪一位数码管点亮,而连接在一起的段线可以控制点亮数码管什么数字。通常把公共端称为"位选线",把连接在一起的段线称为"段选线",有了这两个线后,通过单片机及外部驱动电路就可以控制数码管显示任意数字。"位选线"控制哪个数码管点亮,由公共端可以判断位选选通时需要的高低电平;"段选线"控制数码管上显示数字几,可以根据共阴极或共阳极判断段选线的高低电平。

9.1.3　用万用表检测数码管的引脚排列

对万用表来说,红表笔接内部电池正极,黑表笔接负极。将万用表置于二极管挡时,表笔间开路电压约为 1.5V,把两表笔正确加在发光二极管两端可以点亮二极管,因此也可以检测二极管的正负极。将红表笔固定在数码管的 a 段,用黑表笔不断接触其他引脚,假设只有在某一引脚处 a 段发光,接触其余引脚时不发光,则数码管为共阴极,黑表笔接触的引脚为数码管的公共阴极,将黑表笔固定在公共阴极处,用红表笔依次接触其他引脚,数码管其他段会依次点亮;若被测数码管为共阳极,则将红、黑表笔对调,也会出现上述结果。

9.2　数码管显示实例

9.2.1　实例 18:数码管静态显示

当多位数码管应用于某一系统时,它们的"位选"是可以独立控制的,而"段选"是连在一起的,可以通过位选信号控制哪几个数码管亮;而在同一时刻,位选选通的所有数码管上显示的数字始终都是一样的,因为它们的段选是连在一起的,送入所有数码管的段选信号都是

相通的，数码管的这种显示方法称为静态显示。

让第一个数码管显示一个 8 字。

分析：第一个数码管显示 8，就给第一个数码管低电平，其余为高电平，数码管为共阴极，写出 8 对应的十六进制编码。

代码如下：

```
#include<reg52.h>
void main()
{
        P0 = 0xfe;
        P2 = 0x7F;
        while(1);
}
```

其电路仿真图如图 9.4 所示。

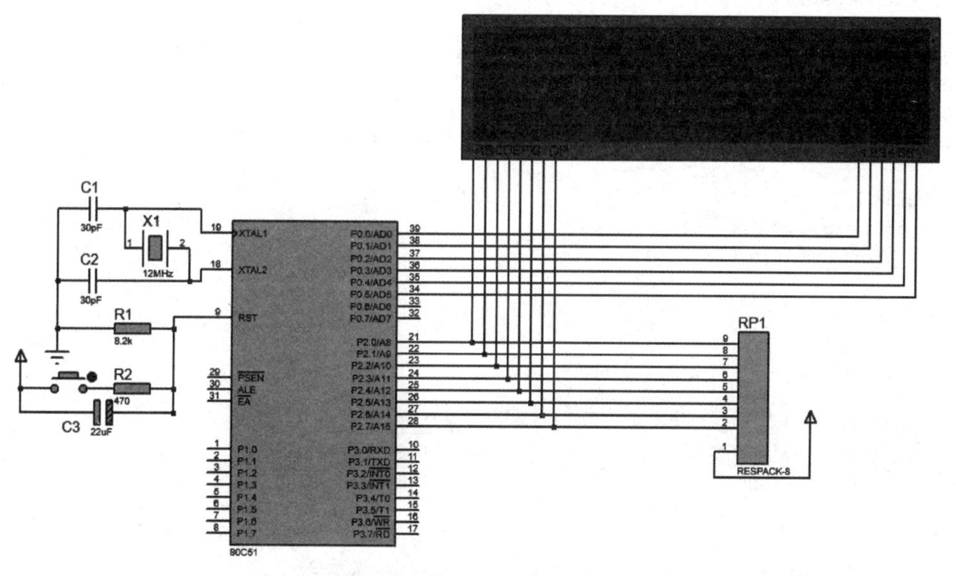

图 9.4　数码管电路仿真图

根据本例电路，将 0～F 如表 9.1 所示进行编码。

表 9.1　共阴极数码管编码

符号	0	1	2	3	4	5	6	7
编码	0x3f	0x06	0x5b	0x4f	0x66	0x6d	0x7d	0x07
符号	8	9	A	B	C	D	E	F
编码	0x7f	0x6f	0x77	0x7c	0x39	0x5e	0x79	0x71

在用 C 语言编程时，编码定义方式如下：

```
unsigned char code table[ ] = {  0x3f,0x06,0x5b,0x4f
                                  0x66,0x6d,0x7d,0x07
                                  0x7f,0x6f,0x77,0x7c
                                  0x39,0x5e,0x79,0x71
                              };
```

9.2.2 实例 19：数码管动态显示

数码管的动态显示又称数码管的动态扫描显示，通过以下例子更容易理解数码管动态扫描显示的概念。

在 TX-1C 单片机实验板上实现如下现象：第一个数码管显示 1，时间为 0.5s，然后关闭它；立即让第二个数码管显示 2，时间为 0.5s，再关闭它……一直到最后一个数码管 6，时间同样为 0.5s，关闭它后再显示第一个数码管，一直循环下去。

代码如下(仿真图如图 9.5 所示)。

```
#include <reg52.h>                              //52 系列单片机头文件
#define uchar unsigned char                     //宏定义
#define uint unsigned int                       //宏定义
uchar code table[ ] = {
0x3f,0x06,0x5b,0x4f,
0x66,0x6d,0x7d,0x07,
0x7f,0x6f,0x77,0x7c,
0x39,0x5e,0x79,0x71};                           //编码定义
void delayms(uint xms)                          //延时函数
{
   uint i,j;
   for(i = xms;i > 0;i -- )
      for(j = 110;j > 0;j -- );
}
void main()
{
    while(1)
    {
        P0 = 0xfe;                              //送位选数据
        P2 = table[1];                          //送段选数据
        delayms(500);                           //延时 0.5s

        P0 = 0xfd;                              //位选,第一个数码管
        P2 = table[2];                          //段选,显示 2
        delayms(500);

        P0 = 0xfb;
        P2 = table[3];
        delayms(500);

        P0 = 0xf7;
        P2 = table[4];
        delayms(500);

        P0 = 0xef;
        P2 = table[5];
        delayms(500);

        P0 = 0xdf;
        P2 = table[6];
        delayms(500);
    }
}
```

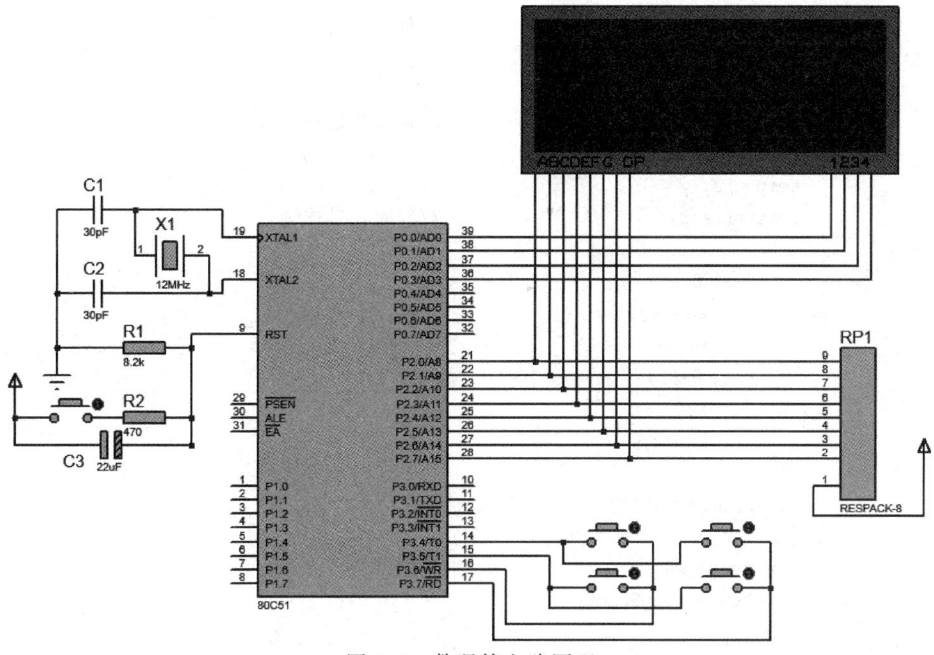

图 9.5　数码管电路原理

9.2.3　实例 20：数码管综合应用

初值显示 0，按下按键 1，计数递增；按下按键 2，计数递减。长按不会重复计数，数码管电路原理如图 9.5 所示。要求可以显示负数，按下按键 3 清零。

代码如下：

```
#include<reg52.h>                          //52 系列单片机头文件
#define uchar unsigned char                //宏定义
uchar temp,ge = 0,shi = 0,bai = 0;         //全局变量
int key = 0,c;                             //全局变量
uchar code table[] = {
0x3f,0x06,0x5b,0x4f,
0x66,0x6d,0x7d,0x07,
0x7f,0x6f,0x40};
void delayTime(uchar time)                 //延时函数
{
    uchar x,y;
    for(x = 0;x < 110;x++)
        for(y = 0;y < time;y++);
}
int keyScan(int key)                       //按键扫描
{
    P3 = 0xef;                             //扫描第一行
    temp = P3;
    temp = temp&0xcf;
    if(temp!= 0xcf)                        //判断按键按下
    {
```

```
            delayTime(10);                              //延时,消抖
            temp = P3;
            temp = temp&0xcf;
            if(temp!= 0xcf)                             //判断按键确实按下
            {
                temp = P3;
                switch(temp)                            //判断几号按键
                {
                    case 0xaf:
                        key++;
                        break;
                    case 0x6f:
                        key--;
                        break;
                }
                while(temp!= 0xcf)
                {
                    temp = P3;
                    temp = temp&0xcf;
                }
            }
        }
        P3 = 0xdf;                                      //扫描第二行
        temp = P3;
        temp = temp&0xcf;
        if(temp!= 0xcf)
        {
            delayTime(10);
            temp = P3;
            temp = temp&0xcf;
            if(temp!= 0xcf)
            {
                temp = P3;
                switch(temp)
                {
                    case 0x9f:
                        key = 0;
                        break;
                }
                while(temp!= 0xcf)
                {
                    temp = P3;
                    temp = temp&0xcf;
                }
            }
        }
        return (key);
    }
    int main()
    {
        while(1)
```

```
{
    c = keyScan(key);                  //函数调用
    if(c == 0)
    {
        P0 = 0xf1;
        P2 = table[0];
        delayTime(1);
    }
    if(c > 0)
    {
        bai = c/100;                   //分离个、十、百位
        shi = (c/10) % 10;
        ge = c % 10;

        P0 = 0xf7;
        P2 = table[ge];
        delayTime(1);

        P0 = 0xfb;
        P2 = table[shi];
        delayTime(1);

        P0 = 0xfd;
        P2 = table[bai];
        delayTime(1);
    }
    if(c < 0)
    {
        c = - c;
        bai = c/100;
        shi = (c/10) % 10;
        ge = c % 10;
        c = - c;
        P0 = 0xf7;
        P2 = table[ge];
        delayTime(1);

        P0 = 0xfb;
        P2 = table[shi];
        delayTime(1);

        P0 = 0xfd;
        P2 = table[bai];
        delayTime(1);

        P0 = 0xfe;
        P2 = table[10];
        delayTime(1);
    }
    key = c;
}
```

9.2.4 实例21：制作秒表

制作秒表(范围0～59.99s)。要求显示精度为小数点后两位，按键1开始、停止计数，按键2清零。

代码如下：

```
#include<reg52.h>
#define uchar unsigned char
int temp = 0,key = 0,c = 0,num = 0,msecs = 0,msecb = 0,secg = 0,secs = 0,m;
uchar code table[] = {
0x3f,0x06,0x5b,0x4f,
0x66,0x6d,0x7d,0x07,
0x7f,0x6f};
void delayTime(uchar time)                    //延时子程序
{
    uchar x,y;
    for(x = 0;x<110;x++)
        for(y = 0;y<time;y++);
}
int keyScan()                                 //按键检测
{
    P3 = 0xef;
    temp = P3;
    temp = temp&0xcf;
    if(temp!= 0xcf)
    {
        delayTime(10);
        temp = P3;
        temp = temp&0xcf;
        if(temp!= 0xcf)
        {
            temp = P3;
            switch(temp)
            {
                case 0xaf:
                TR0 = ~TR0;
                break;
                case 0x6f:
                    TR0 = 0;
                    num = 0;
                    msecs = 0,msecb = 0,secg = 0,secs = 0;
                    break;
            }
            while(temp!= 0xcf)
            {
                temp = P3;
                temp = temp&0xcf;
            }
```

```
        }
    }
    return key;
}
void main()
{
    TMOD = 0x01;                          //设计定时器的工作方式
    TH0 = (65536 - 10000)/256;            //装初值
    TL0 = (65536 - 10000) % 256;
    EA = 1;                               //打开总中断
    ET0 = 1;                              //开启定时器中断
    TR0 = 0;
    while(1)
    {
        keyScan();                        //按键检测
        P0 = 0xf7;                        //数码管显示
        P2 = table[msecs];
        delayTime(1);

        P0 = 0xfb;
        P2 = table[msecb];
        delayTime(1);

        P0 = 0xfd;
        P2 = table[secg]|0x80;
        delayTime(1);

        P0 = 0xfe;
        P2 = table[secs];
        delayTime(1);
    }
}
void T0_time() interrupt 1                //中断子程序
{
    TH0 = (65536 - 10000)/256;
    TL0 = (65536 - 10000) % 256;
    num++;
    if(num == 1)
    {
            num = 0;
            msecs++;
            if(msecs == 10)
            {
                    msecb++;
                    msecs = 0;
                    if(msecb == 10)
                    {
                        secg++;
                        msecb = 0;
                        if(secg == 10)
                        {
```

```
                        secs++;
                        secg = 0;
                        if(secs == 6)
                        {
                                TR0 = 0;
                        }
                    }
                }
            }
        }
    }
```

9.2.5 实例22：倒计时表

倒计时表(最大10min)。要求数码管实时显示，显示精度为小数点后一位，分、秒，以及秒的小数部分用点隔开。按键1设定计时时间累加，每次按下增加10s；按键2设定计时时间递减，每次按下减少10s；按下按键3开始倒计时，计时结束后，LED4闪烁以提示；按键4清空状态，重新开始设定时间。

代码如下：

```
#include <reg52.h>                              //头文件
#define uchar unsigned char
uchar temp,key = 0,num,minu = 0;
char sec = 0;
sbit led4 = P1^3;
uchar code table[] = {                          //数码管数据
0x3f,0x06,0x5b,0x4f,
0x66,0x6d,0x7d,0x07,
0x7f,0x6f,0x40};
void keyScan();
void delayTime(uchar time);
void display(uchar minu,uchar sec)              //显示子程序
{
    P0 = 0xf7;
    P2 = table[sec % 10];
    delayTime(1);

    P0 = 0xfb;
    P2 = table[sec/10];
    delayTime(1);

    P0 = 0xfd;
    P2 = table[minu % 10]|0x80;
    delayTime(1);

    P0 = 0xfe;
    P2 = table[minu/10];
    delayTime(1);
```

```
}
int main()                                  //主函数
{
    TMOD = 0x01;
    TH0 = (65536 - 50000)/256;
    TL0 = (65536 - 50000) % 256;
    EA = 1;
    ET0 = 1;
    TR0 = 0;                                //定时器开启
    while(1)
    {
        keyScan();
        display(minu,sec);
    }
}
void keyScan()                              //按键检测子程序
{
    P3 = 0xef;
    temp = P3;
    temp = temp&0xcf;
    if(temp!= 0xcf)
    {
            delayTime(10);
            temp = P3;
            temp = temp&0xcf;
            if(temp!= 0xcf)
            {
                temp = P3;
                switch(temp)
                {
                        case 0xaf:
                            sec += 10;
                            if(sec >= 60)
                            {
                                sec = sec - 60;
                                minu++;
                            }
                                if(minu >= 10)
                            {
                                minu = 10;
                                sec = 0;
                            }
                                break;
                        case 0x6f:
                            sec -= 10;
                            if(sec < 0)
                            {
                                if(minu > 0)
                                {
                                    sec = 60 + sec;
                                    minu--;
```

```
                                    }
                                    else
                                    {
                                        minu = 0, sec = 0;
                                    }
                                }
                            break;
                        }
                        while(temp!= 0xcf)
                        {
                            temp = P3;
                            temp = temp&0xcf;
                        }
                }
            }
        P3 = 0xdf;
        temp = P3;
        temp = temp&0xcf;
        if(temp!= 0xcf)
        {
                delayTime(10);
                temp = P3;
                temp = temp&0xcf;
                if(temp!= 0xcf)
                {
                    temp = P3;
                    switch(temp)
                    {
                        case 0x9f:
                            TR0 = ~TR0;
                            break;
                        case 0x5f:
                            sec = 0,minu = 0;
                            TR0 = 0;
                            break;
                    }
                        while(temp!= 0xcf)
                        {
                            temp = P3;
                            temp = temp&0xcf;
                        }
                }
        }
}
void delayTime(uchar time)                    //延时子程序
{
    uchar x,y;
    for(x = 0;x < 110;x++)
        for(y = 0;y < time;y++);
}
void T0_time() interrupt 1                    //中断子程序
```

```
{
    TH0 = (65536 - 50000)/256;
    TL0 = (65536 - 50000) % 256;
    num++;
    if(num == 20)
    {
        num = 0;
        sec--;
        if(sec == -1)
        {
            if(minu > 0)
            {
                sec = 59;
                minu--;
            }
            else if(minu == 0&&sec == -1)
            {
                sec = 0,minu = 0;
                TR0 = 0;
                while(1)
                {
                    led4 = ~led4;
                    delayTime(500);
                }
            }
        }
    }
}
```

第10章 键盘检测

在实际生活中，很多地方会用到按键，如键盘和鼠标。在电子设计中，按键同样扮演着很重要的角色，本章就介绍如何通过程序来使按键实现多种多样的功能，重点是如何检测按键及单片机对按键是如何识别的。

在人机交互中最重要的就是人机交互通道的配置，其中人机交互的桥梁就是输出和输入设备。输出设备是指能够使用户知道当前计算机正在执行的操作的设备，一般有显示屏、打印机等；输入设备是指用户通过输出设备，在了解当前计算机正在执行的操作后，让计算机进行下一个操作的设备，一般有键盘、鼠标等。

10.1 键盘检测基本原理和键盘分类

10.1.1 基本原理

键盘的基本工作原理就是实时监视按键，将按键信息送入计算机。在键盘内部设计有定位按键位置的键位扫描电路、产生被按下键代码的编码电路及将产生代码送入计算机的接口电路等，这些电路统称为键盘控制电路。有一些键盘，用户可以通过程序设定每个键的功能。

10.1.2 键盘分类

按是否编码区分，键盘分为编码键盘和非编码键盘。键盘上闭合键的识别由专用的硬件编码器实现，并产生键盘码号或键值的键盘称为编码键盘，如计算机键盘；而靠软件编码来识别的键盘称为非编码键盘。两种键盘的识别有各自的优缺点，编码键盘适合于工作在复杂的场合，如日常办公等；而非编码键盘适用于小系统、工作条件相对简单的场合，特别适用于单片机系统的开发。在由单片机组成的各种系统中，用得较多的是非编码键盘，非编码键盘又分为独立键盘和矩阵（又称行列式）键盘。

10.2 独立键盘检测

10.2.1 按键分类

键盘实际上就是一组按键，在单片机外围电路中通常用到的是机械弹性开关。当开关闭合时，线路导通；当开关断开时，线路断开，从而通过电路的通断检测输入信号，图 10.1 和图 10.2 所示为常见的独立按键。

图 10.1 自锁式按键

图 10.2 贴片式弹性按键

弹性按键被按下时闭合，松手后自动断开；自锁式按键按下时闭合且会自动锁住，只有再次按下时才弹起断开。通常自锁式按键当作电源开关使用，弹性按键用于单片机外围输入控制。

10.2.2 单片机检测独立键盘原理

单片机的 I/O 接口既可作为输出也可作为输入使用，当作为检测按键时用的是它的输入功能。把按键的一端接地，另一端与单片机的某个 I/O 接口相连，并且在该 I/O 接口上应当接入 5.1kΩ 上拉电阻，目的是保证当按键悬空时减少干扰，能够可靠稳定。单片机上电复位默认的是高电平，所以用户在程序中只需每次检测接按键的哪个 I/O 引脚，如果检测到低电平，且延时大约 10ms 后还能检测到低电平，就说明按键已经按下，可以转入执行其他操作。

通常的按键开关为机械弹性开关，由于机械触点闭合与断开时存在抖动，一个按键开关在闭合时不会马上稳定地接通，在断开时也不会马上断开，因此在闭合及断开的瞬间均伴随一连串的抖动。抖动时间的长短由按键的机械特性决定，一般为 5～10ms。这是一个很重要的时间参数，在很多场合都要用到。实际上有时只进行了一次按键操作，但有可能执行了多次按键结果，这就是抖动造成的，所以大多数产品在实际使用中都使用了按键去抖功能。

10.2.3 去抖概述

单片机与按键的连接和触点电压波形如图 10.3 和图 10.4 所示。

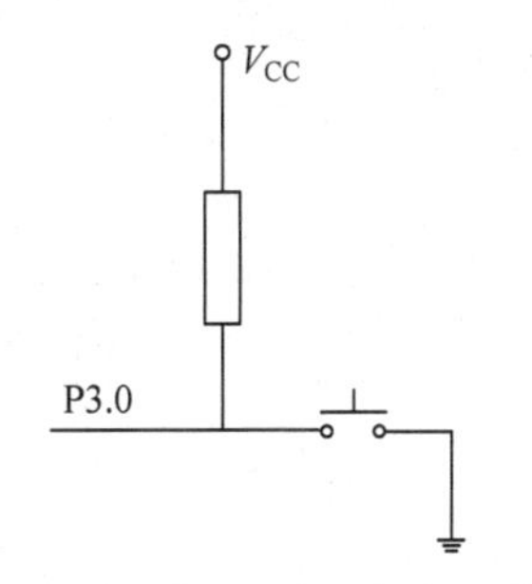

图 10.3 单片机与按键的连接

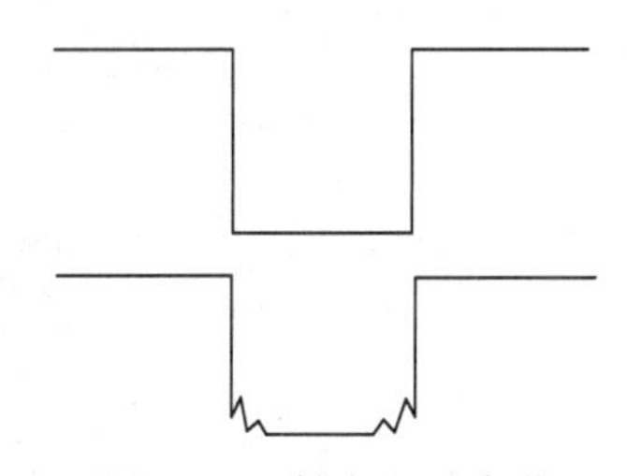

图 10.4 触点电压波形

图 10.4 中的上图为理想波形，而下图则为实际波形，由此可知理想波形与实际波形是有区别的，实际波形在按下和释放的过程中都有抖动现象，就是图中所示的毛刺部分。因此，必须对该抖动部分进行处理，以提高准确度。去抖分为软件去抖和硬件去抖，软件去抖是通过延时时间来过滤掉该部分的毛刺；硬件去抖主要是通过在每个按键上加 RC 滤波器

或者RS触发器去抖。考虑到成本及实用性，本章不予介绍，感兴趣的读者可以自行查阅相关资料。

用示波器跟踪一个小的按钮开关在闭合时的抖动现象，其波形如图10.5所示。

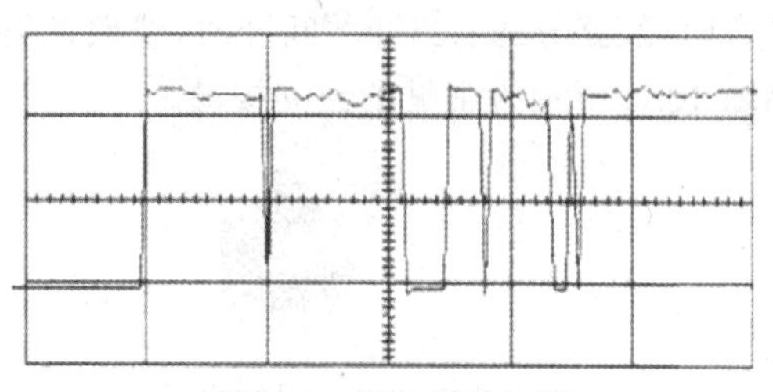

图10.5 实际抖动波形

硬件去抖最简单的方法就是按键两端并联电容，容量根据实验而定，当然也有专用的去抖芯片。

软件去抖使用方便，且不增加硬件成本，容易调试，所以现在大都使用软件去抖。软件去抖的原理如下。

检测到按键按下后进行5～10ms延时，用于跳过该抖动区域。

延时后再检测按键状态，如果没有按下，表明是抖动或者干扰造成的；如果仍旧按下，可以认为是真正的按下，并进行相应的操作。同样，按键释放后也要进行去抖延时，延时后检测按键是否真正松开。

图10.6所示为独立按键程序设计流程，它能够更好地帮助读者理解独立按键的使用方法。

注意：图10.6只是单次按键检测程序设计流程，实际应该是一个死循环的程序。

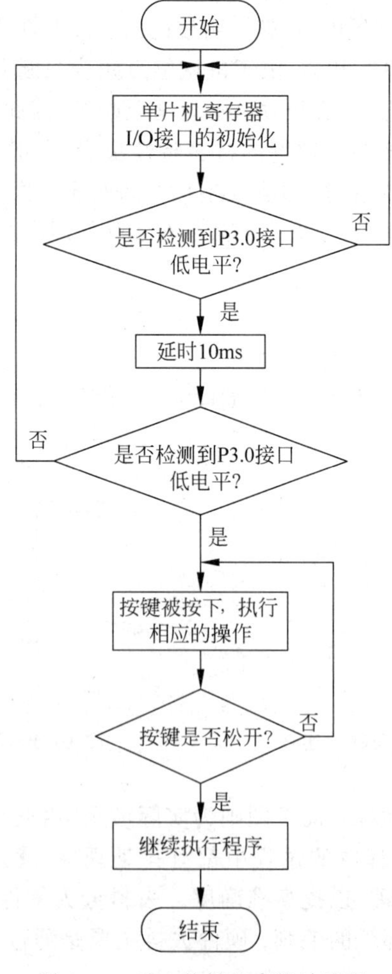

图10.6 独立按键程序设计流程

10.3 实例23：独立按键控制小灯亮灭

通过一个独立按键控制P1.0接口的LED显示。其电路仿真图如图10.7和图10.8所示。

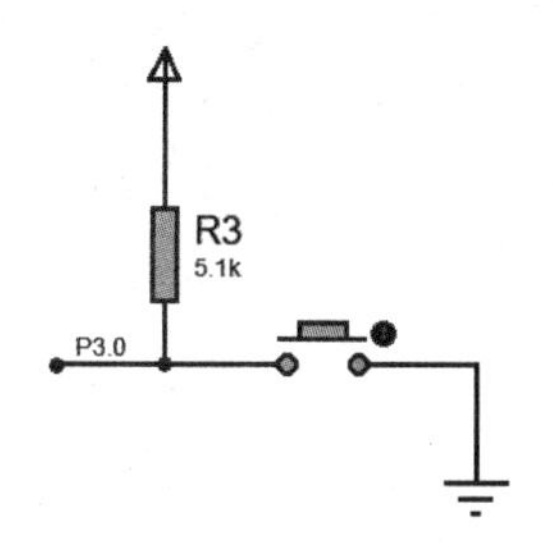

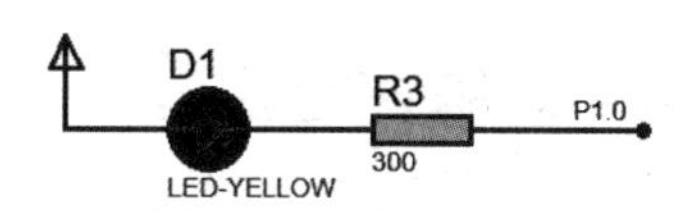

图10.7 Proteus仿真连接图　　　图10.8 LED Proteus电路仿真图

分析：通过按键循环检测P3.0接口的电平状态，当按键按下时，让P1.0接口的LED亮。接LED时，必须接限流电阻，否则会烧坏发光二极管。本例采用的是灌电流的方式，这样可以使LED在实际的电路中更加亮一些。

程序代码如下：

```
#include<reg52.h>                          //51单片机函数头文件
sbit key=P3^0;                             //定义按键的I/O接口
sbit D1=P1^0;                              //定义LED的I/O接口
void delay(unsigned char y)                //延时子函数
{
    unsigned char j,k;
    for(j=y;j>0;j--)
        for(k=0;k<57;k--);
}
void keyscan()
{
    if(key==0)
    {
        delay(10);                         //延时10ms,去抖动
        if(key==0)
        {
            D1=0;
        }
    }
}
void main()
{
    while(1)
    {
        keyscan();
    }
}
```

10.4 矩阵键盘检测原理

10.4.1 独立键盘的缺点

独立键盘与单片机连接时，每一个按键都需要单片机的一个 I/O 接口，若单片机系统需要较多按键，用独立键盘会占用过多的 I/O 接口。当用到多个按键时，为了节省 I/O 接口线，对单片机 I/O 接口进行合理利用，由此引入矩阵键盘，这种接口可以在保证键盘功能的同时，大幅节省 I/O 接口线。

10.4.2 4×4 矩阵键盘原理

由于目前市面上很多都是 4×4 矩阵键盘，因此本小节以 4×4 矩阵键盘为例，讲解其工作原理和检测方法。将 16 个按键排成 4 行 4 列，第一行将每个按键的一端连接在一起构成行线（扫描线），第一列将每个按键的另一端连接在一起构成列线（回送线），一般需要接上拉电阻（类似于独立键盘的接法），以保证单片机工作时的稳定性，这样便有 4 行 4 列共 8 根线，将这 8 根线连接到单片机的 8 个 I/O 接口上，通过程序扫描键盘就可检测 16 个键。用这种方法也可实现 3 行 3 列 9 个键、5 行 5 列 25 个键、6 行 6 列 36 个键等。

10.4.3 键盘扫描方法

键盘扫描方法包括逐行扫描法和行列扫描法。

逐行扫描法：由程序对键盘进行逐行扫描，通过检测的列输出状态来确定闭合键，需要设置输入接口、输出接口各一个。

行列扫描法：通过行列颠倒扫描来识别闭合键，在扫描每一行时读列线，然后依次向列线扫描输出，读行线，需要提供两个可编程的双向输入/输出接口。

无论是独立键盘还是矩阵键盘，单片机检测其是否被按下的依据都是一样的，即检测与该键对应的 I/O 接口是否为低电平。独立键盘有一端固定为低电平，单片机写程序检测时比较方便；而矩阵键盘两端都与单片机 I/O 接口相连，因此在检测时需人为通过单片机 I/O 接口输出低电平。检测时，先将一行置为低电平，其余几行全为高电平（此时确定了行数），然后立即轮流检测一次各列是否有低电平，若检测到某一列为低电平（这时又确定了列数），则可确认当前被按下的键是哪一行哪一列的。用同样的方法轮流将各行置为低电平，再轮流检测一次各列是否变为低电平，即可检测完所有的按键，当有键被按下时便可判断出按下的键是哪一个。

10.5 矩阵键盘的应用实例

10.5.1 实例 24：矩阵键盘控制多个小灯

有 4 个按键，每个按键控制一个 LED，按下 1 号按键 LED1 点亮。矩阵键盘与单片机连接电路仿真图如图 10.9 所示。

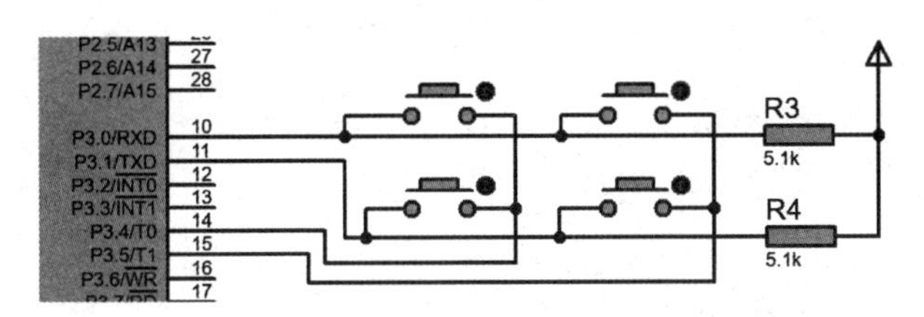

图 10.9 矩阵键盘与单片机连接电路

分析：按照题目要求，设计相应的硬件连接电路，其仿真图如图 10.10 所示。可以按照个人的设计习惯自行设计硬件连接电路。本例给出的连接电路只作为一个参考。为了方便检测，在 4×4 键盘的基础上进行了修改，变成 2×2 的矩阵键盘。

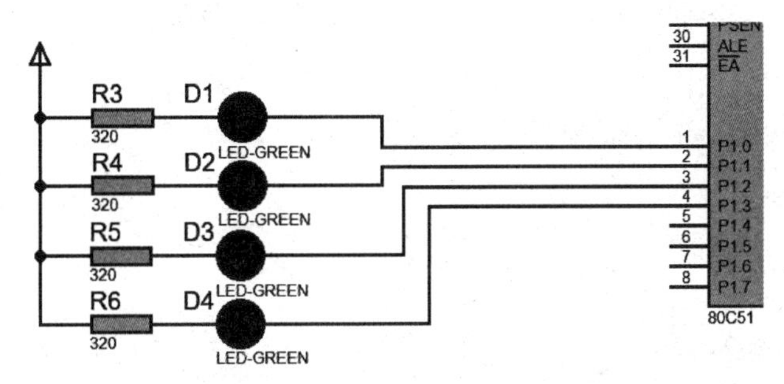

图 10.10 流水灯与单片机连接电路

程序代码如下：

```
#include<reg52.h>
#define uint unsigned int
#define uchar unsigned char
sbit D1 = P1^0;
sbit D2 = P1^1;
sbit D3 = P1^2;
sbit D4 = P1^3;
void delay(uint z)                              //延时函数
{
    uint x,y;
    for(x = z;x > 0;x -- )
        for(y = 100;y > 0;y -- );
}
void main()
{
  while(1)
  {
        uchar temp;
        P3 = 0xfe;                              //键盘扫描
        temp = P3;
        temp = temp&0xf0;
        while(temp!= 0xf0)
```

```
            {
                delay(5);                          //延时去抖
                temp = P3;
                temp = temp&0xf0;
                while(temp!= 0xf0)
                {
                    temp = P3;
                    switch(temp)
                    {
                        case 0xee:D1 = 0;break;
                        case 0xde:D2 = 0;break;
                    }
                }
                while(temp!= 0xf0)                 //按键松手检测
                {
                    temp = P3;
                    emp = temp&0xf0;
                }
            }
            P3 = 0xfd;
            temp = P3;
            temp = temp&0xf0;
            while(temp!= 0xf0)
            {
                delay(5);
                temp = P3;
                temp = temp&0xf0;
                while(temp!= 0xf0)
                {
                    temp = P3;
                    switch(temp)
                    {
                        case 0xde:D3 = 0;break;
                        case 0xdd:D4 = 0;break;
                    }
                }
                while(temp!= 0xf0)
                {
                    temp = P3;
                    emp = temp&0xf0;
                }
            }
        }
    }
```

程序代码分析：进入主函数之后，不断对按键进行扫描，当检测到按键被按下时，将相应的 LED 点亮。

在实际生活中，流水灯所表示的信息总是不能够直观地传递给用户，所以我们引入数码管作为输出设备，让用户可以更加直观地看到单片机所表示的信息。

10.5.2 实例25：矩阵键盘控制数码管显示

给按键进行编号，并且在数码管上显示出来。

由于按键连接电路在实例24中已经给出，这里不再赘述，只给出数码管与单片机连接电路，其仿真图如图10.11所示。

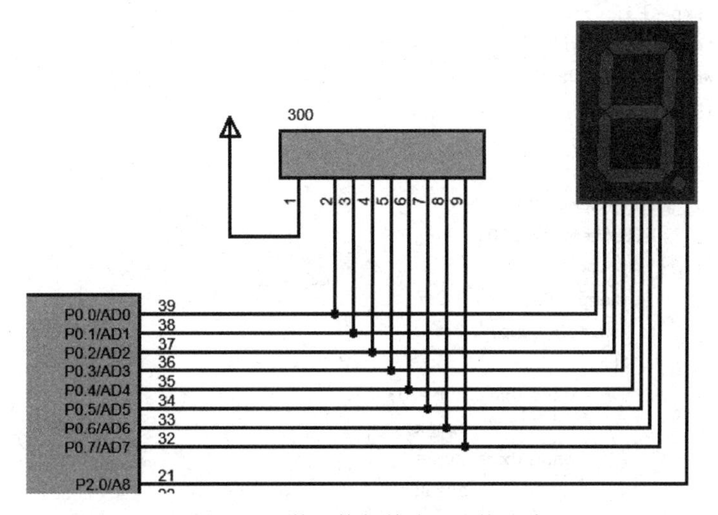

图10.11 数码管与单片机连接电路

分析：如果用户采用P0接口作为数码管的段选，由于P0接口是开漏输出，因此需加上上拉电阻，以增加该接口的驱动能力，也防止在实际使用中数码管烧坏。位选采用的是P2.0接口，用于选通数码管。

程序代码如下：

```
#include<reg52.h>
#define uint unsigned int
#define uchar unsigned char
sbit wela = P2^0;
uchar code table[] = {                    //段选的数字决定显示的数字,这里的数字是 0～15
0x3f,0x06,0x5b,0x4f,
0x66,0x6d,0x7d,0x07,
0x7f,0x6f,0x77,0x7c,
0x39,0x5e,0x79,0x71,};
void delay(uint z)                         //延时毫秒函数
{
    uint x,y;
    for(x = z;x > 0;x -- )
        for(y = 110;y > 0;y -- );
}
void display(uchar num)                    //显示子函数
{
    P0 = table[num];
```

```
}
void main()
{
        uchar temp,num;                                     //初始化位选,显示 0
        P0 = 0x3f;
        wela = 0;
        while(1)
        {
            P3 = 0xfe;                                      //按键检测
            temp = P3;
            temp = temp&0xf0;
            while(temp!= 0xf0)
            {
                delay(5);
                temp = P3;
                temp = temp&0xf0;
                while(temp!= 0xf0)
                {
                    temp = P3;
                    switch(temp)
                    {
                        case 0xee:num = 0;
                                  break;
                        case 0xde:num = 1;
                                  break;
                    }
                }
            }
            while(temp!= 0xf0)                              //按键松手检测
            {
                temp = P3;
                temp = temp&0xf0;
            }
        }
        display(num);
        P3 = 0xfd;                                          //按键检测
        temp = P3;
        temp = temp&0xf0;
        while(temp!= 0xf0)
        {
            delay(5);
            temp = P3;
            temp = temp&0xf0;
            while(temp!= 0xf0)
            {
                temp = P3;
                switch(temp)
                {
                    case 0xde:num = 2;
                              break;
                    case 0xdd:num = 3;
```

```
                        break;
                    }
                }
                while(temp!= 0xf0)                    //按键松手检测
                {
                    temp = P3;
                    temp = temp&0xf0;
                }
            }
            display(num);                             //调用显示子函数
        }
    }
```

程序代码分析：进入主函数之后，首先打开数码管的位选，然后将段选的接口输出为0x3f，即对应0段码值，显示数字0，接着进入主程序的死循环。

下面对其中几条难以理解的语句做出解释。

```
P3 = 0xfe;
temp = P3;
temp = temp&0xf0;
while(temp!= 0xf0)
{
    delay(5);
    temp = P3;
    temp = temp&0xf0;
    while(temp!= 0xf0)
    {
        …
```

P3＝0xfe：将第一行输出低电平，其余全部是高电平。

temp＝P3：用于暂时保存当前P3的值，为了后面的计算需要。

temp＝temp&0xf0：进行“与”运算，然后将值赋给temp。该条语句是为了判断之后的结果是否为0xf0，如果不是则说明有键按下。

delay(5)：延时去抖。

temp＝P3：重新读取P3接口的数据。

temp＝temp&0xf0：重新进行一次“与”运算。

if(temp! ＝0xf0)：如果temp仍然不为0xf0，就说明按键真的被按下。然后使用switch语句判断哪个按键具体被按下，并进行键码的识别。

最后，对按键进行松手检测，语句分析如下：

```
while(temp!= 0xf0)                    //按键松手检测
{
    temp = P3;
    temp = temp&0xf0;
}
```

不断地读取P3接口的值，然后进行“与”运算，只要结果不为0xf0，则说明按键没有释放，直至释放按键，程序才会退出while(1)语句。

第11章　蜂鸣器

11.1　蜂鸣器的使用

蜂鸣器是一种一体化结构的电子讯响器，如图11.1所示，在电路中用字母H或HA(旧标准用FM、LB、JD等)表示。蜂鸣器采用直流电源供电，它能发出单调的或者某个固定频率的声音，如嘀嘀嘀、嘟嘟嘟等。蜂鸣器主要分为压电式蜂鸣器和电磁式蜂鸣器两种类型，通常在计算机、打印机、复印机、报警器、电子玩具、汽车电子设备、电话机、定时器等电子产品中作发声器件使用。

图11.1　蜂鸣器

根据有无振荡源蜂鸣器又可以分为有源蜂鸣器和无源蜂鸣器两种。从外观上看，两种蜂鸣器好像一样，但仔细观察，两者的高度略有区别。如将两种蜂鸣器的引脚都朝上放置，可以看出有绿色电路板的是无源蜂鸣器，没有电路板而用黑胶封闭的是有源蜂鸣器。

还可以用万用表电阻挡Rx1挡测试有源蜂鸣器和无源蜂鸣器：用黑表笔接蜂鸣器"—"引脚，红表笔在另一引脚上来回碰触，如果发出咔咔声且电阻只有8Ω(或16Ω)，则为无源蜂鸣器；如果能发出持续的声音，且电阻在几百欧以上，则为有源蜂鸣器。有源蜂鸣器直接接上额定电源(新的有源蜂鸣器在标签上都有注明)就可连续发声；而无源蜂鸣器则和电磁扬声器一样，需要接在音频输出电路中才能发声。

有源蜂鸣器与无源蜂鸣器的区别如下。

注意：这里的"源"不是指电源，而是指振荡源。也就是说，有源蜂鸣器内部带振荡源，所以只要上电就会发声；而无源蜂鸣器内部不带振荡源，所以直流信号无法令其发声，必须用频率为2～5kHz的方波去驱动它。

(1) 有源蜂鸣器往往比无源蜂鸣器价格高，因为其内部有振荡电路。

(2) 无源蜂鸣器的特点：①价格低廉；②声音频率可控，可以做出"哆来咪发唆拉西"的效果；③在一些特例中，可以和LED复用一个控制接口。

(3) 有源蜂鸣器的特点：程序控制方便，但发音频率已经固定，所以无法用于播放音乐，主要用于报警装置中。

11.2　蜂鸣器的驱动

单片机驱动蜂鸣器的方式有两种：一种是 PWM 输出口直接驱动，另一种是利用 I/O 接口定时翻转电平产生驱动波形对蜂鸣器进行驱动。

PWM 输出口直接驱动是指利用 PWM 输出口本身可以输出一定的方波来直接驱动蜂鸣器。在单片机的软件设置中有几个系统寄存器用于设置 PWM 输出口的输出，可以设置占空比、周期等。设置这些寄存器产生符合蜂鸣器要求的频率的波形之后，只要打开 PWM 输出，PWM 输出口就能输出该频率的方波，此时利用该波形就可以驱动蜂鸣器。例如，频率为 2000Hz 的蜂鸣器的驱动，可以知道周期为 500μs，这样只需要把 PWM 的周期设置为 500μs，占空比电平设置为 250μs，就能产生一个频率为 2000Hz 的方波，通过该方波再利用三极管即可驱动蜂鸣器。在这里大家可能会有疑问，为什么要用三极管驱动呢？11.3 节的实例会为大家详细介绍原因。

利用 I/O 接口定时翻转电平来产生驱动波形的方式会比较复杂，必须利用定时器来定时，通过定时翻转电平产生符合蜂鸣器要求的频率的波形，该波形可以用来驱动蜂鸣器。例如，2500Hz 的蜂鸣器的驱动，可以知道周期为 400μs，这样只需要驱动蜂鸣器的 I/O 接口每 200μs 翻转一次电平就可以产生一个频率为 2500Hz、占空比为 1/2 的方波，再通过三极管放大即可驱动该蜂鸣器。

11.3　蜂鸣器实现报警

本节介绍蜂鸣器的实现过程，在进行实物连接前，应在 Proteus 软件上进行电路的仿真，仿真图如图 11.2 所示。

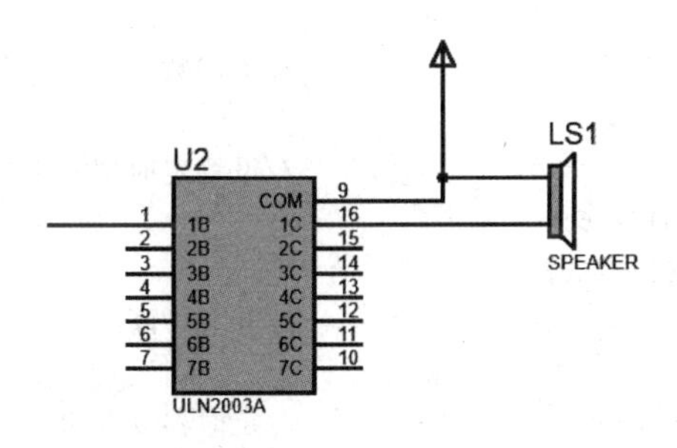

图 11.2　部分仿真电路

由图 11.2 可以看到，蜂鸣器和单片机之间连接了一个 ULN2003。因为 51 单片机 I/O 接口的驱动能力很弱，如果把蜂鸣器的“+”接正电源，蜂鸣器的“−”接单片机的 I/O 接口，并在程序中把这个 I/O 接口置“0”，也许会听到很轻微的响声。但是，如果把蜂鸣器的“−”接电源地，蜂鸣器的“+”接单片机的 I/O 接口，并在程序中把这个 I/O 接口置“1”，则由于单片机的驱动能力不足，会导致听不到响声，需要增加驱动电路才可以。所以，ULN2003 的作用就是驱动蜂鸣器。同样，也可以采用合适功率的三极管搭配相应的电阻来驱动蜂鸣器。

三极管驱动电路仿真图如图 11.3 所示。三极管的价格便宜且其驱动电路连接的电路相对简单，但相对于 ULN2003 来说，其稳定性差，且三极管驱动电路需要调工作点及计算其增益。有兴趣的读者可以上网查阅，该内容不是本节的重点，故在此不作表述。综上所述，选择 ULN2003 进行驱动不失为一种较好的办法。

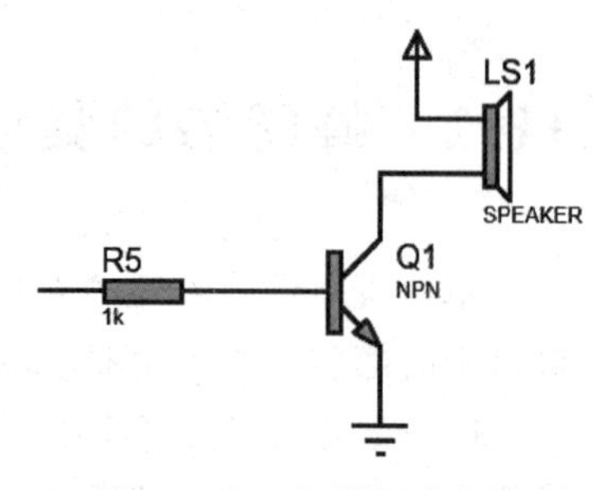

图 11.3 三极管驱动电路

蜂鸣器如果是有源的，因自身具有振荡源，故单片机只要输出电平信号就可以，不需要输出频率信号；如果是无源的，自身不带有振荡源，需要单片机提供频率信号，所以单片机只有输出 PWM 波才可以让蜂鸣器发声。如果单片机的驱动能力差(如 51 单片机)，那么可以在电阻左侧接一个上拉电阻到单片机电源端。V_{CC} 根据蜂鸣器电压进行选择，但不能超过三极管的耐压。

理解了以上内容，就可以用蜂鸣器做一些小实验，如让蜂鸣器播放 3s，再停止 3s，无限循环。

示例代码如下，其连接电路可参考图 11.2。

```
#include <reg52.h>                          //头文件
#define uchar unsigned char                 //宏定义
#define uint unsigned int
void delayms(uint xms);                     //函数声明
sbit buzzer = P0^0;
uchar num, i = 0;
void T0_time()interrupt 1                   //定时器
{
    TH0 = (65535 - 50000)/256;              //定时器装初值
    TL0 = (65535 - 50000) % 256;
    num++;
}
void main()                                 //主函数
{
    TMOD = 0x01;                            //设置定时器 0 工作方式为 1
    TH0 = (65536 - 50000)/256;
    TL0 = (65536 - 50000) % 256;
    EA = 1;                                 //开总中断
    ET0 = 1;
    TR0 = 1;                                //定时器 0 开启
    buzzer = 0;                             //接口置 0,蜂鸣器播放
    while(1)
    {
        if(num == 60)                       //延时 3s
        {
            buzzer = ~buzzer;               //串行口翻转
            num = 0;
        }
    }
```

```
}
void delayms(uint xms)                          //延时函数
{
    uint i,j;
    for(i = xms;i > 0;i -- )
        for(j = 110;j > 0;j -- );
}
```

11.4 蜂鸣器拓展示例

学会了简单的蜂鸣器应用后，就可以在此基础上发挥自己的创造力，我们从简单的音乐基础开始学起。

11.4.1 音调

不同音高的乐音用C、D、E、F、G、A、B来表示，这7个字母就是音乐的音名，它们一般依次唱成Do、Re、Mi、Fa、So、La、Si，即唱成简谱的1、2、3、4、5、6、7，相当于汉字哆、来、咪、发、唆、拉、西的读音，这是唱曲时乐音的发音，所以称为音调，即Tone。把C、D、E、F、G、A、B这一组音的距离分成12等份，每一等份称为一个半音。两个音之间的距离有两个半音，称为全音。在钢琴等键盘乐器上，C-D、D-E、F-G、G-A、A-B两音之间隔着一个黑键，它们之间的距离就是全音；E-F、B-C两音之间没有黑键相隔，它们之间的距离就是半音。通常唱成1、2、3、4、5、6、7的音称为自然音，那些在它们的左上角加上#号或者b号的音称为变化音。#称为升记号，表示把音在原来的基础上升高半音；b称为降记音，表示在原来的基础上降低半音。例如，高音Do的频率(约为1046Hz)刚好是中音Do的频率(约为523Hz)的2倍，中音Do的频率(约为523Hz)刚好是低音Do的频率(约为266Hz)的2倍；同样地，高音Re的频率(约为1175Hz)刚好是中音Re的频率(约为587Hz)的2倍，中音Re的频率(约为587Hz)刚好是低音Re的频率(约为294Hz)的2倍。

11.4.2 节拍

节拍可以让音乐具有旋律(固定的律动)，而且可以调节各个音的快慢度。节拍即Beat，简单说就是打拍子，就像我们听音乐时不由自主地随之拍手或跺脚。若1拍是0.5s，则1/4拍为0.125s。至于1拍为多少秒并没有严格规定，就像人的心跳一样，大部分人的心跳是每分钟72次，有些人快一点，有些人慢一点，只要听得悦耳就好。整体来说，节拍就是音持续时间的长短值，即时值，一般用拍数表示。节拍数在通常简谱上表示为"－"，休止符(0)表示暂停发音。

11.4.3 控制发声频率

计算出某一音频的周期(1/频率)，然后将此周期除以2，即为半周期的时间。利用定时器计时这半个周期的时间,每当计时到后就将输出脉冲的I/O反相,然后重复计时此半周期的时间再对I/O反相,就可在I/O脚上得到此频率的脉冲。利用STC89C52RC单片机的内部定时器使其工作在计数器模式MODE1下,改变计数值TH0及TL0从而产生不同的频率。此外,结束符和休止符可以分别用代码00H和FFH来表示,若结果为0x00,则表示曲子终了;若查表结果为0xff,则产生相应的停顿效果。

以标准音高A为例,A的频率是440Hz,周期$T=1/440\approx 2272(\mu s)$。在占空比为50%的情况下,导通时间=断开时间=半周期$t=2272\mu s/2=1136\mu s$,利用端口的位操作,经过不断地反相变换即可得到标准音高A的音频脉冲。端口导通时间与断开时间利用定时器实现,具体方法是将单片机定时器的中断触发时间设为半周期t,这样每隔半周期端口反相,输出连续的对应音高的频率。

设晶振的频率为f_0,需要产生的音高频率为f,中断触发时间(半周期)为$t(t=1/f/2)$,定时器工作在工作方式1时计数器的初值为THL(可知一次中断过程中,累加次数等于65536−THL),高8位为TH,低8位为TL。时钟周期即为$1/f_0$,定时器每一次累加用去一个机器周期,一个机器周期包含12个时钟周期,即定时器累加一次所用时间是$12/f_0$。定时器在工作方式1下计时采用16位数,最大计数为$2^{16}-1(65535)$,再次加1(65536)溢出触发中断。根据以上分析可得如下关系:

音频对应定时器初值的高8位 $\mathrm{TH}=\mathrm{THL}/(2^8)=(65536-tf_0/12)/256$

音频对应定时器初值的低8位 $\mathrm{TL}=\mathrm{THL}\%(2^8)=(65536-tf_0/12)\%256$

表11.1所示为12MHz晶振下八度12音阶定时器初值。

表11.1 八度12音阶定时器初值(只含自然音,晶振的频率为12MHz)

低音音名	频率/Hz	计数器的初值THL	中音音名	频率/Hz	计数器的初值THL	高音音名	频率/Hz	计数器的初值THL
Do	266	0xF885	Do	523	0xFC43	Do	1046	0xFE21
Re	294	0xF95A	Re	587	0xFCAD	Re	1175	0xFE56
Mi	330	0xFA13	Mi	659	0xFD0A	Mi	1318	0xFE85
Fa	349	0xFA68	Fa	698	0xFD34	Fa	1397	0xFE9A
So	392	0xFB04	So	784	0xFD82	So	1568	0xFEC1
La	440	0xFB90	La	880	0xFDC8	La	1760	0xFEE4
Si	494	0xFC0C	Si	988	0xFE06	Si	1976	0xFF03

11.4.4 控制发声节拍

每个音符的节拍可通过延时一定的时间来实现,在具体实现时需要有一个基本的带参延时程序,用于主函数根据不同的音符调用不同的时延。若以1/16音符的时长为基本延时时间,则16分音符只需调用一次延时程序,8分音符则需调用两次延时程序,以此类推。

11.4.5 简谱编码

将简谱中的每个音符进行编码,每个音符用一个unsigned char字符类型表示,简谱可用一个 unsigned char 字符数组表示。字符的前 4 位表示音频，可以表示 0～F 共 16 个音符。本实例中采用了中音区和高音区。中音 Do～Si 分别编码为 1～7，高音 Do～Si 分别编码为 8～E，停顿编为 0。字符的后 4 位表示节拍，节拍以 16 分音符为单位（在本程序中为 165ms），一拍即 4 分音符，等于 4 个 16 分音符，编为 4，其他的播放时间以此类推。以 0xff 作为曲谱的结束标志。程序从数组中取出一个数，然后分离出高 4 位得到音调，将值赋给定时器 0，得到音调；接着分离出该数的低 4 位，得到节拍。

11.4.6　实例 26：生日快乐歌演奏

用 UNL2003 驱动芯片使蜂鸣器发声，要求蜂鸣器能发出音乐简谱中的 8 个音调，并编成一段音乐，如《欢乐颂》《生日快乐歌》等。按键 1 启动蜂鸣器发声键，按键 2 为暂停键。

例如《生日快乐歌》的程序代码如下：

```
uchar code SOUNDLONG[ ] =                                  //控制节拍
{
 18,6,24,24,24,48,
 18,6,24,24,24,48,
 18,6,24,24,24,24,24,
 18,6,24,24,24,48,0
};
uchar code SOUNDTONE[ ] =                                  //控制音调
{
 212,212,190,212,159,169,
 212,212,190,212,142,159,
 212,212,106,126,159,169,190,
 119,119,126,159,142,159,0
};
```

在这里提示读者，要实现的大多数乐曲在网上都可以找到相应的代码，所以读者在进行实验时可以根据自己的喜好，让蜂鸣器奏响各种乐曲。在这里，通过 for 语句控制变量变化次数来获得 I/O 接口翻转一次所需的时间，进而控制发声频率。通过中断控制发声频率与此类似，有兴趣的读者可以进行尝试。

示例程序代码如下：

```
#include<reg51.h>                                          //头文件
#define uchar unsigned char                                //宏定义
#define uint unsigned int
void delay(uint xms);                                      //延时函数
void matrixkeyscan();                                      //矩阵键盘
void zanting();                                            //暂停函数
void main();
 sbit BEEP = P3^7;                                         //定义 I/O 接口
 uint p = 0;
 void Music(uchar number);
 void delay10us(uchar time);
 void delay50us(uchar time);
 uchar code SOUNDLONG[ ] =                                 //控制节拍
```

```
 {
  18,6,24,24,24,48,
  18,6,24,24,24,48,
  18,6,24,24,24,24,24,
  18,6,24,24,24,48,0
 };
uchar code SOUNDTONE[ ] =                          //控制音调
{
 212,212,190,212,159,169,
 212,212,190,212,142,159,
 212,212,106,126,159,169,190,
 119,119,126,159,142,159,0
};
void Play_Music()                                  //播放函数
{
  uint k,n;                                        //定义变量
  uint SoundLong,SoundTone;
  uint i,m;
  do
  {
      if(i>=25)
      {
          i=0;                                     //该音乐有 25 个音调
          SoundLong=SOUNDLONG[i];
          SoundTone=SOUNDTONE[i];
          i++;
           for(n=0;n<SoundLong;n++)                //控制单个音调的节拍
          {
              matrixkeyscan();                     //矩阵键盘函数
              if(p==2)                             //若暂停键按下
              zanting();
              for(k=0;k<12;k++)                    //产生该音调的频率
              {
                   BEEP=0;
                   for(m=0;m<SoundTone;m++);
                   BEEP=1;                         //I/O 接口翻转
                   for(m=0;m<SoundTone;m++);
              }
          }
          delay50μs(6);
      }
}while((SOUNDLONG[i]!=0)||(SOUNDTONE[i]!=0));
void delay10μs(uchar time)                         //time×10μs 的延时
{
    uchar a,b,c;
    for(a=0;a<time;a++)
        for(b=0;b<10;b++)
            for(c=0;c<120;c++);
}
void delay50μs(uchar time)                         //time×50μs 的延时
{
```

```
    uchar a,b;
    for(a = 0;a < time;a++)
        for(b = 0;b < 6;b++);
}
void main()
{
    BEEP = 0;
    while(1)
    {
        matrixkeyscan();
        if(p == 1)                              //若播放键按下
        {
            Play_Music();                       //播放音乐
            delay10μs(250);                     //一首歌播放完后延时
        }
    }
}
void matrixkeyscan()                            //编写矩阵键盘函数
{
    uchar temp,key;
    P2 = 0xfe;
    temp = P2;
    temp = temp&0xf0;
    if(temp!= 0xf0)
    {
        delay(25);
        temp = P2;
        switch(temp)
        {
            case 0xee:
            p = 1;
            break;
            case 0xde:
            break;
        }
        while(temp!= 0xf0)
        {
            temp = P2;
            temp = temp&0xf0;
        }
    }
    P2 = 0xfd;
    temp = P2;
    temp = temp&0xf0;
    if(temp!= 0xf0)
    {
        delay(25);
        temp = P2;
        temp = temp&0xf0;
        if(temp!= 0xf0)
        {
```

```
                temp = P2;
                switch(temp)
                {
                    case 0xed:
                    p = 2;
                    break;
                    case 0xdd:
                    break;
                }
                while(temp!= 0xf0)
                {
                    temp = P2;
                    temp = temp&0xf0;
                }
            }
        }
}
void delay(uint xms)                                    //毫秒级延时函数
{
    uint i,j;
    for(i = xms;i > 0;i -- )
        for(j = 110;j > 0;j -- );
}
void zanting()                                          //暂停函数编写
{
    while(1)
    {
        BEEP = 0;
        matrixkeyscan();
        if(p == 1)                                      //若播放键按下
        Play_Music();
    }
}
```

播放《两只蝴蝶》示例程序，通过控制中断实现不同音调的输出，代码如下：

```
#include < reg51.h >                                  //头文件
#define uchar unsigned char
sbit beepIO = P1^5;                                   //输出接口为 P1.5
uchar m,n;
uchar code T[49][2] = {{0,0},{0xF8,0x8B},             //控制音调
{0xF8,0xF2},{0xF9,0x5B},{0xF9,0xB7},
{0xFA,0x14},{0xFA,0x66},{0xFA,0xB9},
{0xFB,0x03},{0xFB,0x4A},{0xFB,0x8F},
{0xFB,0xCF},{0xFC,0x0B},{0xFC,0x43},
{0xFC,0x78},{0xFC,0xAB},{0xFC,0xDB},
{0xFD,0x08},{0xFD,0x33},{0xFD,0x5B},
{0xFD,0x81},{0xFD,0xA5},{0xFD,0xC7},
{0xFD,0xE7},{0xFE,0x05},{0xFE,0x21},
{0xFE,0x3C},{0xFE,0x55},{0xFE,0x6D},
{0xFE,0x84},{0xFE,0x99},{0xFE,0xAD},
```

```
{0xFE,0xC0},{0xFE,0x02},{0xFE,0xE3},
{0xFE,0xF3},{0xFF,0x02},{0xFF,0x10},
{0xFF,0x1D},{0xFF,0x2A},{0xFF,0x36},
{0xFF,0x42},{0xFF,0x4C},{0xFF,0x56},
{0xFF,0x60},{0xFF,0x69},{0xFF,0x71},
{0xFF,0x79},{0xFF,0x81}};
uchar code music[][2] = {{0,4},{23,4},                    //乐谱的音调和节拍
{21,4},{23,16},{23,4},{21,4},{23,4},
{21,4},{19,16},{16,4},{19,4},{21,8},
{21,4},{23,4},{21,4},{19,4},{16,4},
{19,4},{14,24},{23,4},{21,4},{23,16},
{23,4},{21,4},{23,4},{21,4},{19,24},
{16,4},{19,4},{21,8},{21,4},{23,4},
{21,4},{19,4},{16,4},{19,4},{21,24},
{23,4},{21,4},{23,16},{23,4},{21,4},
{23,4},{21,4},{19,16},{16,4},{19,4},
{21,8},{21,4},{23,4},{21,4},{19,4},
{16,4},{19,4},{14,24},{23,4},{26,4},
{26,16},{26,4},{28,4},{26,4},{23,24},
{21,4},{23,4},{21,8},{21,4},{23,4},
{21,4},{19,4},{16,4},{16,2},{19,2},
{19,24},{0,20},{26,4},{26,4},{28,4},
{31,4},{30,4},{30,4},{28,4},{23,4},
{21,4},{21,4},{23,16},{0,4},{23,4},
{23,4},{26,4},{28,8},{28,12},{16,4},
{23,4},{21,4},{21,24},{23,4},{26,4},
{26,4},{23,4},{26,8},{0,4},{31,8},
{30,4},{28,4},{30,4},{23,8},{0,4},
{28,4},{28,4},{30,4},{28,4},{26,4},
{23,4},{21,8},{23,4},{21,4},{23,4},
{26,16},{0xFF,0xFF}};
void delay(uchar p)                                        //延时函数
{
    uchar i,j;
    for(;p>0;p--)
    for(i=181;i>0;i--)
    for(j=181;j>0;j--);
}
void pause()
{
    uchar i,j;
    for(i=150;i>0;i--)
    for(j=150;j>0;j--);
}
void T0_int() interrupt 1                                  //定时器
{
    beepIO=!beepIO;                                        //I/O接口翻转,产生频率信号
    TH0=T[m][0]; TL0=T[m][1];                              //音调对应定时器初值
}
void main()
{
```

```
    uchar i = 0;
    TMOD = 0x01; EA = 1; ET0 = 1;                    //定时器 0 以工作方式 1 工作
    while(1)
    {
        m = music[i][0];                             //m 表示乐谱对应音调
        n = music[i][1];                             //n 表示乐谱对应节拍
        if(m == 0x00)                                //m = 0 表示休止符
            {TR0 = 0;delay(n);i++;}
        else if(m == 0xFF)                           //表示音乐结束
            {TR0 = 0;delay(30);i = 0;}
        else if(m == music[i + 1][0])                //若音调相同,需要隔离
            {TR0 = 1;delay(n);TR0 = 0;pause();i++;}
        else
            {TR0 = 1;delay(n);i++;}
    }
}
```

第12章 直流电动机

本章重点介绍直流电动机(Direct Current Machine),并结合单片机控制,实现电动机的正反转；通过实例,对电动机的使用部分进行详细说明。

12.1 直流电动机概述

直流电机是指能将直流电能转换成机械能(直流电动机)或将机械能转换成直流电能(直流发电机)的旋转电机。它是能实现直流电能和机械能相互转换的电机。直流电动机实物如图12.1所示。

图12.1 直流电动机实物

直流电动机具有以下优点：结构紧凑,体积小,承受过载能力强；能耗低,性能优越,以直流电动机作为减速器的效率高达96%,振动小,噪声低；响应快速,启动转矩较大,从零转速至额定转速过程中具备可提供额定转矩的性能,高效率,高效区域大,功率和转矩密度高,功率因数($\cos\phi$)接近1,系统效率大于90%。

12.2 直流电动机的基本工作原理

图12.2所示为两极直流电动机模型,它的固定部分(定子)装设了一对直流励磁的静止的主磁极N和S,旋转部分(转子)装设有电枢铁芯。定子与转子之间有一气隙。在电枢铁芯上放置了由A和X两根导体连成的电枢绕组,绕组的首端和末端分别连到两个圆弧形的铜片上,此铜片称为换向片。换向片与电刷构成换向器。换向器固定在转轴上,换向片与转轴

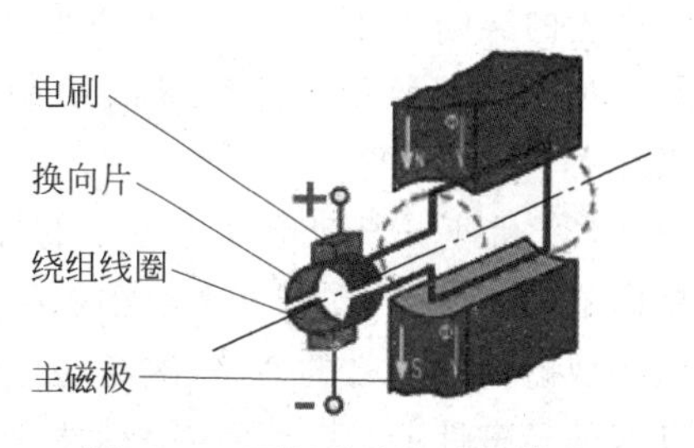

图12.2 两极直流电动机模型

之间互相绝缘。在换向片上放置着一对固定不动的电刷 B1 和 B2,当电枢旋转时,电枢绕组通过换向片和电刷与外电路接通。

12.2.1 直流电动机的结构

直流电动机的结构由定子和转子两大部分组成,如图 12.3 和图 12.4 所示。直流电动机运行时静止不动的部分称为定子,定子的主要作用是产生磁场,由机座、主磁极、换向磁极和电刷装置等组成;运行时转动的部分称为转子,其主要作用是产生电磁转矩和感应电动势,是直流电动机进行能量转换的枢纽,所以通常又称为电枢,由转轴、电枢铁芯、电枢绕组、换向器和风扇等组成。

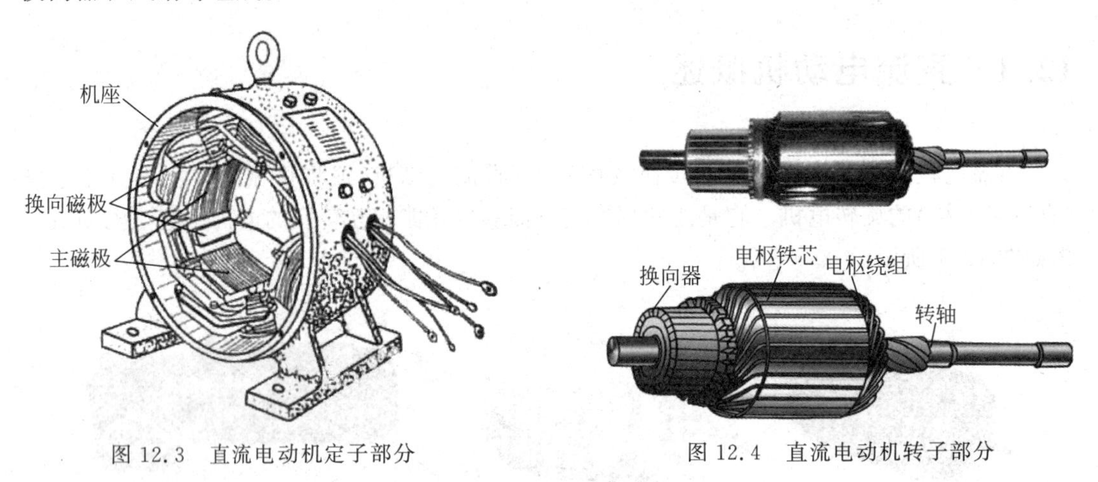

图 12.3　直流电动机定子部分　　图 12.4　直流电动机转子部分

1. 直流电动机定子

(1) 主磁极。主磁极的作用是产生气隙磁场。主磁极由主磁极铁芯和励磁绕组两部分组成。

铁芯一般用 0.5～1.5mm 厚的硅钢板冲片叠压铆紧而成,分为极身和极靴两部分,上面套励磁绕组的部分称为极身,下面扩宽的部分称为极靴,极靴宽于极身,既可以调整气隙中磁场的分布,又便于固定励磁绕组。励磁绕组用绝缘铜线绕制而成,套在主磁极铁芯上。整个主磁极用螺钉固定在机座上。

(2) 换向磁极。换向磁极的作用是改善换向,减小电动机运行时电刷与换向器之间可能产生的换向火花,一般装在两个相邻主磁极之间,由换向磁极铁芯和换向磁极绕组组成。换向磁极绕组由绝缘导线绕制而成,套在换向磁极铁芯上,换向磁极的数目与主磁极相等。

(3) 机座。直流电动机定子的外壳称为机座。机座的作用有两个:一是固定主磁极、换向磁极和端盖,并对整个电动机起支撑和固定作用;二是机座本身也是磁路的一部分,借以构成磁极之间磁的通路,磁通通过的部分称为磁轭。为保证机座具有足够的机械强度和良好的导磁性能,其一般为铸钢件或由钢板焊接而成。

(4) 电刷装置。电刷装置是用来引入或引出直流电压和直流电流的。电刷装置由电刷、刷握、刷杆和刷杆座等组成。电刷放在刷握内，用弹簧压紧，使电刷与换向器之间有良好的滑动接触，刷握固定在刷杆上，刷杆装在圆环形的刷杆座上，相互之间必须绝缘。刷杆座装在端盖或轴承内盖上，圆周位置可以调整，调整好以后加以固定。

2. 直流电动机转子

(1) 电枢铁芯。电枢铁芯是主磁路的主要部分，同时用来嵌放电枢绕组。电枢铁芯一般由 0.5mm 厚的硅钢片冲制而成的冲片叠压组成，以降低电动机运行时电枢铁芯中产生的涡流损耗和磁滞损耗。叠压的铁芯固定在转轴或转子支架上。铁芯的外圆开有电枢槽，槽内嵌放电枢绕组。

(2) 电枢绕组。电枢绕组的作用是产生电磁转矩和感应电动势，是直流电动机进行能量变换的关键部件，所以称为电枢绕组。电枢绕组由许多绕组按一定规律连接而成，绕组采用高强度漆包线或玻璃丝包扁铜线绕成，不同绕组的绕组边分上、下两层嵌放在电枢槽中，绕组与铁芯之间及上、下两层线圈边之间都必须妥善绝缘。为防止离心力将绕组边甩出槽外，槽口用槽楔固定。绕组伸出槽外的端接部分用热固性无纬玻璃带进行绑扎。

(3) 换向器。在直流电动机中，换向器配以电刷，能将外加直流电源转换为电枢绕组中的交变电流，使电磁转矩的方向恒定不变；在直流发电机中，换向器配以电刷，能将电枢绕组中感应产生的交变电动势转换为正、负电刷上引出的直流电动势。换向器是由许多换向片组成的圆柱体，换向片之间用云母片绝缘。

(4) 转轴。转轴起转子旋转的支撑作用，需有一定的机械强度和刚度，一般用圆钢加工而成。

12.2.2 常见的直流电动机

1. 直流减速电动机

直流减速电动机即齿轮减速电动机，其在普通直流电动机的基础上加上了配套齿轮减速箱，如图 12.5 所示。齿轮减速箱的作用是提供较低的转速及较大的力矩。同时，齿轮减速箱不同的减速比可以提供不同的转速和力矩，这大大提高了直流减速电动机在自动化行业中的使用率。直流减速电动机是减速机和电动机的集成体，这种集成体通常也可称为齿轮马达或齿轮电动机，通常由专业的减速机生产厂家集成组装好后成套供货。直流减速电动机广泛应用于钢铁行业、机械行业等。使用直流减速电动机的优点是简化设计，节省空间。

2. 直流伺服电动机

直流伺服电动机(Servo Motor)(图 12.6)包括定子、转子铁芯、电动机转轴、伺服电动机绕组换向器、伺服电动机绕组、测速电动机绕组、测速电动机换向器，其中，转子铁芯由矽钢冲片叠压固定在电动机转轴上制造而成。

伺服主要靠脉冲来定位，伺服电动机接收到 1 个脉冲，就会旋转 1 个脉冲对应的角度，从而实现位移。因为伺服电动机本身具备发出脉冲的功能，所以伺服电动机每旋转一个角

图 12.5 直流减速电动机

图 12.6 直流伺服电动机

度，都会发出对应数量的脉冲，这样就和伺服电动机接收的脉冲形成了呼应(或者称为闭环)。如此一来，系统就会知道发了多少脉冲给伺服电动机，同时又收了多少脉冲回来，这样就能够很精确地控制电动机的转动，从而实现精确的定位，定位精度可以达到 0.001mm。

直流伺服电动机特指直流有刷伺服电动机，其成本高，结构复杂，启动转矩大，调速范围宽，控制容易，需要维护，但维护不方便(换碳刷)，会产生电磁干扰，对环境有要求。因此，它可以用于对成本敏感的普通工业和民用场合。

直流伺服电动机不包括直流无刷伺服电动机，其体积小，质量小，出力大，响应快，速度快，惯量小，转动平滑，力矩稳定，其电动机功率有局限，做不大，容易实现智能化，电子换相方式灵活，可以方波换相或正弦波换相，免维护，不存在碳刷损耗的情况，效率很高，运行温度低，噪声小，电磁辐射小，寿命长，可用于各种环境。

3. 永磁直流电动机

图 12.7 永磁直流电动机

永磁直流电动机(图 12.7)按照有无电刷可分为永磁无刷直流电动机和永磁有刷直流电动机，永磁直流电动机是用永磁体建立磁场的一种直流电动机，其广泛应用于各种便携式的电子设备或器具中，如录音机、VCD 机、电动按摩器及各种玩具；也广泛应用于汽车、摩托车、电动自行车、蓄电池车、船舶、航空、机械等行业；在一些高精尖产品中也有广泛应用，如录像机、复印机、照相机、手机、精密机床、银行点钞机、捆钞机等。

12.3 直流电动机驱动概述(PWM 的概念)

PWM 是通过改变数字方波中高电平的持续时间，对外部模块进行控制的一种方式，具有精确简单的控制模拟电路。图 12.8 所示为 PWM 波形。

PWM 的频率是指信号每秒从上升沿到下一个上升沿的次数。占空比是高电平持续时间和周期之比，计算方法如下：

$$占空比 = t/T$$

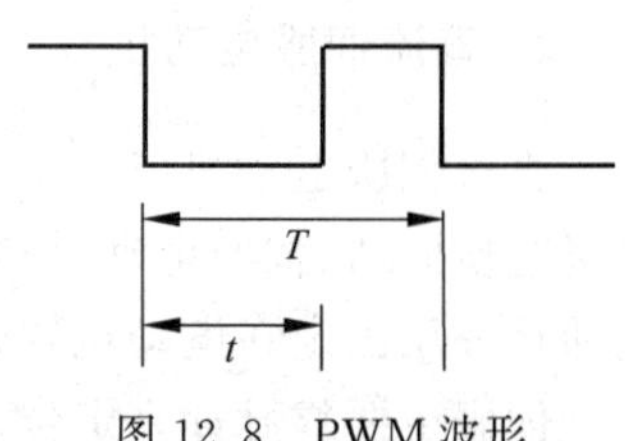

图 12.8 PWM 波形

PWM 的频率越高，其对输出的响应就会越快；PWM 的频率越低，其对输出的输出响应就会越慢。PWM 的调节作用来源于对“占周期”的宽度控制，“占周期”变宽，输出的能量就会提高，通过阻容变换电路所得到的平均电压也会上升；“占周期”变窄，输出的能量就会降低，通过阻容变换电路所得到的平均电压也会下降。PWM 就是通过这种原理实现 D/A 转换的。

输出 PWM 的两种方式是硬件控制方式和软件控制方式。

许多微控制器内部都包含 PWM 控制器。例如，Microchip 公司的 PIC16C67 单片机内含两个 PWM 控制器，每一个都可以选择接通时间和周期。执行 PWM 操作之前，要求这种微处理器在软件中完成以下工作。

(1) 设置提供调制方波的片上定时器/计数器的周期。

(2) 在 PWM 控制寄存器中设置接通时间。

(3) 设置 PWM 输出的方向，该输出是一个通用 I/O 引脚。

(4) 启动定时器。

(5) 使能 PWM 控制器。

如今绝大多数市售的单片机都有 PWM 模块功能，若没有(如 STC80C51 单片机)，也可以利用定时器及 I/O 接口来实现。更为一般的 PWM 模块控制流程如下。

(1) 使能相关的模块(PWM 模块及对应引脚的 I/O 模块)。

(2) 配置 PWM 模块的功能，具体如下。

① 设置 PWM 定时器周期，该参数决定 PWM 波形的频率。

② 设置 PWM 定时器比较值，该参数决定 PWM 波形的占空比。

③ 设置死区(Deadband)。为避免桥臂的直通，需要设置死区，通常在控制信号翻转后到反馈信号稳定的一段时间内对反馈信号的运算电路进行屏蔽，这段时间就是死区时间，一般较高级的单片机都有该功能。

④ 设置故障处理情况，一般故障是电机堵转，为防止过电流损坏功率管，故障一般由比较器或 A/C 或 GPIO 检测。

⑤ 设定同步功能，该功能在多桥臂，即多 PWM 模块协调工作时尤为重要。

⑥ 设置相应的中断，编写 ISR(Interrupt Service Routines，中断服务程序)，一般用于电压、电流采样，计算下一个周期的占空比，更改占空比，这部分也会有 PI 控制的功能。

⑦ 使能 PWM 波形发生。

在 STC80C52 单片机中不能直接通过硬件输出 PWM 波，因此需要通过软件设置周期、占空比来实现，具体实现过程见示例程序。

12.4 直流电动机的基本应用

直流电动机在冶金、矿山、化工、交通、机械、纺织、航空等领域中已经得到了广泛的应用。以往直流电动机的控制只是简单的控制，很难进行调速，不能实现智能化，而如今直流电动机的调速控制已经离不开单片机的支持。单片机应用技术的飞速发展促进了自动控制技术的发展，使人类社会步入了自动化时代，单片机应用技术与其他学科领域交叉融合，促进了学科发展和专业更新，引发了新兴交叉学科与技术的不断涌现。由于单片机的体积小、质量小、功能强、抗干扰能力强、控制灵活、应用方便、价格低廉等特点，计算机性能不断提高，单片机的应用也更加广泛，特别是在各种领域的控制、自动化等方面。

控制电动机运动，如转向、速度、角度，是单片机在机电控制中的一个典型应用。本节以AT80C52单片机为核心，采用PWM控制技术对电动机进行过程控制，通过对占空比的调节达到精确调速的目的。

为防止在焊接电路板时烧坏电动机，要先用Proteus软件进行原理图的仿真。

12.4.1 实例27：简单的单向电动机控制

如图12.9所示，该电路只能使电动机向一个方向旋转，通过P2.3接口输出PWM，再通过三极管驱动电动机，可实现电动机的速度控制。一般情况下采用L298N模块驱动电动机，模块具体信息见12.4.2小节。这是因为单片机自身驱动能力较弱，无法带动大电流，而电动机驱动往往需要较高的电流。

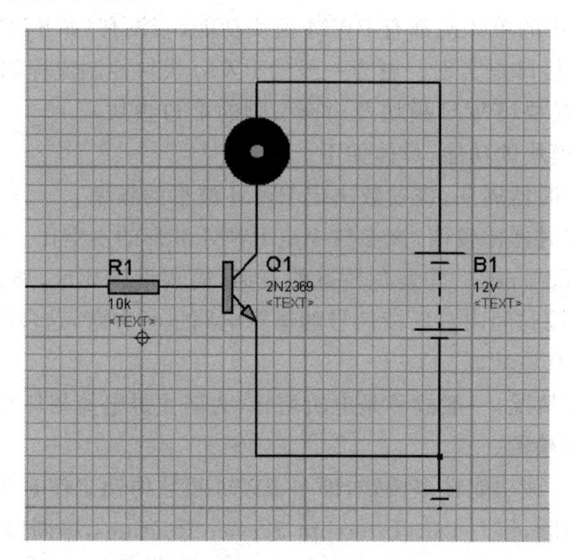

图12.9 电动机控制电路

程序代码如下：

```
#include <reg52.h>                          //头文件
sbit IN1 = P2^3;                            //电动机控制接口为P2.3
int num = 0;
void Init();
int main()
{
    Init();
    while(1)
}
void Init()                                 //定时器初始化函数
{
```

```
    TMOD = 0x01;                              //定时器 0 以工作方式 1 工作
    TH0 = (65536 - 100)/256;
    TL0 = (65536 - 100) % 256;
    EA = 1;
    ET0 = 1;
    TR0 = 1;
}
void Timer_0(void) interrupt 1
{
    TH0 = (65536 - 100)/256;
    TL0 = (65536 - 100) % 256;
    num++;
    if(num <= 10)                             //占空比的设定,此处为 50%
    IN1 = 1;
    else
    IN1 = 0;
    if(num > 20)                              //周期
        num = 0;
}
```

12.4.2　实例 28：控制电动机的正/反转

298 驱动芯片如图 12.10 所示，L298N 是专用驱动集成电路，属于 H 桥集成电路，输出电流大，功率强。其输出电流为 2A，最高电流为 4A，最高工作电压为 50V，可以驱动感性负载，如大功率直流电动机、步进电动机、电磁阀等，特别是其输入端可以与单片机直接相连，从而很方便地受单片机控制。当驱动直流电动机时，可以直接控制步进电动机，并可以实现电动机正转与反转。要实现此功能，只需改变输入端的逻辑电平。为了避免电动机对单片机的干扰，可加入光耦进行光电隔离，从而使系统能稳定可靠地工作。电动机与单片机连接电路如图 12.11 所示。

图 12.10　298 驱动芯片

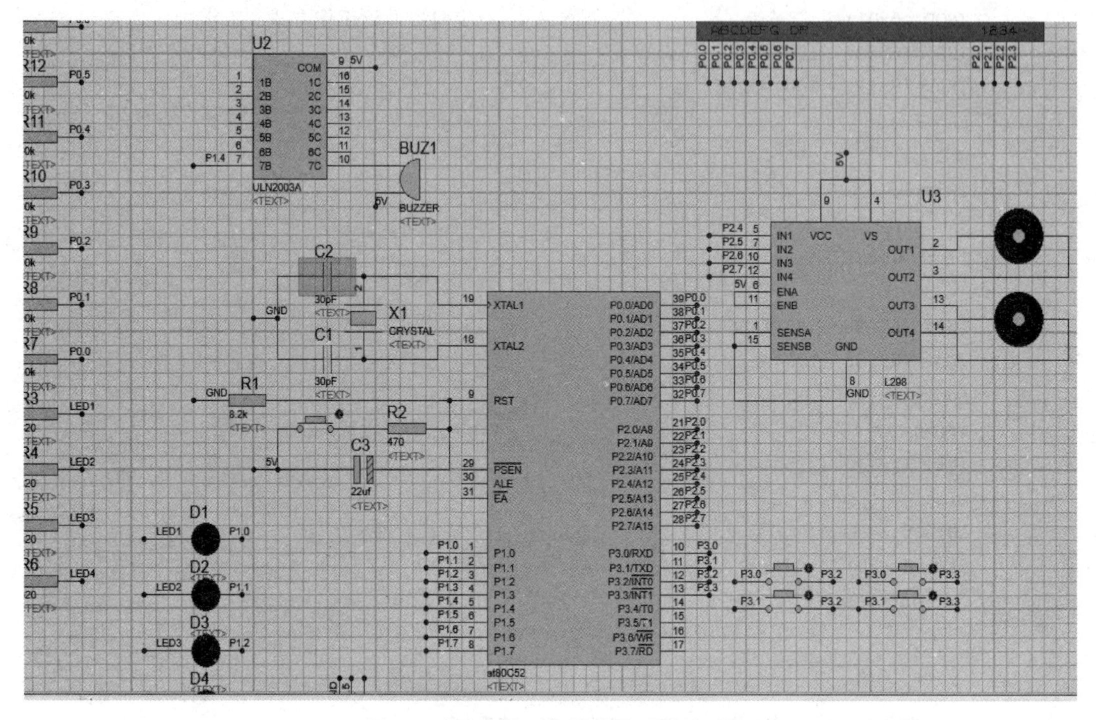

图 12.11　电动机与单片机连接电路

表 12.1 所示为电动机转动编码状态

表 12.1　电动机转动编码状态

左电动机		右电动机		左电动机	右电动机	电动车运行状态
IN1	IN2	IN3	IN4			
1	0	1	0	正转	正转	前行
1	0	0	1	正转	反转	左转
1	0	1	1	正转	停	以左电动机为中心原地左转
0	1	1	0	反转	正转	右转
1	1	1	0	停	正转	以右电动机为中心原地右转
0	1	0	1	反转	反转	后退

实现功能：通过按键控制 4 个 PWM 输出，从而控制两个电动机正/反转，代码如下。

```
#include < reg52.h >
#define uchar unsigned char
#define uint unsigned int
sbit A1 = P2^4;
sbit A2 = P2^5;
sbit B1 = P2^6;
sbit B2 = P2^7;
uchar jsa = 0,jsb = 0,sd = 0,key = 0,zf = 0,off = 0,PWM_bai = 0,PWM_shi = 0,PWM_ge = 0;
uint us_1X = 0,PWM_jsa = 0,PWM_jsb = 0;
void T0_time() interrupt 1
{
```

```
        TH0 = (65536 - 1)/256;                          //1μs 加一次
        TL0 = (65536 - 1) % 256;                        //2kHz
        us_1X++;
        if(us_1X > 500)                                 //定时器清空,重新开始
        us_1X = 0;
}
uchar code table1[] =                                   //数码管显示
{
        0x3f,                                           //0
        0x06,0x5b,0x4f,0x66,0x6d,                       //1~5
        0x7d,0x07,0x7f,0x6f                             //6~9
};
void delay(uchar x)
{
        uchar i,j;
        for(i = x;i > 0;i -- )
            for(j = 110;j > 0;j -- );
}
void PWM_xs()
{
        if(sd == 0)
        {
            PWM_bai = jsa/100;
            PWM_shi = jsa/10 % 10;
            PWM_ge = jsa % 10;
        }
        if(sd == 1)
        {
            PWM_bai = jsb/100;
            PWM_shi = jsb/10 % 10;
            PWM_ge = jsb % 10;
        }
        P1 = 0xfb;                                      //数码管显示
        P0 = table1[PWM_bai];
        delay(1);
        P1 = 0xfd;
        P0 = table1[PWM_shi];
        delay(1);
        P1 = 0xfe;
        P0 = table1[PWM_ge];
        delay(1);
}
void jianpan()                                          //矩阵键盘
{
        uchar temp;
        P3 = 0xfe;
        temp = P3;
        temp = temp&0xfc;
        if(temp!= 0xfc)
        {
            delay(20);
```

```
        temp = P3;
        temp = temp&0xfc;
        if(temp!= 0xfc)
        {
            temp = P3;
            switch(temp)
            {
                case 0xfa:
                if(sd == 0)
                {
                 jsa = jsa + 10;
                      if(jsa > 100)
                      jsa = 0;
                }
                if(sd == 1)
                {
                      jsb = jsb + 10;
                      if(jsb > 100)
                      jsb = 0;
                }
                break;
                   case 0xf6:
                     sd++;
                     off = 1;
                   break;
            }
            while(temp!= 0xfc)                          //松手检测
            {
                temp = P3;
                temp = temp&0xfc;
            }
        }
    }
    P3 = 0xfd;
    temp = P3;
    temp = temp&0xfc;
    if(temp!= 0xfc)
    {
        delay(20);
        temp = P3;
        temp = temp&0xfc;
        if(temp!= 0xfc)
        {
            temp = P3;
            switch(temp)
            {
                case 0xf9:
                     key++;
                     break;
                case 0xf5:
                    zf++;
```

```
                if(zf > 2)
                zf = 1;
                off = 0;
                break;
            }
            while(temp!= 0xfc)                          //松手检测
            {
                temp = P3;
                temp = temp&0xfc;
            }
        }
    }
}
void main()
{
    TMOD = 0X01;
    TH0 = (65536 - 1)/256;
    TL0 = (65536 - 1) % 256;
    EA = 1;                                             //定时器开启
    ET0 = 1;
    TR0 = 1;
    while(1)
    {
        jianpan();
        PWM_xs();
        if(key == 2)
        {
            P1 = 0xff;
            jsa = 0,jsb = 0,sd = 0,key = 0,zf = 0,off = 0,PWM_bai = 0,PWM_shi = 0,PWM_ge = 0;
            us_1X = 0,PWM_jsa = 0,PWM_jsb = 0;
        }
        PWM_jsa = jsa * 5;
        PWM_jsb = jsb * 5;
        if(key == 1)
            P0 = 0xff;
        while(key == 1)
        {
            jianpan();
            while(key == 1&&zf == 1)
            {
                jianpan();
                if(off == 1)
                {
                    P1 = 0xff;
                }
                if(off == 0)
                {
                    A2 = 0;
                    B2 = 0;
                if(us_1X > = 0&&us_1X < PWM_jsa)        //0 % - PWM_jsa 高电平
                    A1 = 1;
```

```
                    if(us_1X > PWM_jsa&&us_1X <= 500)       //PWM_jsa - 100 % 低电平
                        A1 = 0;
                    if(us_1X >= 0&&us_1X < PWM_jsb)         //0 % - PWM_jsb 高电平
                        B1 = 1;
                    if(us_1X > PWM_jsb&&us_1X <= 500)       //PWM_jsb - 100 % 低电平
                        B1 = 0;
                }
            }
            while(key == 1&&zf == 2)
            {
                jianpan();
                if(off == 1)
                {
                    P1 = 0xff;
                }
                if(off == 0)
                {
                    A1 = 0;
                    B1 = 0;
                    if(us_1X >= 0&&us_1X < PWM_jsa)         //0 % - PWM_jsa 高电平
                        A2 = 1;
                    if(us_1X > PWM_jsa&&us_1X <= 500)       //PWM_jsa - 100 % 低电平
                        A2 = 0;
                    if(us_1X >= 0&&us_1X < PWM_jsb)         //0 % - PWM_jsb 高电平
                        B2 = 1;
                    if(us_1X > PWM_jsb&&us_1X <= 500)       //PWM_jsb - 100 % 低电平
                        B2 = 0;
                }
            }
        }
    }
```

第13章 步进电动机

为了便于理解,读者可以先将步进电动机理解为一种可以旋转固定角度的电动机,即可以在精确地控制下旋转一定的角度。一般的步进电动机的最小步进角度可以不到10°,更精密的可以达到小数位,所以在需要精准控制的场合,步进电动机具有不可替代的作用。直流电动机不可能实现这样的高精度,因此步进电动机的应用则更贴近我们的生活,如读取光盘的光驱、计算机上的机械硬盘、3D打印机等,步进电动机都是组成这些设备的元件之一。在今后的实践中,我们也会用到步进电动机。本章将详细介绍步进电动机的理论知识与实际应用。

13.1 步进电动机概述

本节内容为实际使用与设计时的应用知识,可以仅作为了解。

步进电动机是将电脉冲信号转变为角位移或线位移的开环控制元器件。在非超载情况下,电动机的转速、停止位置只取决于脉冲信号的频率和脉冲数,而不受负载变化的影响。当步进驱动器接收到一个脉冲信号后,驱动步进电动机按设定的方向转动一个固定的角度,称为步距角,它的旋转是以固定的角度一步一步运行的。可以通过控制脉冲个数来控制角位移量,从而达到准确定位的目的;同时可以通过控制脉冲频率来控制电动机转动的速度和加速度,从而达到调速的目的。

步进电动机是一种感应电动机,它的工作原理是利用电子电路将直流电变成分时供电的多相时序控制电流,用这种电流为步进电动机供电使其正常工作,驱动器就是为步进电动机分时供电的多相时序控制器。步进电动机是直流无刷电动机的一种,具有如齿轮状突起(小齿)相契合的定子和转子,可自由切换流向定子绕组中的电流,是一种以一定角度逐步转动的电动机。步进电动机采用开回路控制处理,不需要运转量检知器或编码器,且切换电流触发器的是脉波信号,不需要位置检出和速度检出的回收装置,所以步进电动机可正确地依比例追随脉波信号而转动,能达到精确的位置和速度控制,且稳定性佳。

虽然步进电动机已被广泛应用,但步进电动机并不能像普通的直流电动机、交流电动机那样在常规下使用。它必须由双环形脉冲信号、功率驱动电路等组成控制系统后方可使用。因此,用好步进电动机并非易事,它涉及机械、电动机、电子及计算机等许多专业知识。步进电动机作为执行元件,是机电一体化的关键产品之一,广泛应用在各种自动化控制系统中。

随着微电子和计算机技术的发展，步进电动机的需求量与日俱增，在各个国民经济领域都有广泛应用。

13.1.1 步进电动机的分类

步进电动机在构造上有 3 种主要类型：反应式(variable reluctance)、永磁式(Permanent Magnet)和混合式(Hybrid Stepping)。

(1) 反应式步进电动机：定子上有绕组，转子由软磁材料组成。反应式步进电动机结构简单，成本低，步距角小，可达 1.2°；但动态性能差，效率低，发热大，可靠性难以保证。

(2) 永磁式步进电动机：转子用永磁材料制成，转子的极数与定子的极数相同。其特点是动态性能好，输出力矩大，但这种电动机精度差，步距角大(一般为 7.5°或 15°)。

(3) 混合式步进电动机：综合了反应式步进电动机和永磁式步进电动机的优点，其定子上有多相绕组，转子上采用永磁材料，转子和定子上均有多个小齿以提高步矩精度。其特点是输出力矩大，动态性能好，步距角小，但结构复杂，成本相对较高。

步进电动机的步距角构造如图 13.1 所示。

按定子上绕组来分，共有二相步进电动机、三相步进电动机和五相步进电动机等系列。其中最受欢迎的是二相混合式步进电动机，约占 97%以上的市场份额，其原因是性价比高，配上细分驱动器后效果良好。该种电动机的基本步距角为 1.8°/步，配上半步驱动器后，步距角减少为 0.9°；配上细分驱动器后，其步距角可细分达 256 倍(0.007°/微步)。由于摩擦力和制造精度等原因，其实际控制精度略低。同一步进电动机可配不同细分的驱动器以改变精度和效果。普通步进电动机和直流减速步进电动机如图 13.2 和图 13.3 所示。

图 13.1 步进电动机的步距角构造

图 13.2 普通步进电动机

图 13.3 直流减速步进电动机

13.1.2 步进电动机的系统组合

步进电动机的系统组合由控制器、驱动器和电动机本体组成。

(1) 控制器：发出运转指令，传送需求速度及运转量的指令脉波信号，需使用步进电动机专用控制器或可编程控制器的定位模组。传送的运转指令脉波信号呈现矩形的波形，是间断性的发出信号。

(2) 驱动器：提供电力以保证电动机按指令运转，驱动器会随控制器传送来的脉波信号来控制电力，决定电流的流通顺序来激磁回路，并控制提供给电动机的电力以驱动回路。

电动机本体：将电力转化为动力，并按指令需求脉波数运转。

13.1.3 步进电动机的选用

步进电动机的选用必须注意以下几点。

(1) 步距角：步进电动机的分辨率(此指1脉波的移动量)。步进电动机的步距角根据电动机旋转一圈(360°)而分割成多少份决定。

(2) 转动速度：脉波输入速度(pulse/s)。转动速度根据电动机转矩变化。

(3) 转矩：选择步进电动机时，其由有负荷时的最大转矩(kg·m)的1.5～2倍来决定。

(4) 负荷性惯量：根据使用场合计算负荷性惯量，再根据步进电动机规格表选择允许使用的负荷性惯量，需大于计算值1.3倍以上。

(5) 驱动：连接控制器或直接接收外部信号，进而控制步进电动机动作。驱动器直接影响步进电动机的性能。

(6) 搭配减速机：使用减速机型步进电动机可达到减速，高转矩，高分辨率，降低施加于电动机轴的负荷惯性惯量，改善启动与停止时的阻尼特性，进而降低运转振动的效果。

13.1.4 步进电动机的基本参数

以步进电动机在空载情况下能够正常启动的脉冲频率为基准，如果脉冲频率高于该值，电动机不能正常启动，可能发生丢步或堵转。在有负载的情况下，启动频率更低。如果要使步进电动机达到高速转动，脉冲频率应该有加速过程，即启动频率较低，然后按一定加速度升到所希望的高频(步进电动机转速从低速升到高速)。

步进电动机固有步距角：表示控制系统每发一个步进脉冲信号步进电动机所转动的角度。步进电动机出厂时会给出一个步距角值，如86BYG250A型电动机给出的值为0.9°/1.8°(表示半步工作时为0.9°，整步工作时为1.8°)。该步距角可以称为"电动机固有步距角"，它不一定是步进电动机实际工作时的真正步距角，真正步距角和驱动器有关。

步进电动机相数：步进电动机内部的绕组组数，目前常用的有二相步进电动机、三相步进电动机、四相步进电动机、五相步进电动机。步进电动机相数不同，其步距角也不同，一般二相步进电动机的步距角为0.9°/1.8°，三相步进电动机的步距角为0.75°/1.5°，五相步进电动机的步距角为0.36°/0.72°。在没有细分驱动器时，用户主要靠选择不同相数的步进电动机来满足对步距角的要求；如果使用细分驱动器，则"相数"将变得没有意义，用户只需在驱动器上改变细分数即可改变步距角。

保持转矩(holding torque)：步进电动机通电但没有转动时定子锁住转子的力矩。它是步进电动机非常重要的参数之一，通常步进电动机在低速时的力矩接近保持转矩。由于步进电动机的输出力矩随速度的增大而不断衰减，输出功率也随速度的增大而变化，因此保持转矩就成为衡量步进电动机重要的参数之一。例如，2N·m的步进电动机，在没有特殊说明的情况下就是指保持转矩为2N·m的步进电动机。

13.1.5 步进电动机的动态指标及术语

步距角精度：步进电动机每转过一个步距角的实际值与理论值的误差。步距角精度用百分数表示，为误差/步距角×100%。步进电动机的运行拍数不同，其值也不同，四拍运行时应在5%之内，八拍运行时应在15%以内。

失步：步进电动机运转时的运转步数，不等于理论上的步数。

失调角：转子齿轴线偏移定子齿轴线的角度。电动机运转必存在失调角，由失调角产生的误差采用细分驱动是不能解决的。

最大空载启动频率：电动机在某种驱动形式、电压及额定电流下，不加负载时，能够直接启动的最大频率。

最大空载运行频率：电动机在某种驱动形式、电压及额定电流下，不带负载时的最高转速频率。

运行矩频特性：步进电动机在某种测试条件下测得运行中输出力矩与频率关系的曲线，这是步进电动机诸多动态曲线中最重要的，是选择电动机的根本依据，如图13.4所示。

步进电动机的共振点：步进电动机均有固定的共振区域，二、四相感应子式步进电动机的共振区一般在180～250pps(步距角为1.8°)或在400pps左右(步距角为0.9°)。步进电动机驱动电压越高，电流越大，负载越小，步进电动机体积越小，则共振区向上偏移，反之亦然。为使电动机输出电矩大、不失步且降低整个系统的噪声，一般工作点均应偏移共振区较多。

步进电动机的其他特性还有惯频特性、启动频率特性等。步进电动机一旦选定，则静力矩即确定但动态力矩却不能确定。步进电动机的动态力矩取决于步进电动机运行时的平均电流(而非静态电流)，平均电流越大，电动机输出力矩越大，即电动机的频率特性越硬，如图13.5所示。

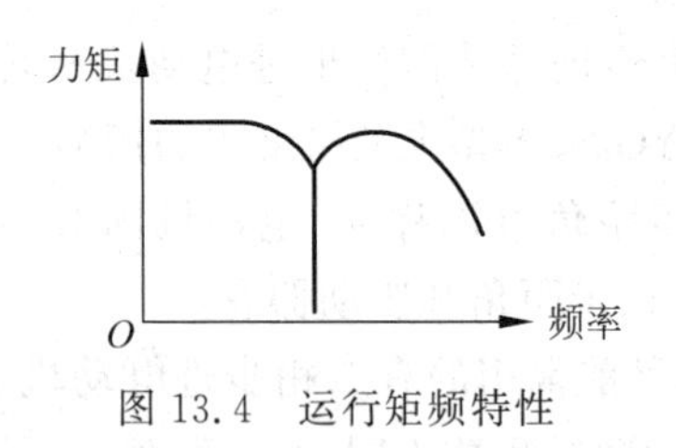

图13.4 运行矩频特性

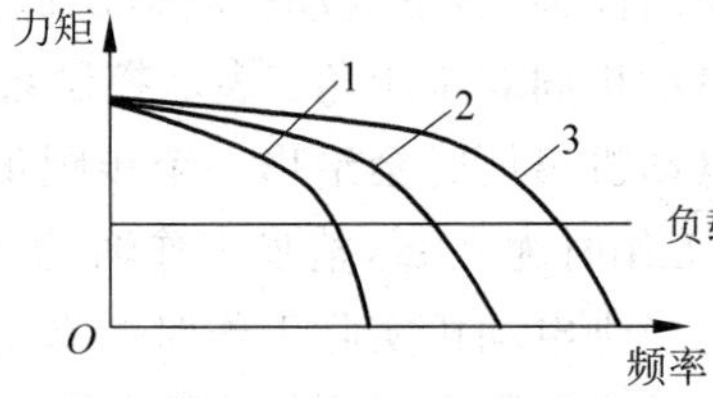

力矩
1
2
3
负载
O
频率

图13.5 力矩频率特性曲线

图13.5中，曲线3电流最大或电压最高，曲线1电流最小或电压最低，曲线与负载的交点为负载的最大速度点。要使平均电流大，应尽可能提高驱动电压，采用小电感大电流的步进电动机。

13.1.6 确定直流供电电源

1. 电压的确定

混合式步进电动机驱动器的供电电源电压范围一般较宽(如ASD545R的供电电压为

DC18～48V)，通常根据电动机的工作转速和响应要求来选择。如果步进电动机工作转速较高或响应要求较快，那么电压取值也较高，但注意电源电压的纹波不能超过驱动器的最大输入电压，否则可能损坏驱动器。

2. 电流的确定

供电电源电流一般根据驱动器的输出相电流 I 来确定。如果采用线性电源(环形变压器)，电源电流一般可取 I 的1.1～1.3倍；如果采用开关电源，电源电流一般可取 I 的1.5～2.0倍。

13.2 步进电动机的基本工作原理

步进电动机也称无刷电动机，步进电动机与直流电动机相比，它没有电刷和换向器这样的结构，绕组的交变磁场完全由信号控制。直流电动机只引出2个引脚；而步进电动机则不同，双相绕组的步进电动机有4个引脚，相数更多的步进电动机则引脚更多。所以，步进电动机的工作基本就是控制信号的工作。

当给绕组通电时，由于定子绕组和转子的齿对齐，没有切向力，转子静止。但当转子与绕组的位置如图13.6所示时，给绕组通电，转子齿会偏离定子齿一个角度(30°)。由于励磁磁通力图沿磁阻最小路径通过，因此对转子产生电磁吸力，迫使转子齿转动，当转子转到与定子齿对齐的位置时(图13.7)，因转子只受径向力而无切向力，故转矩为零，转子被锁定在这个位置上。由此可见，错齿是助使转子旋转的根本原因。

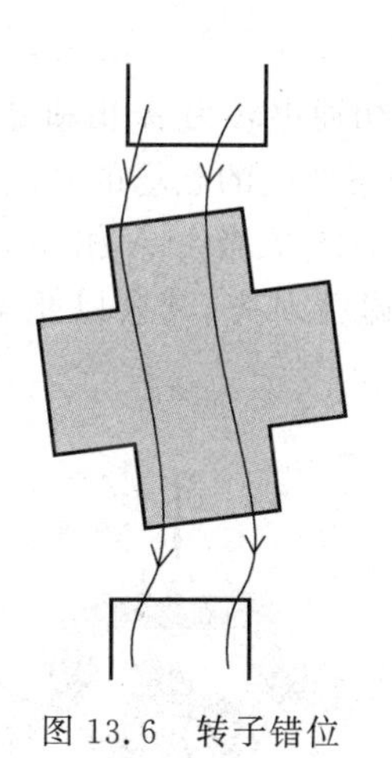

图13.6　转子错位

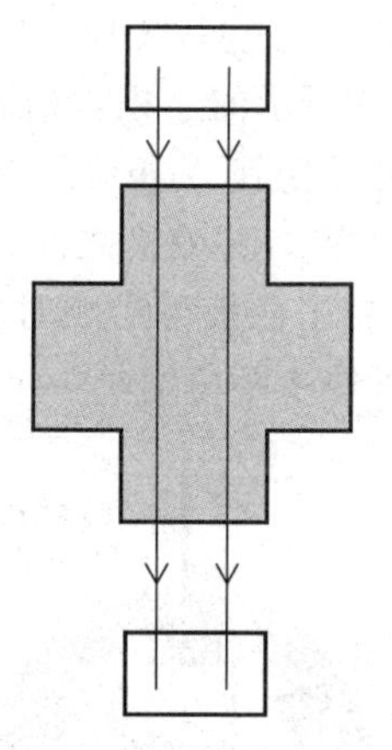

图13.7　转子对齐

13.2.1 步进电动机的工作方式(以三相步进电动机为例)

步进电动机的工作方式如下。

(1) 单拍工作方式："单"是指每次切换前后只有一相绕组通电。

正转：A—B—C—A 时，转子按顺时针方向一步一步转动。

反转：A—C—B—A 时，转子按逆时针方向一步一步转动。

(2) 双拍工作方式："双"是指每次有两相绕组通电。

正转：AB—BC—CA—AB。

反转：AC—CB—BA—AC。

(3) 单、双拍工作方式：单、双两种通电方式的组合应用。

正转：A—AB—B—BC—C—CA—A。

反转：A—AC—C—CB—B—BA—A。

对于三相反应式步进电动机，其运行方式有单三拍、单双拍及双三拍等。其中，"拍"是指从一种通电状态转换到另一种通电状态；"相"是指步进电动机定子绕组的对数。

当 A 相绕组通直流电流时，根据电磁学原理，便会在 AA 方向上产生一磁场，磁场的电磁力吸引转子，使转子的齿与定子 AA 磁极上的齿对齐；若 A 相断电，B 相通电，这时新的磁场其电磁力又吸引转子的两极与 BB 磁极上的齿对齐，转子沿顺时针转过 60°。

如果控制线路不停地按 A—B—C—A…的顺序控制步进电动机绕组的通断电，步进电动机的转子便不停地顺时针转动。

图 13.8(a)所示为三相三拍通电方式，若通电顺序改为 A—C—B—A…，同理，步进电动机的转子将逆时针不停地转动。

图 13.8 中，定子仍是 A、B、C 三相，每相两极，但转子不是 2 个磁极而是 4 个磁极。当 A 相通电时，是 1 和 3 极与 A 相两极对齐；当 A 相断电、B 相通电时，2 和 4 极将与 B 相两极对齐。这样，在三相三拍通电方式中，步距角等于 30°。还有一种三相六拍通电方式，它的通电顺序如下。

顺时针：A—AB—B—BC—C—CA—A…

逆时针：A—AC—C—CB—B—BA—A…

若以图 13.9 所示的三相六拍通电方式工作，当 A 相通电转为 A 相和 B 相同时通电时，转子的磁极将同时受到 A 相绕组产生的磁场和 B 相绕组产生的磁场的共同吸引，转子的磁极只能停在 A 相和 B 相磁极之间，这时它的步距角等于 15°；当由 A 相和 B 相同时通电转为 B 相通电时，转子磁极再沿顺时针旋转 15°，与 B 相磁极对齐，其余以此类推。采用三相六拍通电方式可使步距角缩小一半。

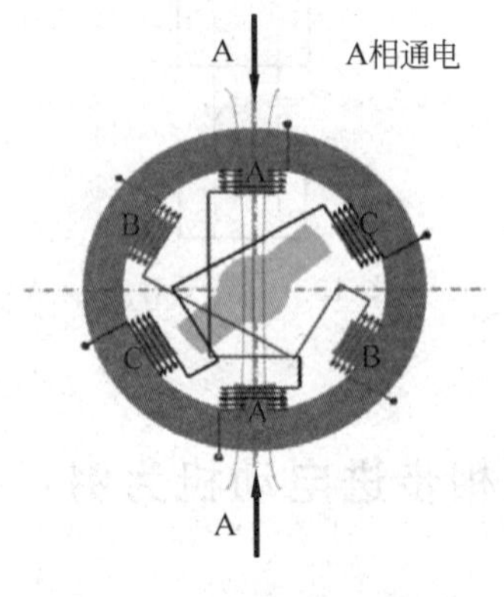

图 13.8 三相三拍通电方式

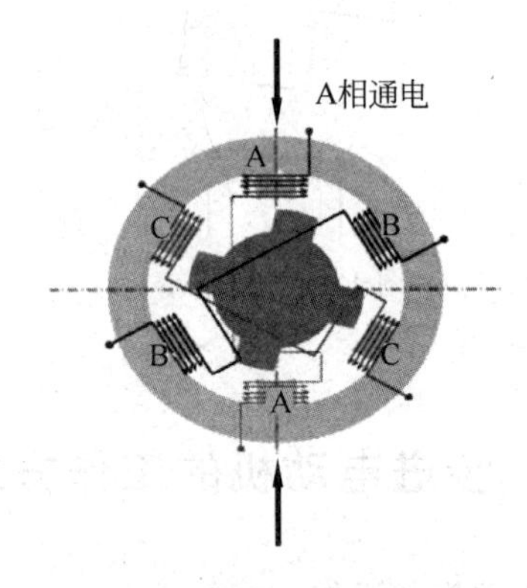

图 13.9 三相六拍通电方式

齿距角 $\tau=360°/Z$，其中，Z 为转子的齿数。

步距角是指由一个通电状态改变到下一个通电状态时，电动机转子所转过的角度。

$$\beta=360°/ZKm$$

式中：Z 为转子齿数；m 为定子绕组相数；K 为通电系数，当前后通电相数一致时 $K=1$，否则 $K=2$。

例如，若二相步进电动机的 $Z=100$，单拍运行时，其步距角为

$$\beta=360°/(2\times100)=1.8°$$

若按单、双通电方式运行，其步距角为

$$\beta=360°/(2\times2\times100)=0.9°$$

由此可见，步进电动机的转子齿数 Z 和定子相数(或运行拍数)越多，则步距角越小，控制越精确。

当定子控制绕组按一定顺序不断地轮流通电时，步进电动机将持续不断地旋转。

13.2.2　步进电动机的工作方式(以四相步进电动机为例)

开始时，开关 S_B 接通电源，S_A、S_C、S_D 断开，B 相磁极和转子 0、3 号齿对齐；同时，转子的 1、4 号齿和 C、D 相绕组磁极产生错齿，2、5 号齿和 D、A 相绕组磁极产生错齿。

当开关 S_C 接通电源，S_B、S_A、S_D 断开时，由于 C 相绕组的磁力线和 1、4 号齿之间磁力线的作用，转子转动，1、4 号齿和 C 相绕组的磁极对齐，而 0、3 号齿和 A、B 相绕组产生错齿，2、5 号齿和 A、D 相绕组磁极产生错齿。以此类推，A、B、C、D 四相绕组轮流供电，则转子会沿着 A、B、C、D 方向转动。

如图 13.10 所示，四相步进电动机按照通电顺序的不同，可分为单四拍、双四拍、八拍 3 种工作方式。单四拍与双四拍的步距角相等，但单四拍的转动力矩小。八拍工作方式的步距角是单四拍与双四拍的一半，因此，八拍工作方式既可以保持较高的转动力矩，又可以提高控制精度。

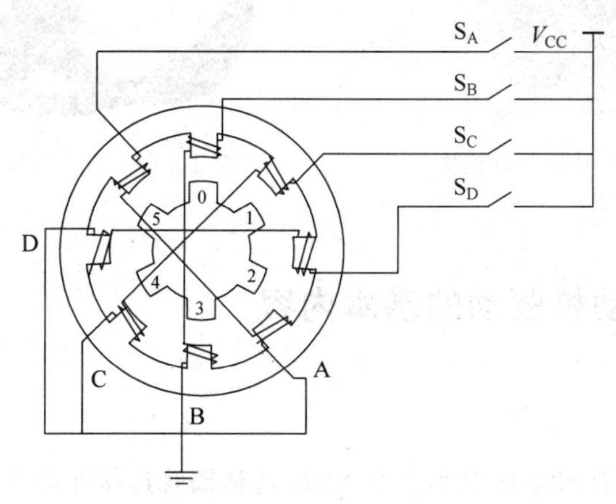

图 13.10　四相步进电动机步工作方式

单四拍、双四拍与八拍工作方式的电源通电时序与波形如图 13.11 所示。

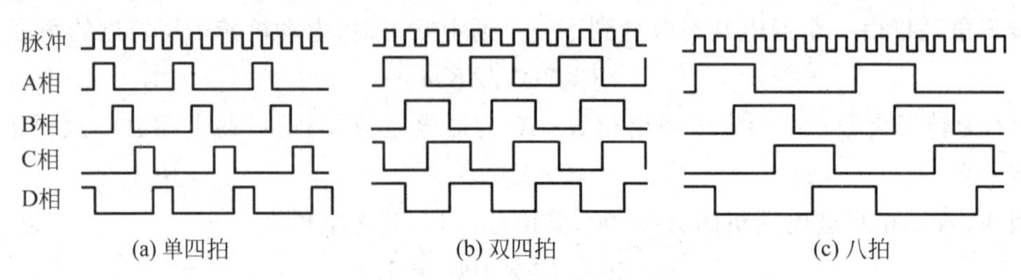

(a) 单四拍　(b) 双四拍　(c) 八拍

图 13.11　步进电动机电源通电时序与波形

单四拍工作：正转 A—B—C—D，反转 D—C—B—A。

双四拍工作：正转 AB—BC—CD—DA，反转 DC—CB—BA—AD。

八拍工作：正转 A—AB—B—BC—C—CD—D—DA，反转 D—DC—C—CB—B—BA—A—A—D。

13.3　步进电动机驱动概述

与电动机驱动相同，步进电动机的驱动同样是为电动机提供充足的功率。

步进电动机的驱动可以选用专用的电动机驱动模块，如 L298、FT5754 等，这类驱动模块接口简单，操作方便，既可驱动步进电动机，也可驱动直流电动机。除此之外，还可利用三极管自己搭建驱动电路，不过这样会非常复杂，可靠性也会降低。所以，这里选用 ULN2003 达林顿驱动器（图 13.12）来驱动直流减速步进电动机 28BYJ-48（图 13.13）。

图 13.12　步进电动机驱动模块

图 13.13　直流减速步进电动机

13.3.1　步进电动机驱动的基本内容

1. 概述

如图 13.14 所示，ULN2003 是由 8 个 NPN 达林顿管连接在阵列上组成，非常适合逻辑接口电平数字电路（如 TTL、CMOS 或 PMOS/NMOS）和较高的电流/电压，如电灯、电磁阀、继电器、打印锤或其他类似的负载。

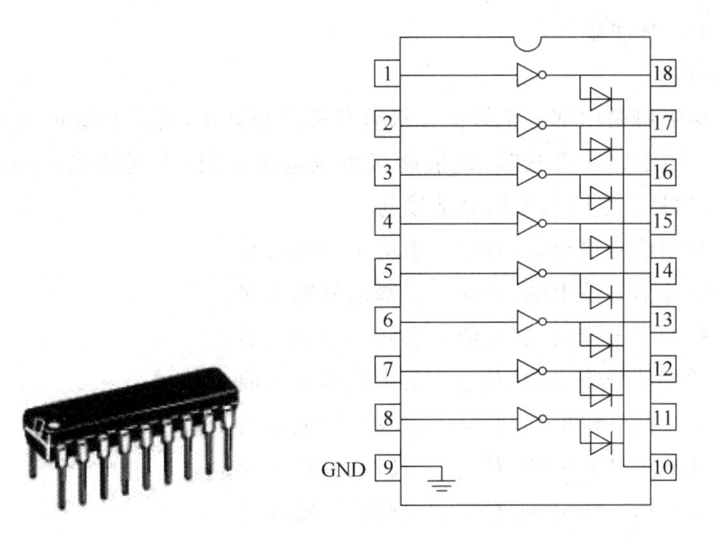

图 13.14 ULN2003 封装和内部结构

2. 主要特性

ULN2003 的每一对达林顿管都串联一个 2.7kΩ 的基极电阻，在 5V 的工作电压下，它能与 TTL 和 CMOS 电路直接相连，可以直接处理原先需要标准逻辑缓冲器来处理的数据。

ULN2003 的工作电压高，工作电流大，灌电流可达 500mA，并且能够在关态时承受 50V 的电压，输出还可以在高负载电流并行运行。

ULN2003 采用 DIP-18 或 SOP-18 塑料封装。

3. 特点

(1) ULN2003 是大电流驱动阵列，多用于单片机、智能仪表、PLC(programmable logic controller，可编程逻辑控制器)、数字量输出卡等控制电路中，可直接驱动继电器等负载。

(2) 输入 5V TTL 电平，输出可达 500mA/50V。

(3) ULN2003 是高耐压、大电流达林顿管系列，由 8 个 NPN 达林顿管组成。

(4) 电流增益高，工作电压高，温度范围宽，带负载能力强，适用于各类要求高速大功率驱动的系统。

4. 引脚

引脚 1：CPU 脉冲输入端，端口对应一个信号输出端。

引脚 2：CPU 脉冲输入端。

引脚 3：CPU 脉冲输入端。

引脚 4：CPU 脉冲输入端。

引脚 5：CPU 脉冲输入端。

引脚 6：CPU 脉冲输入端。

引脚 7：CPU 脉冲输入端。

引脚 8：CPU 脉冲输入端。

引脚 9：接地。

引脚 10：该引脚是内部 8 个续流二极管负极的公共端，各二极管的正极分别接各达林顿管的集电极。用于感性负载时，该引脚接负载电源正极，实现续流作用；如果该引脚接地，实际上就是达林顿管的集电极对地接通。

引脚 11：脉冲信号输出端，对应 8 引脚信号输入端。

引脚 12：脉冲信号输出端，对应 7 引脚信号输入端。

引脚 13：脉冲信号输出端，对应 6 引脚信号输入端。

引脚 14：脉冲信号输出端，对应 5 引脚信号输入端。

引脚 15：脉冲信号输出端，对应 4 引脚信号输入端。

引脚 16：脉冲信号输出端，对应 3 引脚信号输入端。

引脚 17：脉冲信号输出端，对应 2 引脚信号输入端。

引脚 18：脉冲信号输出端，对应 1 引脚信号输入端。

13.3.2 步进电动机驱动的应用

ULN2003 与步进电动机的连接电路如图 13.15 所示。

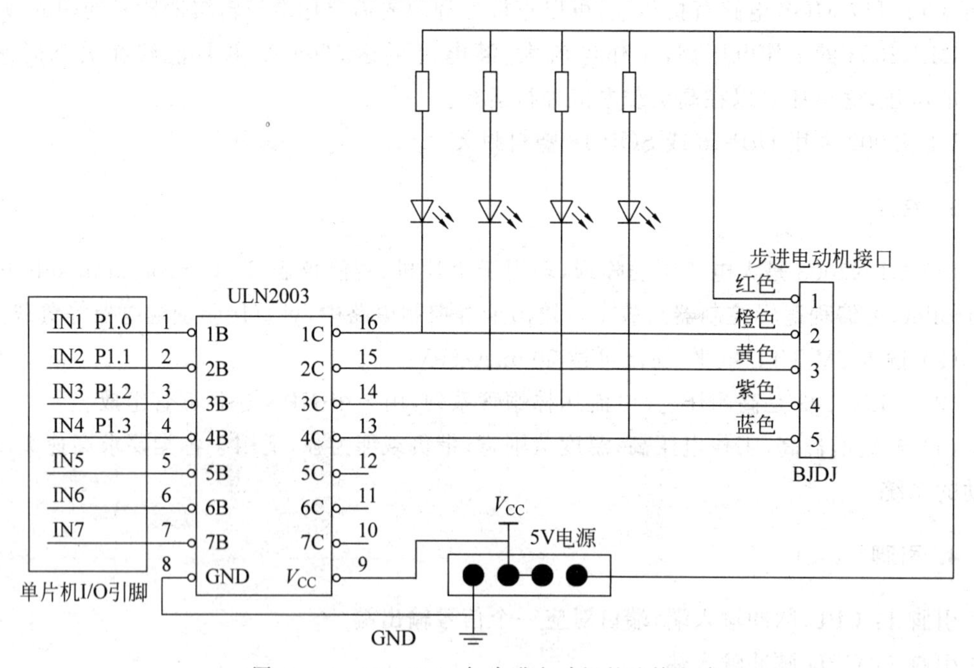

图 13.15 ULN2003 与步进电动机的连接电路

注意：图 13.15 中的 LED 部分可根据需求使用，如果不添加也不影响正常驱动功能的实现。

13.4 步进电动机的基本设计

13.4.1 设计思路

要使步进电动机工作，基本需要 3 个部分：控制器、驱动器和电动机本体。驱动器负责提供足够的电力来驱动一定功率的步进电动机，只要接好线，驱动器的安置就算完成。步进电动机的设计重点在于控制器，此处即指单片机。要控制步进电动机转动，只需要数个相隔一定时间的电平信号即可，即 A→B→C→A→B→C→A…为了便于理解，我们可以联想之前练习过的流水灯，只是其信号的时间间隔要短得多。

13.4.2 注意事项

步进电动机的设计注意事项如下。

(1) 本设计用于测试四相步进电动机常规驱动。

(2) 需要用跳帽或者杜邦线把信号输出端和对应的步进电动机信号输入端连接起来。

(3) 速度不可以调节得过快，否则会没有力矩转动。

(4) 严格按照图 13.16 所示的仿真电路接线。

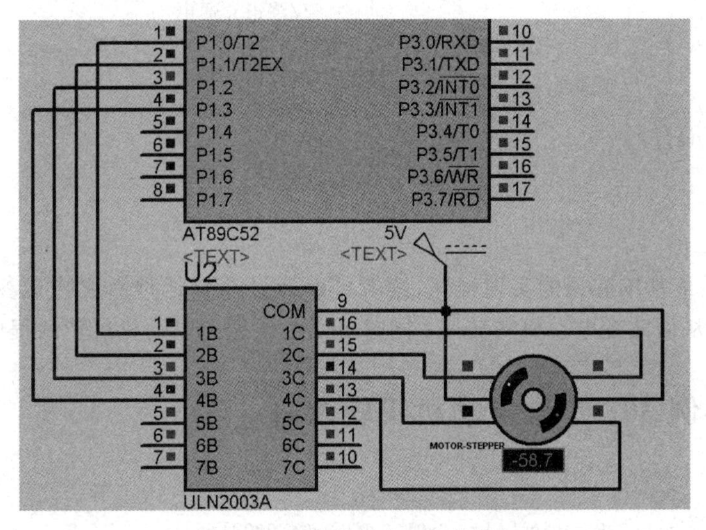

图 13.16 步进电动机仿真电路

(5) 步进电动机采用 28BYJ-48 直流 5V 减速步进电动机，电动机驱动采用达林顿驱动器 ULN2003。

13.4.3 实例 29：步进电动机正转

如图 13.16 所示，为使步进电动机以单四拍正转，需要做的是使单片机的 P1.0～P1.4 接口产生一个类似于流水灯的信号。代码如下：

```
#include <reg52.h>
sbit A = P1^0;                                //定义 A 为 P1.0 引脚
sbit B = P1^1;                                //定义 B 为 P1.1 引脚
sbit C = P1^2;                                //定义 C 为 P1.2 引脚
sbit D = P1^3;                                //定义 D 为 P1.3 引脚
void delay(unsigned char s)                   //延时函数,作为各引脚变换的时间间隔
{
    unsigned char a;                          /* 通过改变实参 s,可得出延迟时间为 s×10μs
                                                 (晶振频率为 11.059MHz) */
    for(;s>0;s--)
    for(a=3;a>0;a--);
}
void main(void)
{
    A=0;B=0;C=0;D=0;                          //使每个接口置零
    while(1)
    {
      A=1;                                    //绕组 A 通电
      delay(1);                               //延时 10μs
      A=0;                                    //绕组 A 断电
      B=1;                                    //绕组 B 通电
      delay(1);
      B=0;                                    //绕组 B 断电
      C=1;                                    //绕组 C 通电
      delay(1);
      C=0;                                    //绕组 C 断电
      D=1;                                    //绕组 D 通电
      delay(1);
      D=0;                                    //绕组 D 断电
    }
}
```

分析：这是最基本的功能实现程序,读者可以通过调整延时函数的实参来改变各绕组间通电的间隔,从而改变电动机的转速；同时可以尝试做出电动机反转的程序。

13.4.4 实例 30：步进电动机正转改进

```
#include <reg52.h>
unsigned char code F_Rotation[4] = {0x01,0x02,0x04,0x08};
/* 正转表格,在单片机各引脚通电时,P1 组的 I/O 接口呈以下规律:
A 通电,P1 = 0x01 = 00000001,B 通电,P1 = 0x02 = 0000010,
C 通电,P1 = 0x04 = 00000100,D 通电,P1 = 0x08 = 00001000。
可以通过操作整个 I/O 接口来实现同样的功能,只要循环该数组,即可使 I/O 接口按照单四拍的规律变动 */
unsigned char code B_Rotation[4] = {0x08,0x04,0x02,0x01};        //反转表格
unsigned char s;
void main(void)
{
    EA = 1;                                                      //打开总中断开关
```

```
    ET0 = 1;                                        //打开定时器 0 开关
    TMOD = 0X01;                                    //设置定时器工作在方式 1
    TH0 = 0x0FF;                                    //装填初值为 10ms
    TL0 = 0x0F7;
    TR0 = 1;                                        //开启定时器
    while(1);
}
void delay() interrupt 0
{
    TH0  =  0x0FF;                                  //重装定时器的值
    TL0  =  0x0F7;
    If(s >= 4)                                      //当 s = 4 时使其归零
    s = 0;
    P1 = F[s++];                                    //改变 I/O 接口状态
}
```

分析：通过操作整个 I/O 接口，以实现操作步进电动机的功能，可以在很大程度上简化算法。但在 I/O 接口还接有其他设备时，一定要谨慎操作，否则会影响其他元件的工作。

第14章 舵机

舵机实际上是伺服电机(servomotor)的一个类,它的功能是在一定信号的控制下旋转固定的角度,该功能和步进电动机类似,但它的工作原理和运用场合与步进电动机完全不同。舵机主要是通过控制 PWM 输出不同占空比的波形,使得舵机能够旋转到一个固定的角度。本章将详细介绍舵机的工作原理与理论知识,并初步了解如何通过单片机来控制舵机,学习本章之后,相信读者对舵机的理解会更加深入。

14.1 伺服电动机概述

在了解舵机前,我们先要了解伺服电动机,因为舵机就是伺服电动机的降级版,可以说就它是性能降低了的伺服电动机。本节主要介绍伺服系统(servo system)与伺服电动机。

14.1.1 伺服系统

伺服系统又称随动系统,属于自动控制系统中的一种,是用来精确地跟随或复现某个过程的反馈控制系统。它的主要任务是按控制命令的要求,对功率进行放大、变换与调控等处理,使驱动装置输出的力矩、速度和位置控制非常灵活方便。在很多情况下,伺服系统专指被控制量(系统的输出量)是机械位移或位移速度、加速度的反馈控制系统,其作用是使输出的机械位移(或转角)准确地跟踪输入的位移(或转角),其结构组成和其他形式的反馈控制系统没有原则上的区别。伺服系统最初用于国防军工,如火炮的控制,船舰、飞机的自动驾驶,导弹发射等,后来逐渐推广到国民经济的其他部门,如自动机床、无线跟踪控制等。伺服系统并不是指某种元器件,而是一个集合,智能汽车也可以称为一种自动控制系统。

14.1.2 伺服电动机

如图 14.1 所示,伺服电动机是指在伺服系统中控制机械元器件运转的发动机,是一种补助电动机间接变速装置。

“伺服”一词源于希腊语“奴隶”,“伺服电动机”可以理解为绝对服从控制信号指挥的电动机。在控制信号发出之前,转子静止不动;当控制信号发出时,转子立即转动;当控制信

图 14.1　各类伺服电动机

号消失时，转子能即时停转。

伺服电动机可使控制速度、位置精度非常准确，可以将电压信号转化为转矩和转速以驱动控制对象。伺服电动机转子转速受输入信号控制，并能快速反应，其在自动控制系统中用作执行元件，且具有机械时间常数小、线性度高、始动电压低等特性，可把所收到的电信号转换成电动机轴上的角位移或角速度输出。伺服电动机分为直流和交流两大类，其主要特点是当信号电压为零时无自转现象，转速随着转矩的增加而匀速下降。

14.1.3　伺服电动机的分类

伺服电动机可分为交流伺服电动机和直流伺服电动机两类。

交流伺服电动机属于无刷电动机，分为同步(永磁体绕组)电动机和异步(绕组转子)电动机，目前运动控制中一般都用同步电动机，它的功率范围大，可以做到很大的功率，而且它的惯量大，最高转动速度低，且随着功率增大而快速降低，因而适合于低速平稳运行的场合。同步三相电动机内部的转子是永磁铁，驱动器控制的 U/V/W 三相电形成电磁场，转子在此磁场的作用下转动，同时电动机自带的编码器反馈信号给驱动器，驱动器根据反馈值与目标值进行比较，调整转子转动的角度。交流伺服电动机的精度取决于编码器的精度(线数)。

交流伺服电动机和直流伺服电动机在功能上的区别：交流伺服电动机为正弦波控制，转矩脉动小，在早期(20 世纪 90 年代前)还使用直流伺服电动机。直流伺服电动机是梯形波，转矩较不稳定，但其比较简单，价格低廉。现在在工业中直流伺服电动机基本已经被淘汰，而舵机属于直流伺服电动机。

14.1.4　各类伺服电动机的优缺点

1. 交流伺服电动机(异步电动机)

交流伺服电动机定子的构造与电容分相式单相异步电动机基本相似，其定子上装有两个位置互差 90°的绕组，一个是励磁绕组 R_f，它始终接在交流电压 U_f 上；另一个是控制绕组 L，连接控制信号电压 U_c。所以，交流伺服电动机又称两个伺服电动机。

交流伺服电动机的转子通常做成鼠笼型，但为了使伺服电动机具有较宽的调速范围、线性的机械特性，无“自转”现象和快速响应性能，应具有转子电阻大和转动惯量小这两个特点。目前应用较多的转子结构有两种形式：一种是采用高电阻率的导电材料做成的高电阻率导条的鼠笼型转子，为了减小转子的转动惯量，转子做得细长；另一种是采用铝合金制成的空心杯形转子，杯壁很薄，仅0.2～0.3mm，为了减小磁路的磁阻，要在空心杯形转子内放置固定的内定子。空心杯形转子的转动惯量很小，反应迅速，且运转平稳，因此被广泛采用。

交流伺服电动机在没有控制电压时，定子内只有励磁绕组产生的脉动磁场，转子静止不动。当有控制电压时，定子内便产生一个旋转磁场，转子沿旋转磁场的方向旋转，在负载恒定的情况下，电动机的转速随控制电压的大小而变化，当控制电压的相位相反时，伺服电动机将反转。

2. 永磁交流伺服电动机（同步电动机）

20世纪80年代以来，随着集成电路、电力电子技术和交流可变速驱动技术的发展，永磁交流伺服驱动技术有了突破性的发展，各国著名电气厂商相继推出各自的交流伺服电动机和伺服驱动器系列产品并不断完善和更新。交流伺服系统已成为当代高性能伺服系统的主要发展方向，使原来的直流伺服面临被淘汰的危机。20世纪90年代以后，世界各国已经商品化了的交流伺服系统是采用全数字控制的正弦波电动机伺服驱动，交流伺服驱动装置在传动领域的发展日新月异。

永磁交流伺服电动机同直流伺服电动机相比的主要优点如下。

(1) 无电刷和换向器，因此工作可靠，对维护和保养要求低。

(2) 定子绕组散热比较方便。

(3) 惯量小，易于提高系统的快速性。

(4) 适应于高速大力矩工作状态。

(5) 同功率下有较小的体积和质量。

3. 交流伺服电动机与单相异步电动机比较

交流伺服电动机的工作原理虽然与单相异步电动机的工作原理相似，但前者的转子电阻比后者的大很多，所以交流伺服电动机与单机异步电动机相比有以下3个显著的特点。

(1) 启动转矩大。由于转子电阻大，因此其转矩特性曲线与普通异步电动机的转矩特性曲线相比有明显的区别。它可使临界转差率$S_0>1$，这样不仅使转矩特性（机械特性）更接近于线性，而且具有较大的启动转矩。因此，当定子一有控制电压，转子立即转动，即具有启动快、灵敏度高的特点。

(2) 运行范围较广。

(3) 无自转现象。

正常运转的伺服电动机，只要失去控制电压，电动机立即停止运转。当伺服电动机失去控制电压后，它处于单相运行状态，由于转子电阻大，导致定子中两个相反方向旋转的磁场与转子作用产生两个转矩特性（T1-S1、T2-S2曲线）及合成转矩特性（T-S曲线）。

交流伺服电动机的输出功率一般是0.1～100W。当电源频率为50Hz时，电压有36V、

110V、220V、380V 等几种；当电源频率为 400Hz 时，电压有 20V、26V、36V、115V 等多种。

交流伺服电动机运行平稳，噪声小，但控制特性是非线性的，并且由于转子电阻大，损耗大，效率低，因此与同容量直流伺服电动机相比体积大，质量大，所以只适用于 0.5～100W 的小功率控制系统。

由于直流伺服电动机在市面上基本已经被淘汰，因此不做介绍。

14.2 舵机概述

如图 14.2 所示，舵机就是一个低端的伺服电动机系统，它也是最常见的伺服电动机系统，因此英文为 servo，即 servomotor 的简称。舵机将 PWM 信号与滑动变阻器的电压相对比，通过硬件电路实现固定控制增益的位置控制。也就是说，舵机包含电动机、传感器和控制器，是一个完整的伺服电动机系统。舵机价格低廉，结构紧凑，但精度很低，位置锁定能力较差，仅可以满足低端使用的需求。但在今后的实践中，舵机将是智能车制作中不可或缺的一部分，同时也是很多电子设计中频繁使用的一种元件。

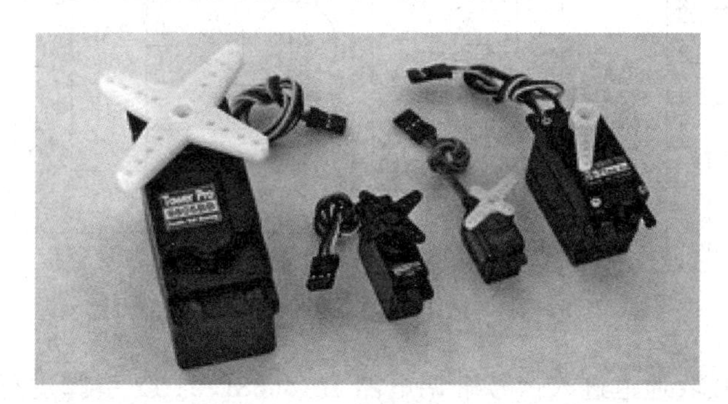

图 14.2 各种型号的舵机

14.2.1 舵机的基本原理

舵机不是一个单独的电动机，而是由多个部分组成的一个组合元件。常见的舵机的基本部件有直流电动机、控制电路、减速齿轮组和反馈电位器。因此，可以将舵机理解为一个装有特殊配件的直流电动机，而这个装有特殊配件的直流电动机在配件与 PWM 信号的控制下，可以做到旋转固定的角度。大部分舵机的动力元件是直流电动机。

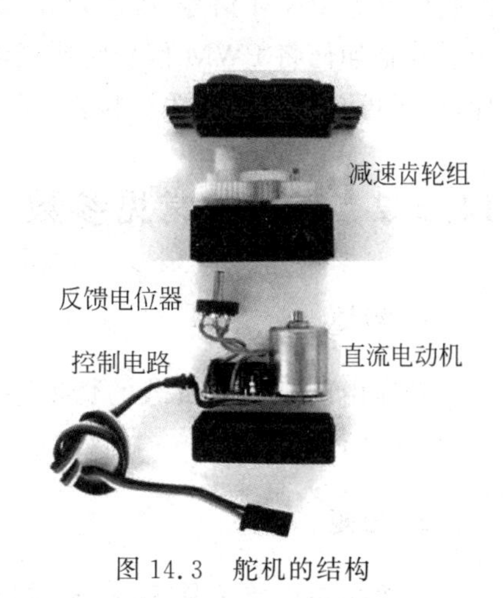

图 14.3 舵机的结构

舵机的结构如图 14.3 所示，信号输入控制电路控制直流电动机，进而驱动减速齿轮组，将转矩输出到转轴上，而反馈电位器则连接在电路中。需要注意的是，反馈电位器的转轴是与输出转轴同轴的，电动机转动，就会带动电位器转动，从而改变电路的控制参数。

不难得出结论，舵机的工作过程是一个闭环控制的过程，其过程为控制脉冲(PWM)信号→控制电路→直流电动机→减速齿轮组→反馈电位器→控制电路，如图 14.4 所示。

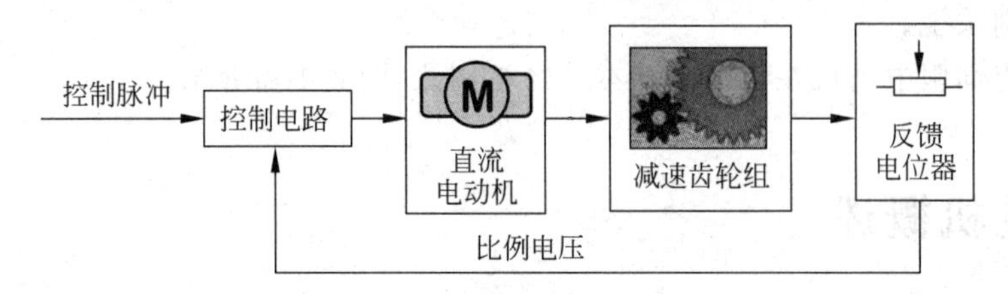

图 14.4 舵机的工作过程

舵机是如何将 PWM 这类离散信号转换为连续转动的连续变化并控制角度的呢？以日产 FATABA-S3003 舵机为例，其内部电路如图 14.5 所示。

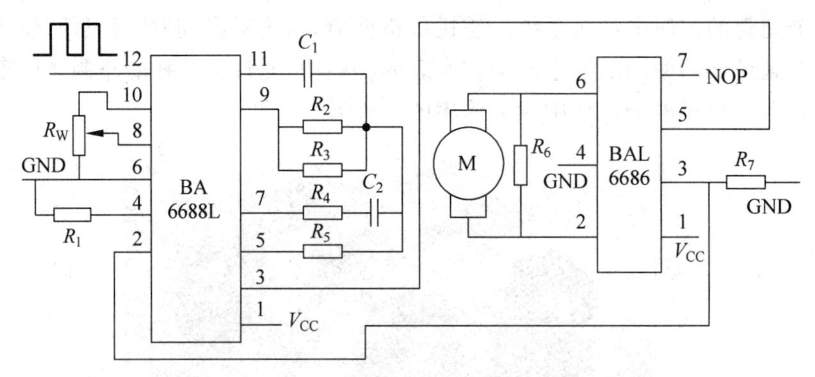

图 14.5 日产 FATABA-S3003 舵机的内部电路

PWM 信号由接收通道进入信号解调电路 BA6688L 的 12 引脚进行解调，获得一个直流偏置电压。该直流偏置电压与电位器的电压比较，获得电压差并由 BA6688L 的 3 引脚输出。该输出送入电动机驱动集成电路 BAL6686，以驱动电动机正/反转。当电动机转速一定时，通过级联减速齿轮带动电位器 R_{W1} 旋转，直到电压差为 0，电动机停止转动。舵机的控制信号是 PWM 信号，BA6688L 通过 PWM 信号的占空比来处理获得的偏置电压。而对于芯片是如何将 PWM 信号转换成电压模拟信号的，这不是本书需要研究的范围。若有兴趣，读者可自行查阅相关资料。

14.2.2 舵机的常见参数

1. 转速

转速由舵机在无负载的情况下转过 60°所需的时间来衡量。常见舵机的速度一般为 0.11～0.21s/60°。

2. 扭矩

舵机扭矩的单位是 kg·cm，扭矩可以理解为在舵盘上距舵机轴中心水平 1cm 处舵机能够带动的物体质量。

3. 电压

厂商提供的转速、扭矩数据和测试电压有关，在 4.8V 和 6V 两种测试电压下这两个参数有比较大的差别。例如，Futaba S-9001 在 4.8V 时扭矩为 3.9kg·cm、转速为 0.22s/60°；在 6.0V 时扭矩为 5.2kg·cm、转速为 0.18s/60°。若无特别说明，JR 的舵机都以 4.8V 为测试电压，Futaba 则以 6.0V 作为测试电压。

舵机的工作电压对性能有很大的影响，舵机推荐的电压一般为 4.8V 或 6V，有的舵机也可以在 7V 以上工作，如 12V 的舵机也比较常见。较高的电压可以提高电动机的转速和扭矩。选择舵机时还需要考虑控制卡所能提供的电压。

4. 尺寸、质量和材质

舵机的功率(速度×转矩)和尺寸之比可以理解为该舵机的功率密度，一般来说，同样品牌的舵机功率密度大的价格高。

塑料齿轮的舵机在超出极限负荷的条件下使用可能会崩齿，金属齿轮的舵机则可能会使电动机过热而损坏或外壳变形。所以，材质的选择并没有绝对的倾向，关键是将舵机的使用控制在设计规格之内。

用户一般对金属制的产品比较信赖，齿轮箱期望选择全金属的，舵盘期望选择金属舵盘。需要注意的是，金属齿轮箱在长时间过载下不会损毁，但会因为电动机过热而损坏或外壳变形，这样的损坏是致命的且不可修复的。塑料轴的舵机如果使用金属舵盘是很危险的，舵盘和舵机轴在相互扭转过程中，金属舵盘不会磨损，但舵机轴会在一段时间后变得光秃，导致舵机完全不能使用。

综上所述，应在计算所需扭矩和速度并确定使用电压的条件下，选择有 150%左右甚至更大扭矩的舵机。

14.2.3 舵机的分类与特点

舵机有很多种，如电动机有有刷和无刷之分，齿轮有塑料和金属之分，输出轴有滑动和滚动之分，壳体有塑料和铝合金之分，速度有快速和慢速之分，体积有大、中、小三种之分等，组合不同，价格也千差万别。

(1) 按照舵机的工作信号分为：数字舵机(digital servo)和模拟舵机(analog servo)。

① 数字舵机是数字传输，它应用灵活方便、可靠、兼容性好，抗干扰能力强，可方便实现双向通信，是发展的必然的趋势。

② 模拟舵机是现有的 PWM 模拟传输，即脉宽的变化直接代表控制矢量，容易受干扰。

(2) 按照舵机的工作电压分为：普通电压舵机(4.8～6V)，高压舵机 HV Servo(6～7.4V；9.4～12V)。高压舵机的优点是发热小，反应更灵敏，扭力更大。

14.3 舵机的使用方法

熟练地使用一种工具并不需要特别了解它的详细原理，作为使用者，只要知道如何使用就足够了。本节将介绍舵机的使用方法。

舵机和单独的电动机不同，普通的电动机可以旋转 360°，而舵机只能旋转 180°。控制舵机需要使用 PWM 信号。市面上流通的舵机，基本使用的是周期为 20ms，占空比为 2.5%～12.5%(0.5～2.5ms)的矩形波。当该矩形波的高电平时间为 0.5ms 时，舵机转向 0°；当该矩形波的高电平时间为 2.5ms 时，舵机转向 180°，如图 14.6 所示。

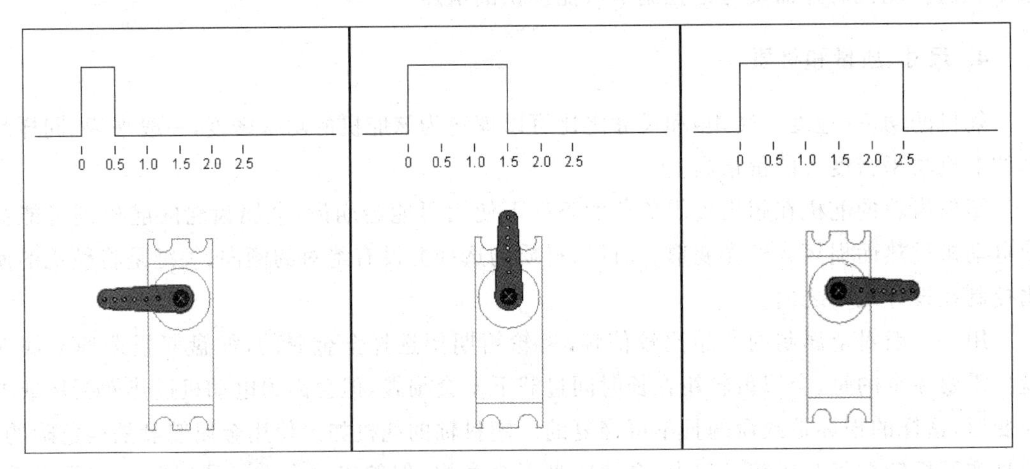

图 14.6 舵机的旋转角度

通过图 14.6 不难看出，舵机转动的角度与信号的占空比成正比，可以得出：

$$舵机旋转角度 = (信号高电平时间 - 0.5) \times 90°$$

$$0.5ms \leqslant 信号高电平时间 \leqslant 2.5ms$$

舵机旋转角度是相对于一个固定角度而言的，也可以是高电平时间为 1.5ms 时的旋转角度为 0°，这样舵机的旋转范围就变成了 −90°～+90°。

在实际使用时，舵机的很多参数会有所不同，最好参照舵机使用手册来配合使用。常用的舵机主要有 SD-5、S3010、MG-996R，这里以 SD-5 为例。

舵机的输入线共有 3 条，如图 14.7 所示。红色是电源线，黑色是地线，这两根线可以为舵机提供最基本的能源保证，主要是电动机的转动消耗。电源有 4.8V 和 6.0V 两种规格，分别对应不同的转矩标准，即输出力矩不同，6.0V 对应的转矩要大一些，具体看应用条件。最后一根线是控制信号线，Futaba 的控制信号线一般为白色，JR 的控制信号线一般为橘黄色。另外要注意一点，SANWA 的某些型号的舵机电源线在两边而不是中间，需要仔细辨认。

SD-5 舵机如图 14.8 所示，此款舵机是特制品种，工作电压只能在 5.5V 以下，有堵转保护功能。舵机在堵转 3s 后开始保护，降低电流，保护电动机及电路板。SD-5 舵机的正常工作电流为 200mA，堵转电流为 800mA，频率为 300Hz。

图 14.7 舵机

图 14.8 SD-5 舵机

14.4 舵机使用注意事项

使用单片机时，从单片机输出的信号电压可能不足，如从 51 单片机口输出信号可能不足以驱动舵机，这时可以连接一片 74HC244 或 74HC245 芯片。通过使用 74HC244 或 74HC245 芯片，单片机输出的 PWM 信号可以准确地转换成 5V 信号，增强其驱动能力。与此同时，74HC244 有单向传输的特点，能够使信号更加稳定。74HC244 和 74HC245 芯片的内部构造分别如图 14.9 和图 14.10 所示。

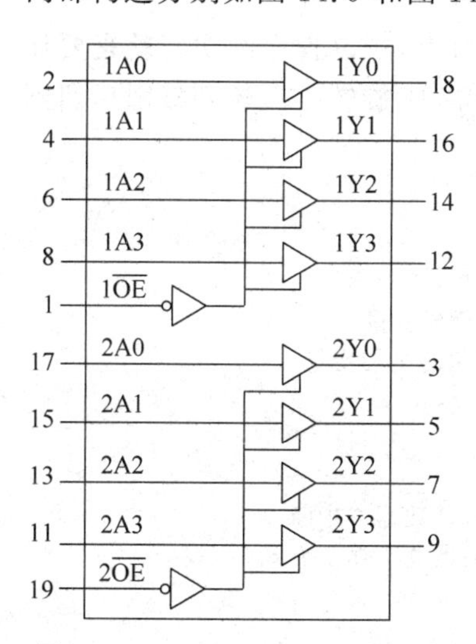

图 14.9 74HC244 芯片内部构造

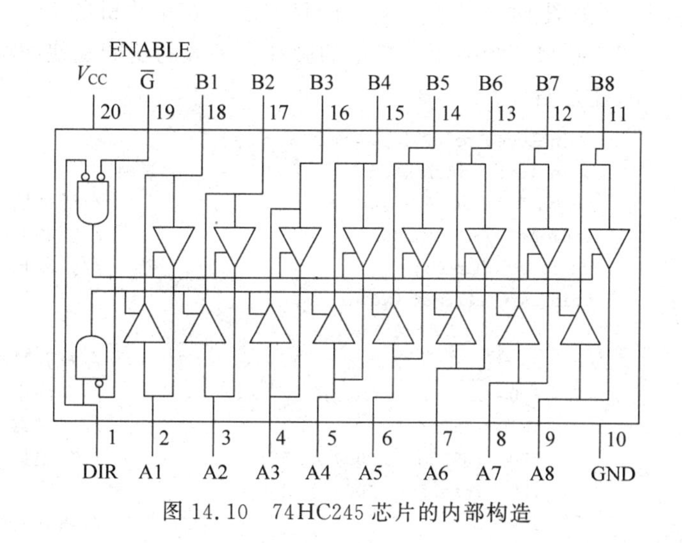

图 14.10 74HC245 芯片的内部构造

74HC244 芯片的特性如下。

(1) 缓冲类型：非反相。

(2) 电源电压范围：2～6V。

(3) 引脚数：20(图中未画全)。

(4) 工作温度范围：－40～125℃。

(5) 逻辑芯片功能：八缓冲/线路驱动器(三态)。

74HC245芯片的特性如下。

(1) 引脚数：20。

(2) 工作温度范围：−40～125℃。

(3) 逻辑芯片功能：八缓冲/线路驱动器(三态)。

(4) 引脚1DIR作输入/输出端口转换用，DIR＝1，高电平时信号由A端输入B端输出；DIR＝0，低电平时信号由B端输入A端输出。

(5) 引脚2～9为A信号输入端，A1＝B1，…，A7＝B7，A1与B1是一组，一一对应。如果DIR＝1，$\overline{G}$＝0，则信号由A1端输入B1端输出，其他类同；如果DIR＝0，$\overline{G}$＝0，则信号由B1端输入A1端输出，其他类同。

(6) 引脚11～18为B信号输入/输出端，其功能与A端相同，不再赘述。

(7) 引脚19$\overline{G}$为使能端，若该引脚为1，则A、B端的信号将不导通，只有引脚为0时A、B端才被启用，即该引脚起到开关的作用。

14.5 实例31：控制舵机

在编写程序前，要先进行模拟或实物的接线。在选用较小功率的舵机的情况下，单片机(以C51为例)工作在推挽模式下的I/O接口可直接带动舵机；若使用较大功率的舵机，则应接入驱动芯片，否则会出现舵机不工作的情况。

如图14.11所示，舵机的信号线接在单片机的P0.7接口上，所以程序的功能就是要让P0.7接口产生一个高精度的脉冲。函数的功能是使舵机每隔1s旋转45°，转到极限后回到0°，往复循环。

```
#include "reg52.h"
#include " intrins.h "
sbit PWM = P0^7;                              //舵机信号端口
unsigned char counter = 0;                    //控制PWM的全局变量
unsigned char reg = 5                         //控制角度变化的全局变量
void InitialTimer (void)
{
    EA = 1;                                   //打开总中断
    ET0 = 1;                                  //允许定时器、计数器0中断
    TMOD = 0x01;                              //定时器、计数器0工作于方式1
    TH0 = (65535 - 100) / 256;                //装填数值为0.1ms
    TL0 = (65535 - 100) % 256;
    TR0 = 1;                                  //启动定时器、计数器1中断
}
void delay(void)                              //延时大约1s
{
    unsigned char a,b,c;
    for(c = 46;c > 0;c -- )
        for(b = 152;b > 0;b -- )
            for(a = 70;a > 0;a -- );
                _nop_();
}
```

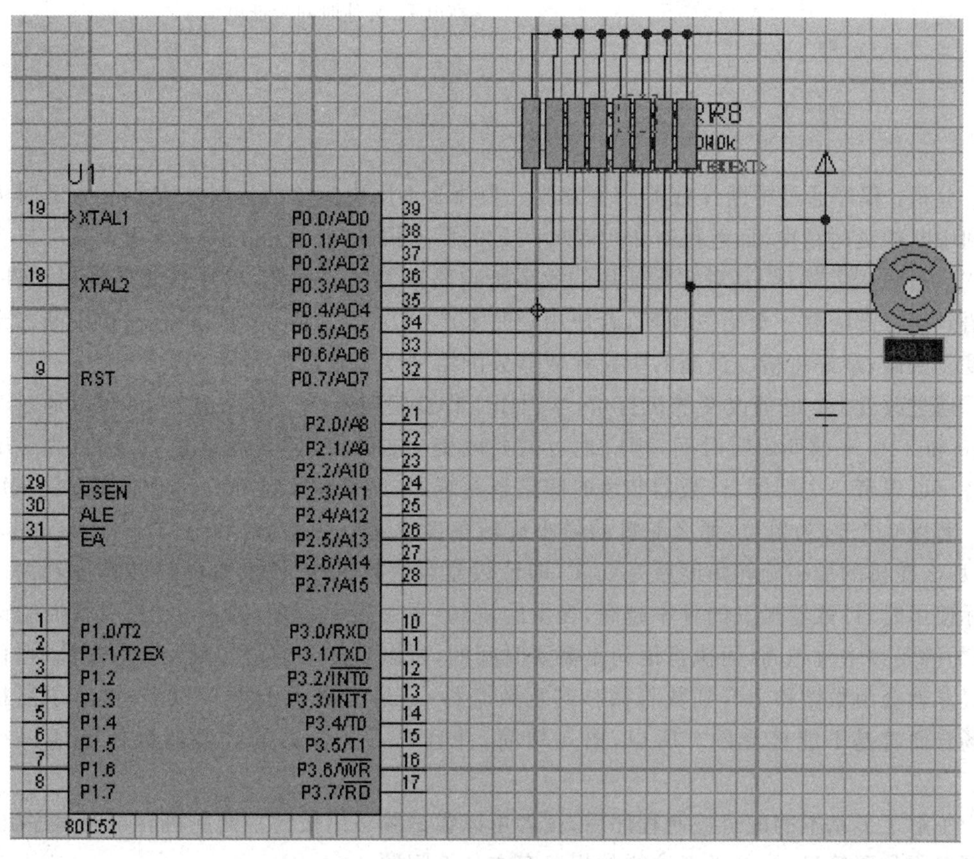

图 14.11　基本接线

```
void main()
{
    InitialTimer (void)                    //中断寄存器初始化
    while(1)
    {
      delay();                             //延时 1s 左右
      if(reg >= 25)                        /* 当 PWM 占空比高于 12.5%时,使占空比回到
                                              2.5%,否则每次循环将使占空比提高 2.5% */
      reg = 5;
      else;
      reg += 5;
    }
}
void Timer (void) interrupt 0              //定时器中断函数
{
    TH0 = (65535 - 100) / 256;
    TL0 = (65535 - 100) % 256;
    if(counter < 200)                      //0.1ms × 200 = 20ms
    counter ++;                            //计数
    else
    counter = 0                            //一个周期后 counter 清零
    if(counter <= reg)                     /* 由 reg 控制占空比,在(0.1 × reg)ms 内的 PWM 为
```

```
                                                       高电平,其他时间为低电平 */
        PWM = 1;
    else
        PWM = 0;
}
```

分析：程序通过中断计数器产生方波。为什么不用更简单的延时法呢？因为延时无法达到中断的延时精度，而舵机对于PWM信号的要求很高，0.1ms的误差就可以使舵机多旋转9°。若该误差累计，其对实际使用的效果影响是很大的。另外，单片机并非理想原件，每条语句执行都需要一个指令周期，若使用延时来产生方波，实际使用时很容易被中断器干扰精度。所以，最好将精度最高的中断计数器分配给精度要求高的元件。

通过改变reg的值改变舵机打角，本程序工作在定时器0、工作方式1上，可以通过改变TH0和TL0来改变定时时间，相应地也需要改变reg的值，但其周期是固定的，为20ms。读者可以思考一个问题，计数器装填时间是越短越好，还是越长越好？理论上答案是越短越好。若以0.1ms为单位，那么舵机的最小旋转角度就是$0.1\times90°=9°$；若以0.01ms为单位，那么舵机的最小旋转角度就是0.9°，即计数器数值越小，可以实现的旋转精度越高。但实际使用时，计数器触发的频率越高，多余的语句(重装定时器值、判断语句、引脚控制语句等)的触发频率就越高，而执行语句是需要时间的，所以当多余的语句触发次数过高时，信号的误差就会由数微秒上升到数百微秒甚至数毫秒，足足提高了1000%以上，这对于高精度的场合而言是不能接受的。所以，语句精简，并且取一个合适的计数器数值就显得很重要了。

了解了最基本的舵机控制程序后，读者可以尝试编写用按键控制舵机打角的程序，也可以同时用数码管显示，并思考这样的程序存在什么问题。

第15章 通信协议与液晶

本章主要介绍通信协议及与之相关的芯片和液晶显示屏的使用方法，同时辅以相应的程序，使得读者对这方面的知识有更为丰富的了解，从而提高层次，进一步加深对单片机各种使用方法的理解。

15.1 波特率

1. 波特率的概念

在电子通信领域，波特率即为调制速率，即单片机或计算机在串行口通信时的速率。单片机或计算机在串行口通信时用波特率表示，它定义为每秒传输二进制代码的位数，即1波特=1位/秒，单位是b/s。例如，每秒传输360个字符，而每个字符格式内包含10位(1个起始位、1个停止位、8个数据位)，可以求得波特率为10位×360个/秒=3600b/s。

2. 波特率的计算

51单片机的串行口有4种工作方式，这4种工作方式对应着3种波特率。因为输入移位时钟的来源不同，所以各种工作方式的波特率计算公式会出现不同。4种工作方式波特率的计算公式如下：

工作方式0的波特率 $= f_{osc}/12$

工作方式1的波特率 $= (2^{SMOD}/32) \times$ T1的溢出率

工作方式2的波特率 $= (2^{SMOD}/64) \times f_{osc}$

工作方式3的波特率 $= (2^{SMOD}/32) \times$ T1的溢出率

式中：f_{osc} 为系统晶振的频率。SMOD与串行口通信的波特率有关，当SMOD=0且串行口的工作方式为方式1、方式2、方式3时，波特率正常；当SMOD=1且串行口的工作方式为方式1、方式2、方式3时，波特率加倍。T1为定时器T1的溢出频率，只需要计算出T1定时器每溢出一次的时间 t，则 t 的倒数 $1/t$ 即为它的溢出率。

表15.1所示为晶振为11.0952MHz时的常用波特率，以及TL0和TH0中所装入的值。

表 15.1 晶振为 11.0952MHz 时的常用波特率

波特率/(b/t)	晶振/MHz	初值		误差/%
		SMOD=0	SMOD=1	
300	11.0952	0XA0	0X40	0
600	11.0952	0XD0	0XA0	0
1200	11.0952	0XE8	0XD0	0
1800	11.0952	0XF0	0XE0	0
2400	11.0952	0XF4	0XE8	0
3600	11.0952	0XF8	0XF0	0
4800	11.0952	0XFA	0XF4	0
7200	11.0952	0XFC	0XF8	0
9600	11.0952	0XFD	0XFA	0
14400	11.0952	0XFE	0XFC	0
19200	11.0952	—	0XFD	0
28800	11.0952	0XFF	0XFE	0

以 51 单片机的定时器做波特率发生器时，如果用 11.0592MHz 晶振，根据公式计算的需要定时器设置的值都是整数；如果用 12MHz 晶振，则波特率是有偏差的，一般波特率偏差在 4%左右都可以接受，所以也可以用。表 15.2 所示为晶振为 12MHz 时的常用波特率，以及 TL0 和 TH0 中所装入的值。

表 15.2 晶振为 12MHz 时的常用波特率

波特率/(b/s)	晶振/MHz	初值		误差(12MHz 晶振)/%	
		SMOD=0	SMOD=1	SMOD=0	SMOD=1
300	12	0X98	0X30	0.16	0.16
600	12	0XCC	0X98	0.16	0.16
1200	12	0XE6	0XCC	0.16	0.16
1800	12	0XEF	0XDD	2.12	−0.79
2400	12	0XF3	0XE6	0.16	0.16
3600	12	0XF7	0XEF	−3.55	2.12
4800	12	0XF9	0XF3	−6.99	0.16
7200	12	0XFC	0XF7	8.51	−3.55
9600	12	0XFD	0XF9	8.51	−6.99
14400	12	0XFE	0XFC	8.51	8.51
19200	12	—	0XFD	—	8.51
28800	12	0XFF	0XFE	8.51	8.51

15.2 串行通信和并行通信

随着计算机功能的日益更新，计算机与外部设备之间的通信越来越被人们所重视。计算机通信和单片机通信有两种方式：串行通信和并行通信，两种不同的通信方式给计算机功能增添了新的活力，也方便了人们日常的生活与工作。

15.2.1 串行通信

串行通信一般是指使用一条数据线，将数据字节一位一位地依次上传在一条一位宽的传输线上，逐比特地按顺序传送给接收设备。如图 15.1 所示，串行通信就像是一条很窄的单车道，一次只能允许一辆车通过。串行通信最大的优点就是节省数据线，特别适用于计算机与计算机、计算机与外部设备之间的远距离通信。同时，单根数据线也限制了串行通信的传输效率，导致串行通信数据传送效率低。

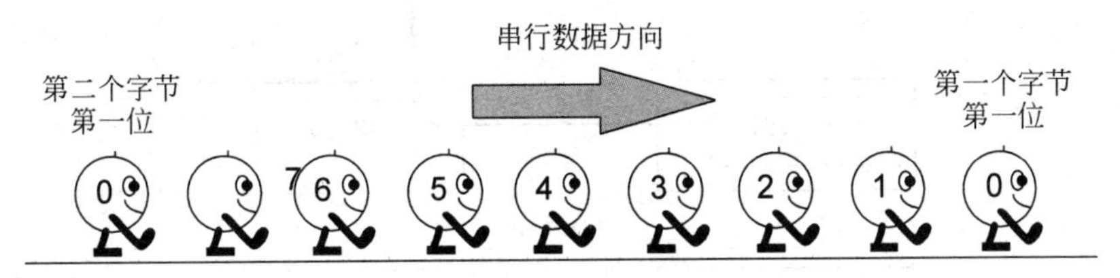

图 15.1 串行通信

1. 同步串行通信

如图 15.2 所示，同步串行通信是指接收数据的设备要受发送数据的设备的绝对控制，使两个设备在时钟频率上达到完全同步，这就保证了通信双方在发送和接收数据时具有完全一致的定时关系。图 15.3 所示为同步串行通信数据格式，在传输数据的同时还要传送时钟信号。

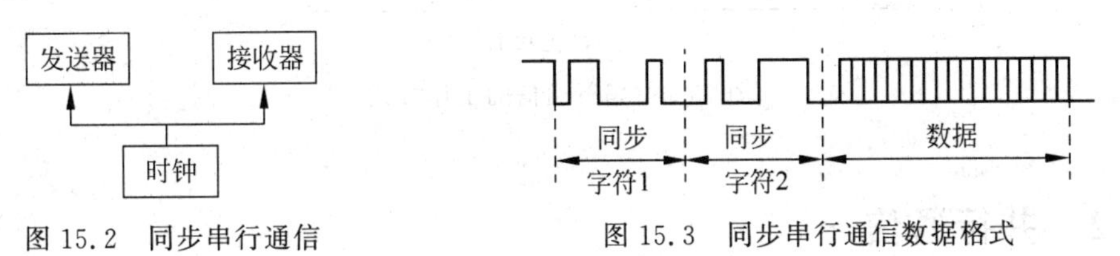

图 15.2 同步串行通信

图 15.3 同步串行通信数据格式

2. 异步串行通信

与同步串行通信相对应，图 15.4 所示的异步串行通信不要求发送设备和接收设备在时钟频率上达到完全同步。发送设备和接收设备可以通过各自的时钟频率来控制数据的收发，各自的时钟频率互不干扰，彼此独立异步串行通信数据格式如图 15.5 所示。

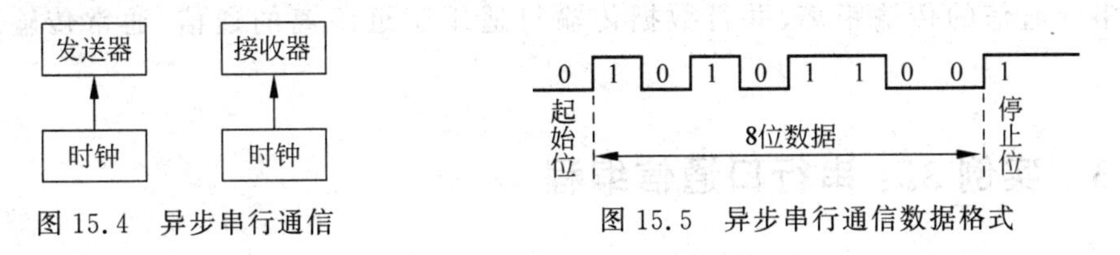

图 15.4 异步串行通信

图 15.5 异步串行通信数据格式

图 15.5 展示的是异步串行通信的工作过程，从图中可以看到，通信线上没有数据传送时处于逻辑 1 状态，发送设备在传送数据之前需要给接收设备发出一个逻辑 0 信号，该信号

接收开始发送数据的标志，接收设备接收到该信号后，就开始接收数据。

3. 串行通信的工作方式

串行通信的工作方式有如下3种。

(1) 单工，如图15.6(a)所示，数据只能从发送器到接收器。

(2) 半双工，如图15.6(b)所示，数据可以从发送器到接收器，也可以从接收器到发送器，但是双向传输数据不能同时进行。

(3) 全双工，如图15.6(c)所示，同一时间数据可以从发送器到接收器，也可以从接收器到发送器。

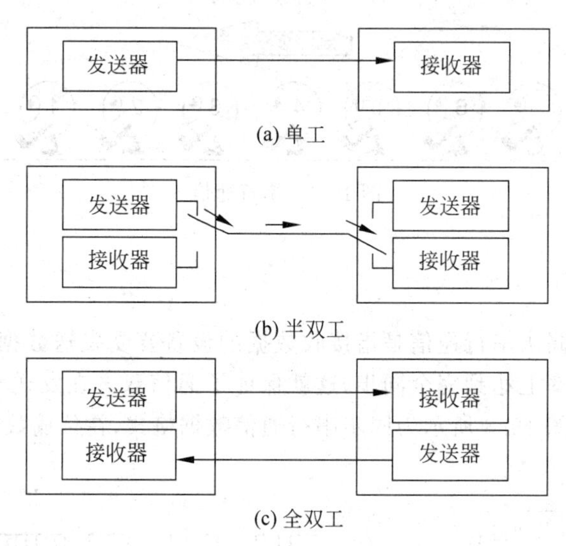

图15.6 串行通信的工作方式

15.2.2 并行通信

与串行通信相对应，并行通信一般是指使用多条数据线，将数据字节分成一位一位依次在多条一位宽的传输线上传输，即一组数据的各数据位同时在多条数据线上被传输。如图15.7所示，串行通信就像是一条单行道，同一时间允许多辆车向同一方向行驶。并行通信最大的优点就是能同时传输，使数据传输效率大大提高，特别适用于集成电路芯片的内部、同一插件板上各部件之间、同一机箱内各插件板之间的数据传输。同时，多根数据线也限制了串行通信的传输距离，并行数据传输只适用于近距离的通信，通常传输距离小于30m。

15.2.3 实例32：串行口通信编程

由于串行通信和并行通信各有优点，因此在日常生活串行数据和并行数据能相互转换。下面为读者展示如何把串行数据转换为并行数据，仿真电路如图15.8所示。

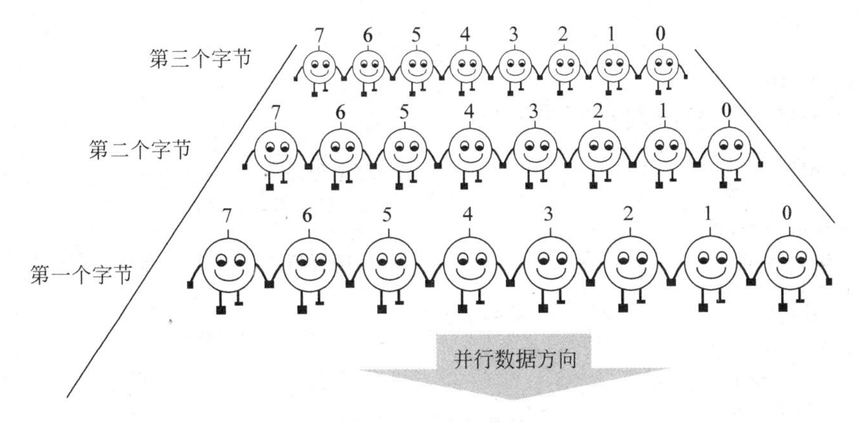

图 15.7　并行传输

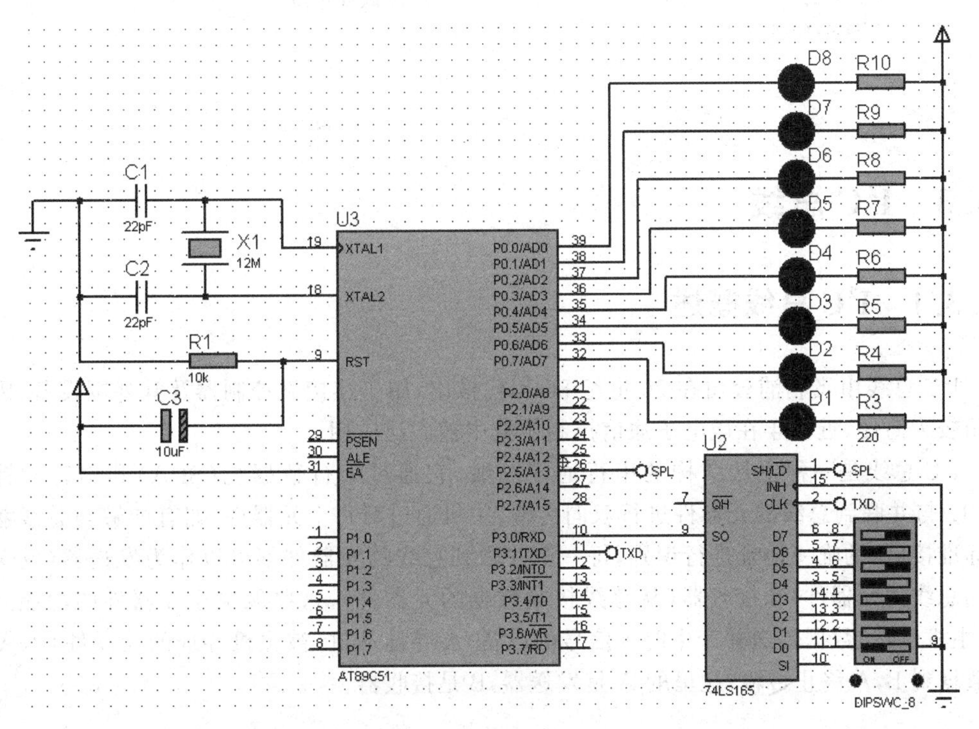

图 15.8　仿真电路

代码如下：

```
/* 名称:串行数据转换为并行数据
   说明:串行数据由 RXD 发送给串并转换芯片 74165,TXD 则用于输出移位时钟脉冲,74165 将串行
   输入的 1 字节转换为并行数据,并将转换的数据通过 8 只 LED 显示出来。本例串行口为工作方式
   0,即移位寄存器 I/O 模式。*/
#include<reg51.h>
#include<intrins.h>
#define uchar unsigned char
#define uint unsigned int
sbit SPK = P3^7;
uchar FRQ = 0x00;
void DelayMS(uint ms)                    //延时
```

```
{
    uchar i;
    while(ms -- ) for(i = 0;i < 120;i++);
}
void main()                                    //主程序
{
    uchar c = 0x80;
    SCON = 0x00;                               //串行口工作方式 0,即移位寄存器 I/O 模式
    TI = 1;
    while(1)
    {
        c = _crol_(c,1);
        SBUF = c;
        while(TI == 0);                        //等待发送结束
        TI = 0;                                //TI 软件置位
        Delayms(400);
    }
}
```

15.3 I²C 总线

15.3.1 I²C 总线概述

I²C 总线由飞利浦公司在 20 世纪 80 年代推出，用于连接微控制器及其外围设备，因其使用较为简便，近些年在微电子通信控制领域中被广泛应用。

I²C 总线是一种主从结构的串行通信总线，它通过串行数据线（SDA）和串行时钟线（SCL）与并联到总线的元器件进行双向传输，主机通过对每个元器件（拥有能够与总线兼容的标准接口）的唯一地址进行识别，每一个并联到总线的元器件都可以作为发送器（发送数据到总线的元器件）和接收器（从总线接收数据的元器件），这些取决于元器件的功能。例如，主机（启动数据传送并产生时钟信号的设备）A 寻址从机（被主机寻址的元器件）B，A 发送数据到 B，A 终止传输，这里的 A 是发送器，B 是接收器。

15.3.2 I²C 总线硬件结构

I²C 总线硬件结构如图 15.9 所示，其中 SCL 是时钟线，SDA 是数据线。由于 SCL 与 SDA 为漏极开路结构，因此它们必须接有上拉电阻，阻值的大小常为 1kΩ、4kΩ 和 10kΩ，但阻值为 1kΩ 时性能最好。当总线空闲时，两根线均为高电平，连到总线上的任一元器件输出低电平，都将使总线的信号变低，即各元器件的 SDA 和 SCL 都是线“与”关系。

15.3.3 数据位的有效规定

SDA 上的数据必须在时钟的高电平周期保持稳定。数据线的高或低状态只有在 SCL 的时钟信号是低电平时才能改变，I²C 时序图如图 15.10 所示。

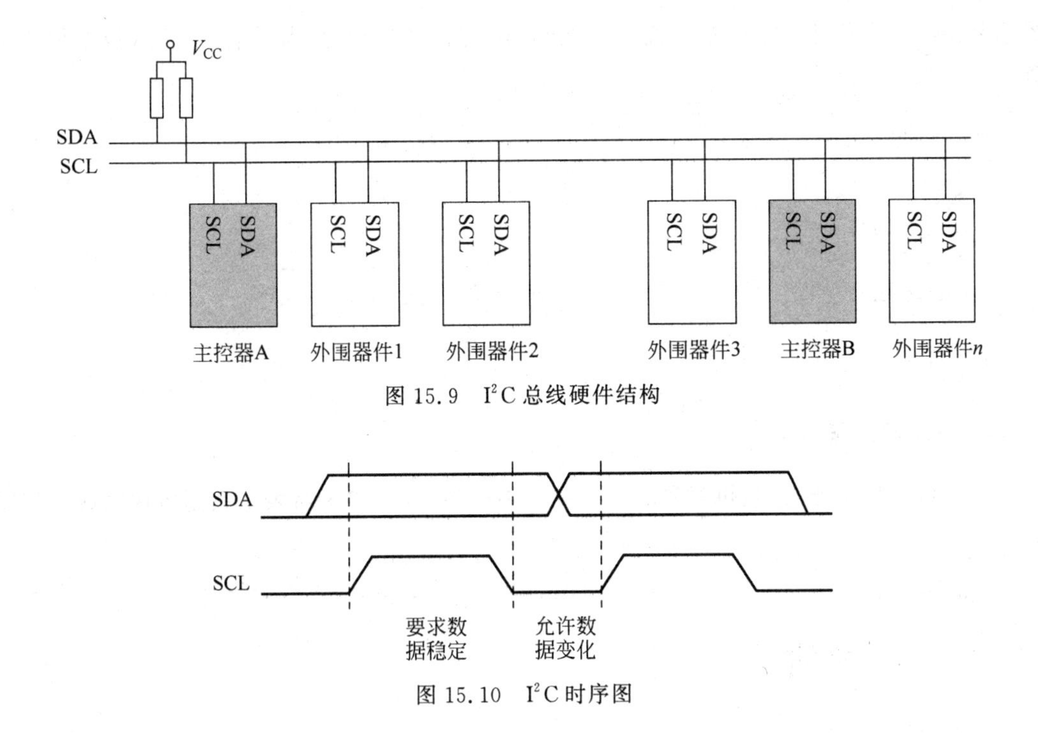

图 15.9 I²C 总线硬件结构

图 15.10 I²C 时序图

1. 发送起始信号

I²C 总线在进行一次数据传输时，主机要先发出起始信号启动 I²C 总线。其表现为在 SCL 为高电平期间，SDA 出现下降沿，即为起始信号，此时从机会检测到该起始信号。起始程序如下：

```
void Start()
{
    SDA = 1;
    SCL = 1;
    Delay4μs();
    SDA = 0;
    Delay4μs();
    SCL = 0;
}
```

2. 发送寻址信号

主机发送起始信号后，再发送寻址信号。主机发送地址时，总线上的每个从机都将这 7 位地址码与自己的地址进行比较，如果相同则认为自己正被主机寻址，根据 R/W 位将自己确定为发送器或接收器。从机的地址由固定部分和可编程部分组成，在一个系统中可能希望接入多个相同的主机，从机地址中可编程部分决定了该类器件可接入总线的最大数目。

3. 应答信号

I²C 总线协议规定，每传送一个字节都要有一个应答信号，用来确定数据是否送达。应答信号由接收器产生，在 SCL 为高电平期间，接收器将 SDA 拉为低电平，表示数据传输正确。程序如下：

```
void RACK()
{
  SDA = 1;
  Delay4μs();
  SCL = 1;
  Delay4μs();
  SCL = 0;
}
```

4. 发送非应答信号

当主机为接收器时，主机对最后一个字节不应答，以向发送器表示数据传输完成。程序如下：

```
void NO_ACK()
{
  SDA = 1;
  SCL = 1;
  Delay4μs();
  SCL = 0;
  SDA = 0;
}
```

5. 停止信号

数据传输完成后，主机发送停止信号，即在 SCL 为高电平期间，SDA 上产生上升沿信号。程序如下：

```
void Stop()
{
  SDA = 0;
  SCL = 0;
  Delay4μs();
  SCL = 1;
  Delay4μs();
  SDA = 1;
}
```

6. 写一个字节的数据

串行发送一个字节时，需要把这个字节中的 8 位逐位发送出去，byte≪=1；表示将 byte 左移一位，最高位将存放在 PSW 寄存器的 CY 位中，然后将 CY 赋给 SDA，进而在 SCL 的控制下发送出去。程序如下：

```
void Write_A_Byte(uchar byte)
{
```

```
    uchar i;
    for(i = 0;i < 8;i++)
    {
       byte <<= 1;
       SDA = CY;
       _nop_();
       SCL = 1;
       Delay4μs();
       SCL = 0;
    }
    RACK();
}
```

7. 读一个字节的数据

串行接收时，也是将8位逐位接收，然后组合成一个字节，b≪=1表示将b向左移一位，然后将移位后的b与SDA进行“或”运算，然后b为接收成功的一个字节的数据。程序如下：

```
uchar Read_A_Byte()
{
    uchar i,b;
    for(i = 0;i < 8;i++)
    {
      SCL = 1;
      b <<= 1;
      b |= SDA;
      SCL = 0;
    }
    return b;
}
```

15.3.4 AT24C02 概述

AT24C02实物及其引脚如图15.11和图15.12所示。

图15.11　AT24C02实物

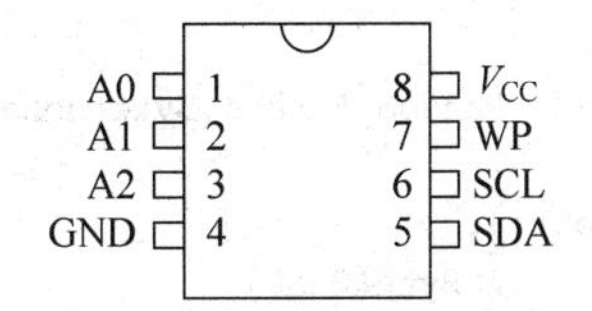

图15.12　AT24C02引脚

AT24C02 是一种具有 I^2C 总线接口的芯片。其各引脚功能如表 15.3 所示。

表 15.3 引脚功能

序 号	引 脚	功 能
1	A0	可编程地址输入端
2	A1	可编程地址输入端
3	A2	可编程地址输入端
4	GND	电源地
5	SDA	串行输入/输出端
6	SCL	串行时钟输入
7	WP	写保护
8	V_{CC}	电源

1. 芯片寻址

AT24C02 的芯片地址为 1010，其地址控制字格式为 1010A2A1A0R/W。其中，A2、A1、A0 为可编程地址选择位。A2、A1、A0 引脚接高、低电平后得到确定的 3 位编码，与 1010 形成 7 位编码，即为该器件的地址码。R/W 为芯片读/写控制位，该位为 0，表示芯片进行写操作；该位为 1，表示对芯片进行读操作。

片内子地址寻址：芯片寻址可对内部 256B 中的任一个地址进行读/写操作，其寻址范围为 00～FF，共 256 个寻址单位。

2. 读/写操作时序

串行 E^2PROM(Electrically Erasable Programmable Read-Only Memory，带电可擦除可编程只读存储器)一般有两种写入方式：一种是字节写入方式，另一种是页写入方式。这里主要介绍字节写入方式。

单片机在一次数据帧中只访问 E^2PROM 一个单元。在该方式下，单片机先发送启动信号，然后发送一个字节的控制字，再发送一个字节的存储器单元子地址。上述几个字节都得到 E^2PROM 响应后，再发送 8 位数据，最后发送 1 位停止信号。发送格式如图 15.13 所示。

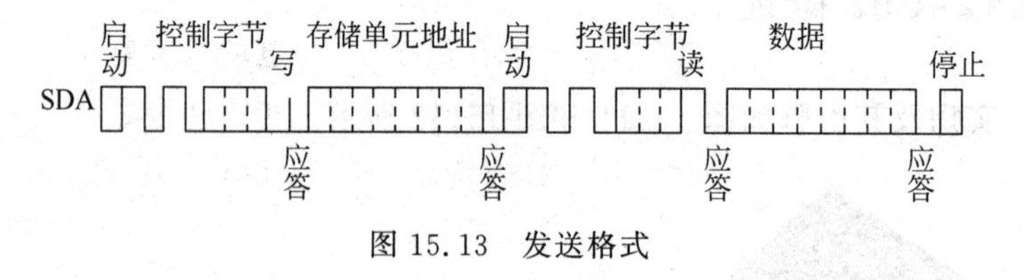

图 15.13 发送格式

程序如下：

```
void Write_Random_Adress_Byte(uchar addr,uchar dat)          //向指定地址写数据
{
    Start();
    Write_A_Byte(0xa0);
    Write_A_Byte(addr);
    Write_A_Byte(dat);
    Stop();
```

```
        Delayms(10);
}
uchar Random_Read(uchar addr)                                   //从任意地址读取数据
{
        Start();
        Write_A_Byte(0xa0);
        Write_A_Byte(addr);
        Stop();
        return Read_Current_Address_Data();
}

uchar Read_Current_Address_Data()                               //从当前地址读取数据
{
        uchar dat;
        Start();
        Write_A_Byte(0xa1);
        dat = Read_A_Byte();
        NO_ACK();
        Stop();
        return dat;
}
```

15.3.5　实例33：I^2C 总线的应用

名称：AT24C04与数码管。

说明：每次运行时，程序将AT24C04芯片内的计数字节值递增并显示在数码管上，反复运行，实现计数。

程序如下：

```
#include <reg51.h>
#include <intrins.h>
#define uchar unsigned char
#define uint unsigned int
#define Delay4μs() {_nop_();_nop_();_nop_();_nop_();}
sbit SCL = P1^0;
sbit SDA = P1^1;
uchar code DSY_CODE[] = {0xc0,0xf9,0xa4,0xb0,0x99,0x92,0x82,0xf8,0x80,0x90,0xff}; //段码
uchar DISP_Buffer[] = {0,0,0};                          //3位数显示缓冲
uchar Count = 0;
void Delayms(uint ms)                                   //延时
{
        uchar i;
        while(ms--) for(i = 0;i < 120;i++);
}
void Start()                                            //I²C启动
{
        SDA = 1;
        SCL = 1;
        Delay4μs();
        SDA = 0;
        Delay4μs();
        SCL = 0;
```

```
}
void Stop()                                             //I²C停止
{
    SDA = 0;
    SCL = 0;
    Delay4μs();
    SCL = 1;
    Delay4μs();
    SDA = 1;
}
void RACK()                                             //读取应答
{
    SDA = 1;
    Delay4μs();
    SCL = 1;
    Delay4μs();
    SCL = 0;
}
void NO_ACK()                                           //发送非应答信号
{
    SDA = 1;
    SCL = 1;
    Delay4μs();
    SCL = 0;
    SDA = 0;
}
void Write_A_Byte(uchar byte)                           //向 AT24C04 中写一个字节数据
{
    uchar i;
    for(i = 0;i < 8;i++)
    {
        byte <<= 1;
        SDA = CY;
        _nop_();
        SCL = 1;
        Delay4μs();
        SCL = 0;
    }
    RACK();
}
void Write_Random_Adress_Byte(uchar addr,uchar dat)     //向指定地址写数据
{
    Start();
    Write_A_Byte(0xa0);
    Write_A_Byte(addr);
    Write_A_Byte(dat);
    Stop();
    Delayms(10);
}
uchar Read_A_Byte()                                     //从 AT24C04 中读一个字节数据
{
    uchar i,b;
    for(i = 0;i < 8;i++)
    {
        SCL = 1;
        b <<= 1;
        b |= SDA;
```

```
            SCL = 0;
        }
        return b;
}
uchar Read_Current_Address_Data()                          //从当前地址读取数据
{
        uchar dat;
        Start();
        Write_A_Byte(0xa1);
        dat = Read_A_Byte();
        NO_ACK();
        Stop();
        return dat;
}
uchar Random_Read(uchar addr)                              //从任意地址读取数据
{
        Start();
        Write_A_Byte(0xa0);
        Write_A_Byte(addr);
        Stop();
        return Read_Current_Address_Data();
}
void Convert_And_Display()                                 //数据转换与显示
{
        DISP_Buffer[2] = Count/100;
        DISP_Buffer[1] = Count % 100/10;
        DISP_Buffer[0] = Count % 100 % 10;
        if(DISP_Buffer[2] == 0)                            //高位为0不显示
        {
            DISP_Buffer[2] = 10;
            f(DISP_Buffer[1] == 0)                         //高位为0,次高位为0不显示
                DISP_Buffer[1] = 10;
        }
        P0 = 0xff;
        P2 = 0x80;                                         //个位
        P0 = DSY_CODE[DISP_Buffer[0]];
        Delayms(2);
        P0 = 0xff;
        P2 = 0x40;                                         //十位
        P0 = DSY_CODE[DISP_Buffer[1]];
        Delayms(2);
        P0 = 0xff;
        P2 = 0x20;                                         //百位
        P0 = DSY_CODE[DISP_Buffer[2]];
        Delayms(2);
}
void main()                                                //主程序
{
        Count = Random_Read(0x00) + 1;                     //从AT24C04的0x00地址读取数据并递增
        Write_Random_Adress_Byte(0x00,Count);              //将递增后的计数值写入AT24C04
        while(1) Convert_And_Display();                    //转换并持续刷新数码管显示
}
```

连接电路如图15.14所示。

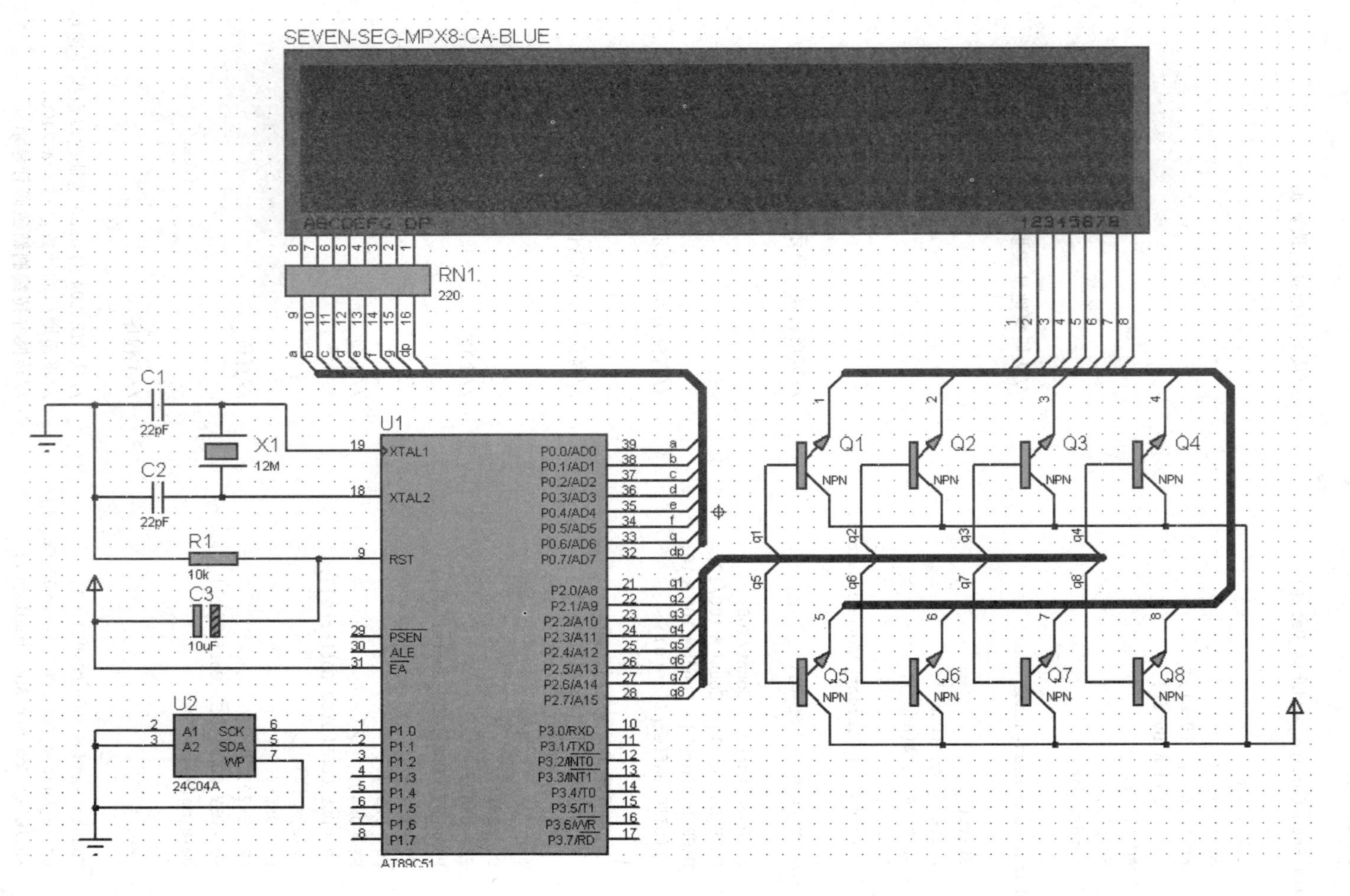
SEVEN-SEG-MPX8-CA-BLUE
ABCDEFG DP
12345678
RN1
220
U1
XTAL1
XTAL2
RST
PSEN
ALE
EA
P0.0/AD0
P0.1/AD1
P0.2/AD2
P0.3/AD3
P0.4/AD4
P0.5/AD5
P0.6/AD6
P0.7/AD7
P2.0/A8
P2.1/A9
P2.2/A10
P2.3/A11
P2.4/A12
P2.5/A13
P2.6/A14
P2.7/A15
P3.0/RXD
P3.1/TXD
P3.2/INT0
P3.3/INT1
P3.4/T0
P3.5/T1
P3.6/WR
P3.7/RD
P1.0
P1.1
P1.2
P1.3
P1.4
P1.5
P1.6
P1.7
AT89C51
Q1
Q2
Q3
Q4
Q5
Q6
Q7
Q8
NPN
X1
12M
C1
22pF
C2
22pF
R1
10k
C3
10uF
U2
A1
A2
SCK
SDA
WP
24C04A

图 15.14 连接电路

15.4 液晶

15.4.1 液晶概述

根据液晶特殊的物理、光学性质，通过电流刺激液晶分子并配合背部灯管以达到显示目的而制作的液晶显示器在生活中已被普遍应用，通常把各种液晶显示器称为液晶。

液晶显示器相对于一般显示器有着体积小、功耗小等特点，但是其工作温度要求较严格，因此在选用型号时务必要考虑温度环境。

液晶命名一般是根据其显示字符的行数或液晶点阵的行、列数。例如，1602 型液晶每行可以显示 16 个字符，显示两行，属于字符型的液晶；还有一类被称为图形型的液晶，如 12864，可显示 128×64 的液晶点阵。

15.4.2 常用液晶的操作

以 1602 型液晶为例介绍并行操作。LCD 1602 实物如图 15.15 所示。

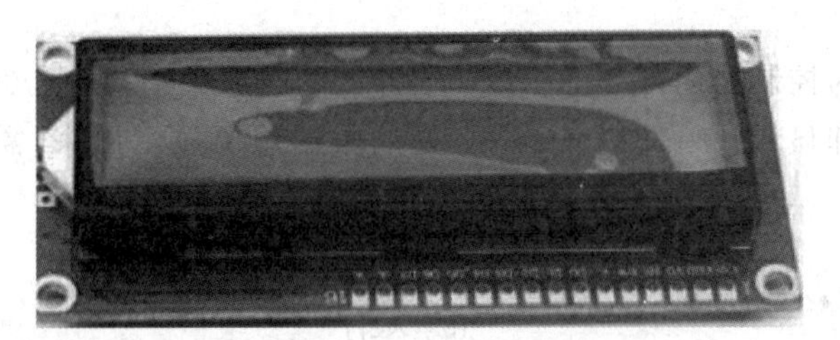

图 15.15 LCD 1602 实物

1. 引脚和主要参数

LCD 1602 的引脚和主要参数如表 15.4 和表 15.5 所示。

表 15.4 LCD 1602 的引脚

编号	符号	引脚说明	编号	符号	引脚说明
1	V_{SS}	电源地	9	D2	数据 2
2	V_{CC}	电源正极	10	D3	数据 3
3	V_O	LCD 驱动电压输入端	11	D4	数据 4
4	R_s	指令/数据选择信号	12	D5	数据 5
5	$R/\overline{W}$	读/写选择信号	13	D6	数据 6
6	E	使能信号	14	D7	数据 7
7	D0	数据 0	15	BLA	LED+(5V)
8	D1	数据 1	16	BLK	LED−(0V)

表 15.5 LCD 1602 的主要参数

参　数	参 考 值
逻辑工作电压(V_{DD})	4.8～5.2V
LCD 驱动电压($V_{DD}-V_o$)	3.0～5.0V
工作温度(T_a)	－20～＋70℃(宽温)
储存温度(T_{sto})	－30～＋80℃(宽温)
最大工作电流(背光除外)	1.7mA
最大工作电流(背光)	24.0mA

2. 时序

- 读状态输入：RS=L,R/$\overline{W}$=H,E=H；输出：D0～D7=状态字。
- 读数据输入：RS=H,R/$\overline{W}$=H,E=H；输出：无。
- 读状态输入：RS=L,R/$\overline{W}$=L,D0～D7=指令码,E=高脉冲；输出：D0～D7=状态字。
- 读状态输入：RS=H,R/$\overline{W}$=L,D0～D7=数据,E=高脉冲；输出：无。

3. RAM 地址

图 15.16 所示为控制器内部 80B RAM 缓冲区的对应关系，其中，00～0F、40～4F 被写入数据时都可以立即显示；10～27、50～67 处的数据想要显示出来，需要通过移屏指令移入显示区域。

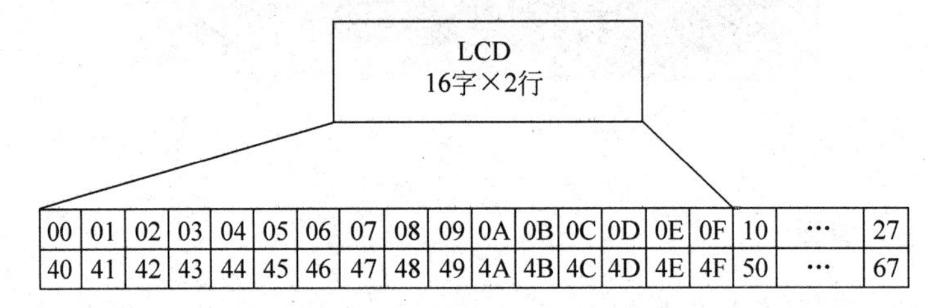

图 15.16 控制器内部 80B RAM 缓冲区的对应关系

控制器内部设有数据地址指针，可以自行访问。数据地址如表 15.6 所示。

表 15.6 数据地址

指　令　码	功　　能
80H＋地址码(0～27H、40～67H)	设置数据地址指针

4. 状态字

LCD 1602 状态字如表 15.7 所示。

表 15.7 状态字

STA7 D7	STA6 D6	STA5 D5	STA4 D4	STA3 D3	STA2 D2	STA1 D1	STA0 D0
STA0～STA6			当前地址指针的数值				
STA7			读/写操作使能		1—禁止；0—允许		

5. 模式设置

LCD 1602 模式设置如表 15.8～表 15.10 所示。

表 15.8 显示模式设置

指 令 码								功 能
0	0	1	1	1	0	0	0	设置 16×2 显示，5×7 点阵，8 位数据接口

表 15.9 显示开关及光标设置

指 令 码								功 能
0	0	0	0	1	D	C	B	*D*＝1 开显示，*D*＝0 关显示； *C*＝1 显示光标，*C*＝0 不显示光标； *B*＝1 光标闪烁，*B*＝0 光标不显示
0	0	0	0	0	1	N	S	*N*＝1：当读或写一个字符后地址加 1，光标加 1； *N*＝0：当读或写一个字符后地址减 1，光标减 1。 *S*＝1：当写一个字符时整个屏幕左移（N＝1）或右移（N＝0），以得到光标不移动而屏幕移动的效果； *S*＝0：当写一个字符时，整个屏幕不移动
0	0	0	1	0	0	0	0	光标左移
0	0	0	1	0	1	0	0	光标右移
0	0	0	1	1	0	0	0	整个屏左移，光标跟随移动
0	0	0	1	1	1	0	0	整个屏右移，光标跟随移动

表 15.10 其他设置

指 令 码	功 能
01H	显示清屏：1. 数据指针清 0 2. 所有显示清 0
02H	显示回车：数据指针清 0

6. 写入流程

（1）通过 RS 确定是写入数据还是写入命令。写入数据是指显示内容，写入命令是指液晶光标不显示/显示、光标不闪烁/闪烁、不需要/需要移动屏幕、显示位置等。

（2）读/写控制端设置为低电平，即写入模式。

(3) 将数据或命令送入数据线。

(4) 使能信号引脚 E 送入一个高脉冲,将数据送入液晶控制器,写入完成。

液晶存在延时,但是不同厂家生产的产品存在差异,无法提供准确数据,大多为纳秒级。单片机操作最小单位时间为微秒级,因此写程序时可以不使用延时,但是为使液晶稳定工作,需短暂延时,延时时间自行测定。

7. LCD 1602 引脚

LCD 1602 引脚如图 15.17 所示。

(1) 引脚 1、2 为电源,引脚 15、16 为背光电源。

(2) 引脚 3 为液晶对比度调节端,通过一个 6718Ω 电阻接地来调节液晶显示对比度。首次使用时,在液晶上电状态下,调节至液晶上面显示出黑色小格为止。

(3) 引脚 4 为向液晶控制器写入数据/命令选择端,接单片机 P3.0 接口。

(4) 引脚 5 为读/写选择端,因为不需要从液晶读取任何数据,只向其写入命令和数据,所为此端始终为写状态,接 P3.1 接口。

(5) 引脚 6 为使能信号,接 P3.2 接口。

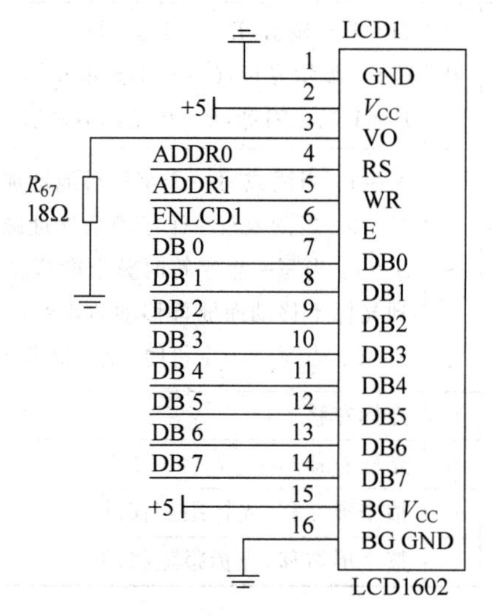

图 15.17 LCD 1602 引脚

15.4.3 实例 34:液晶显示字符串

用 C 语言编程,实现在 1602 液晶的第一行显示 HOW ARE YOU,在第二行显示 I AM FINE 后屏幕左移,左移几个字符后屏幕清空恢复。代码如下:

```
#include <reg52.h>                              //头文件
#define uchar unsigned char                     //宏定义
#define uint unsigned int
uchar code table1[] = "HOW ARE YOU";            //显示内容
uchar code table2[] = "I AM FINE";
```

```
sbit lcdrs = P3^0;                              //RS 端
sbit lcdrw = P3^1;                              //R/W 端
sbit lcde = P3^2;                               //E 端
uchar num;
void delay(uint xms)                            //延时
{
     uint x,y;
     for(x = xms;x > 0;x -- )
          for(y = 110;y > 0;y -- );
}
void write_com(uchar com)                       //写命令
{
     lcdrs = 0;
     P2 = com;
     delay(5);
     lcde = 1;
     delay(5);
     lcde = 0;
}
void write_date(uchar date)                     //写数据
{
     lcdrs = 1;
     P2 = date;
     delay(5);
     lcde = 1;
     delay(5);
     lcde = 0;
}
void init()                                     //初始化
{
     lcdrw = 0;                                 //由于不需要读入,因此固定读入,低电平
     lcde = 0;
     write_com(0x38);                           //设置 16×2 显示,5×7 点阵,8 位数据接口
     write_com(0x0c);                           //设置开显示,不显示光标
     write_com(0x06);                           //写一个字符后地址指针加 1
     write_com(0x01);                           //显示清 0,数据指针清 0
}
void main()                                     //主函数
{
     init();
     while(1)
   {
     write_com(0x80);                           //将数据指针定位在第一行第一个字处
     for(num = 0;num < 11;num++)                //送入第一行数据
     {
```

```
            write_date(table1[num]);
            delay(5);
        }
        write_com(0x80 + 0x40);
        for(num = 0;num < 10;num++)                       //送入第二行数据
        {
            write_date(table2[num]);
            delay(5);
        }
      delay(200);
        for(num = 0;num < 8;num++)                        //屏幕左移
        {
            write_com(0x18);
            delay(200);
        }
          write_com(0x01);                                //屏幕清屏
    }
}
```

分析：

(1) 写命令操作和写入操作用两个独立函数实现，二者的区别在于液晶数据/命令选择端状态。写命令如下：

```
void write_com(uchar com)                               //写命令
{
    lcdrs = 0;                                          //选择写命令模式
    P2 = com;                                           //将命令送入数据总线
    delay(5);                                           //延时等待数据稳定
    lcde = 1;                                           //使能端接收高脉冲,初始化已经将 lcde 置 0
    delay(5);                                           //延时
    lcde = 0;                                           //置 0,完成高脉冲
}
```

(2) 初始化函数中的写入命令对照前面指令码及功能解释：

```
    write_com(0x38);                                    //设置 16×2 显示,5×7 点阵,8 位数据接口
    write_com(0x0c);                                    //设置开显示,不显示光标
    write_com(0x06);                                    //写一个字符后地址指针加 1
    write_com(0x01);                                    //显示清 0,数据指针清 0
```

(3) 进入主函数，初始化执行完成后用“write_com(0x80);”将光标定位在第一行第一个字处，然后开始写入需要显示的内容。在每个字符中简短延时，延时自行尝试，时间太短会影响控制器接收数据的稳定性，时间太长会影响写入数据及显示数据的速度，测试稳定为最佳。

(4) 写入第二行时需要重新定位数据指针：“write_com(0x80+0x40);”。

(5) 屏幕左移，其中加入适当延时。

(6) 清屏，程序回到 while 处重新开始。

LCD 1602 仿真效果如图 15.18 所示。

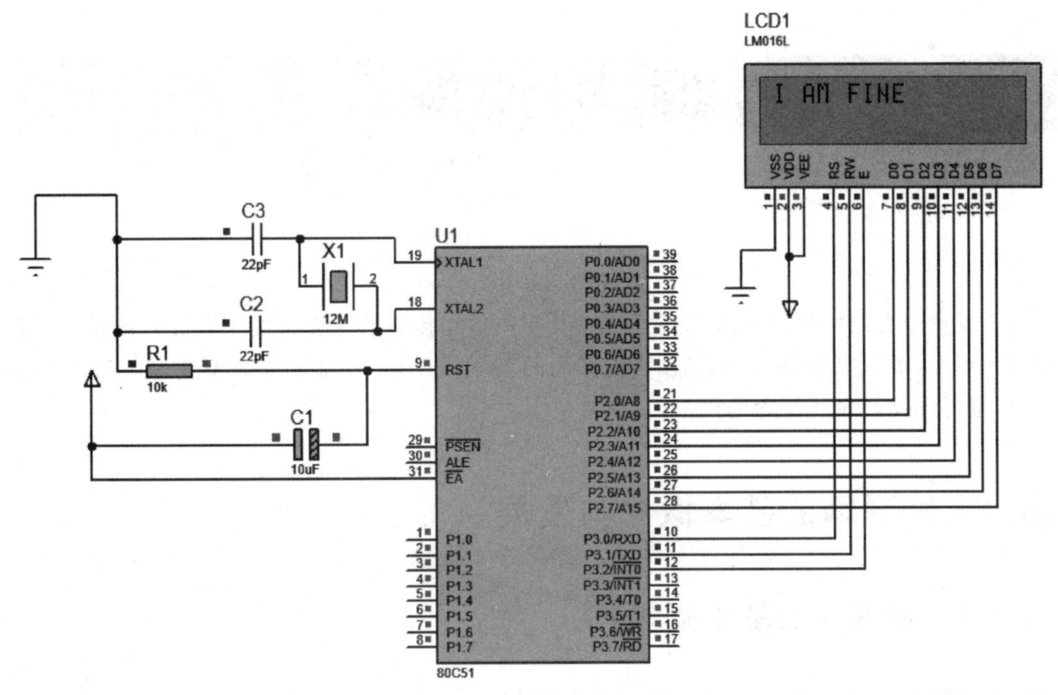

图 15.18　LCD 1602 仿真效果

第16章 传感器与物联网

本章主要介绍物联网的起源、发展,以及一些常用传感器与连接模块和部分物联网的基础技术模型,如在家居、医学、交通、物流方面的基础模型应用,让初学者对物联网有初步的了解,也可加深对系统概念的理解。

16.1 物联网的基本概念与发展

16.1.1 物联网的基本概念

物联网是指利用二维码、条形码、射频识别(Radio Frequency Identification,RFID)、全球定位系统、各种传感器等技术和设备,使物体与互联网等各类网络相连,从而获取现实世界的信息,实现物与物、物与人之间的信息交互,达到智能化、信息化的应用,实现信息基础设施与物理基础设施的全面融合,最终形成统一的智能化基础设施。

物联网的核心是物与物、物与人之间的信息交流,可以分为3个方面:信息收集、信息交互和智能处理,如表16.1所示。

表16.1 物联网的基本概念

信息收集	利用射频识别、二维码、传感器等技术和设备对物体进行信息采集和获取
信息交互	通过将物体连入信息网络,依靠各种通信网络进行可靠的信息交互和共享
智能处理	使用智能化的计算分析技术,对大量的数据、信息进行分析并整理,完成智能化的处理和控制

16.1.2 物联网的发展

从1999年概念的提出到2009年的崛起,物联网经历了10年的历程,特别是近几年物联网蓬勃兴起,逐渐成为国家的战略方针和政策扶植的对象。表16.2所示为物联网发展历程中的关键点。

表16.2 物联网发展历程中的关键点

时　　间	关　键　点
1999年	美国Auto-ID首先提出了"物联网"的概念,其最初的含义就是把物品通过射频识别等传感设备与互联网连接,以实现智能识别与管理

续表

时　　间	关　键　点
2005 年	国际电信联盟拓展了物联网的概念，提出了任何时间、任何地点、任意物品之间的相互联系
2009 年 1 月	美国国际商业机器公司（IBM）提出了“智慧地球”构想，物联网为其中不可或缺的一部分。奥巴马对“智慧地球”构想积极回应，并将其提升为国家级的发展战略
2009 年 8 月	温家宝总理提出“感知中国”，对物联网发展发表了深刻、独到的见解
2010 年	政府工作报告指出，将加快物联网的研发应用力度上升到国家战略，从而使得物联网引起全球的广泛关注
2013 年	谷歌眼镜（GoogleGlass）发布，这是物联网和可穿戴技术的一个革命性进步
2014 年	亚马逊发布了 Echo 智能扬声器，为进军智能家居中心市场铺平了道路。工业物联网标准联盟的成立证明了物联网有可能改变任何制造和供应链流程的运行方式
2016 年	通用汽车、Lyft、特斯拉和 Uber 测试自动驾驶汽车。不幸的是，第一次大规模的物联网恶意软件攻击也得到了证实，Mirai 僵尸网络用制造商默认的用户名和密码攻击物联网设备，并接管它们，将其用于分布式拒绝服务攻击（DDOS）
2017—2019 年	物联网开发变得更便宜、更容易，也更被广泛接受，从而导致整个行业掀起了一股创新浪潮。自动驾驶汽车不断改进，区块链和人工智能开始融入物联网平台，智能手机/宽带普及率的提高将继续使物联网成为未来一个吸引人的价值主张

16.2 物联网中的传感器

物联网也称为传感网。人们为了从外界获取信息，必须借助于感觉器官。物联网也一样，也需要和人类一样依靠相应的感觉器官来获取相应的信息，而物联网的这种感觉器官就是传感器。在利用这些信息的过程中，必须要解决的问题是如何获取准确可靠的信息，而传感器就是获取自然和生产领域中信息的主要途径与手段。传感器是物联网的“神经末梢”，是全面感知自然的最核心元件，各类传感器的大规模部署和应用是构成物联网不可或缺的基本条件。对于不同的应用，需要提供不同的传感器，覆盖范围包括智能工业、智能安保、智能家居、智能物流、智能医疗等。

16.3 传感器模块

传感器是一种检测装置，其可以接收到被测量的信息，并能将接收到的信息按一定规律变换成为电信号或其他所需形式的信息输出，用来满足信息的传输、处理、存储、显示、记录和控制等要求。同时，传感器是一个系统的重要组成部分，只有传感器接收到了信息，才可以反映给单片机来控制相应的元器件。

16.3.1 光敏电阻模块

光敏电阻采集光信号，并将光信号转换为电信号。通过光敏电阻采集光强数值，然后将电阻阻值与额定电压比较，得出一个数字信号值，以供单片机采集。光敏电阻模块及电路如图 16.1 和图 16.2 所示。

图 16.1　光敏电阻模块

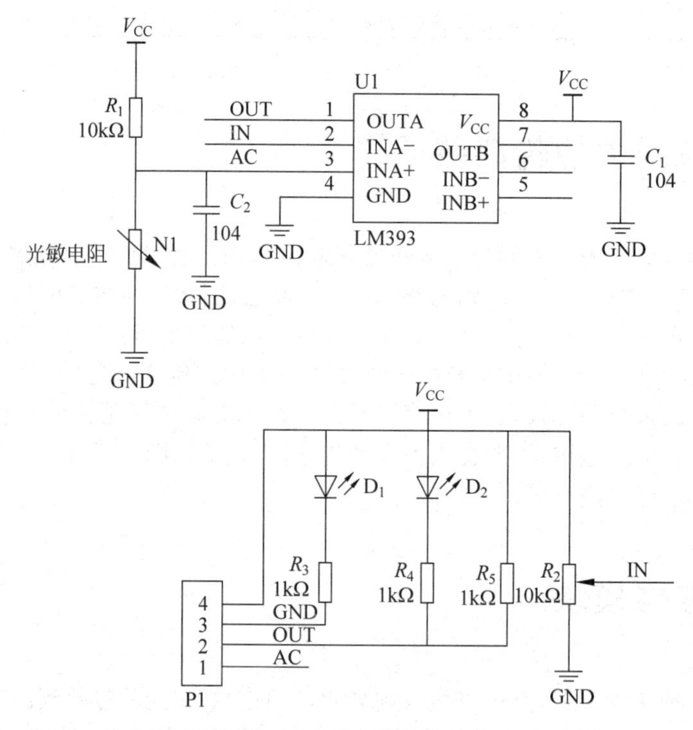

图 16.2　光敏电阻模块电路

1. 模块用途

光敏电阻模块对环境光线敏感，一般用来检测周围光线的强度。

2. 接口说明

(1) V_{CC}：外接 3.3～5V 的电压。

(2) GND：外接地。

(3) D_O：数字量的输出接口(0 或 1)。

(4) A_O：模拟量的输出接口。

3. 使用说明

(1) 当环境光线亮度达不到设定阈值时，D_O 端输出高电平；当外界环境光线亮度超过设定阈值时，D_O 端输出低电平。

(2) 数字量 D_O 输出端可以直接驱动继电器模块，由此可以组成一个光控开关。

(3) D_O 输出端可以直接与单片机相连，通过单片机检测的高低电平来检测周围环境亮度光线的改变。

(4) 模拟量 A_O 可以和 A/D 模块相连，通过 A/D 转换，可以获得更精确的环境光强数值。

(5) 检测亮度可以通过电位器进行调节，顺时针调电位器，检测亮度增加；逆时针调电位器，检测亮度减少。

参考程序略。

16.3.2 红外寻迹模块

红外寻迹模块对环境光线适应能力强，可以近距离判断物体的亮暗程度，其具有一对红外线发射管与接收管。发射管发射出一定频率的红外线，当检测方向遇到障碍物(反射面)时，红外线反射回来被接收管接收并判断信号强度，接着信号输出接口就会输出低电平信号，有些还可以传回准确的模拟量值。光电寻迹模块和电路如图 16.3 和图 16.4 所示。

图 16.3　光电寻迹模块

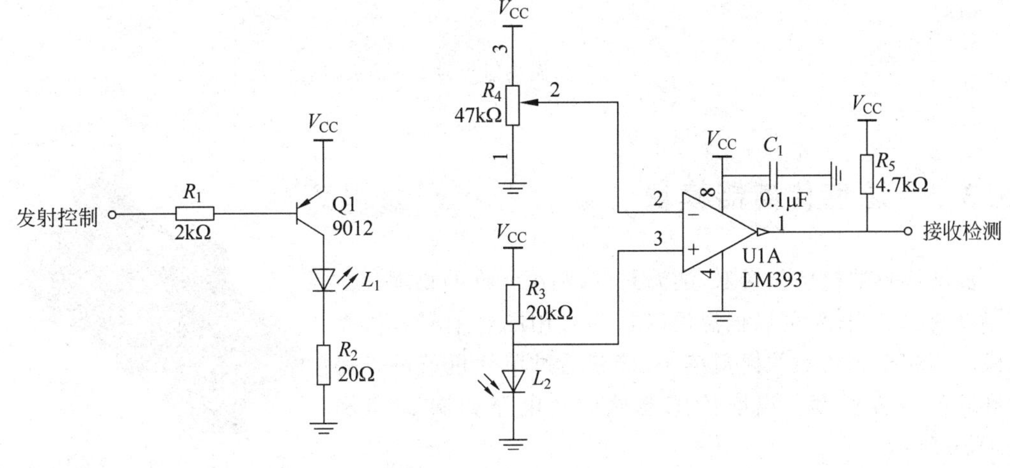

图 16.4　光电寻迹模块电路

1. 模块用途

光电寻迹模块可以广泛应用于机器人避障、小车避障、流水线计数及黑白线循迹等众多场合。

2. 接口说明

(1) V_{CC}：外接电源正极(5V)。
(2) GND：外接电源负极(GND)。
(3) OUT：输出接口高/低电平开关信号(数字信号 0 和 1)。

3. 使用说明

(1) 当光电寻迹模块检测方向遇到障碍物时，红外线反射回来被接收管接收，模块上的绿色指示灯会亮起，同时 OUT 端口持续输出低电平信号。该模块检测距离为 2～30cm，检测角度为 35°。

(2) 传感器使用红外线反射探测，因此目标的反射率和形状是探测距离的关键。其中黑色探测距离最小，白色的最大；小面积物体探测距离小，大面积物体探测距离大。

(3) 传感器模块输出接口 OUT 可直接与单片机 I/O 接口连接，也可以直接驱动一个 5V 继电器。

4. 参考程序

参考程序如下：

```
sbit g = P2^6;                          //信号接口
void light()
{
    g = 1;
    if(g == 0)
{
    …                                   //当模块信号为 0 时需要进行的操作
}
else
{
    …                                   //当模块信号为 1 时需要进行的操作
}
```

16.3.3 温度传感器模块

温度传感器模块包括 IC 测温元件，利用元件的物理性质随温度变化的规律，可以把温度转换为可用的电信号。依靠该模块能够得到精确的模拟信号，接着通过单片机就可以得到准确的外界温度。温度传感器模块及电路如图 16.5 和图 16.6 所示。

图 16.5 温度传感器模块

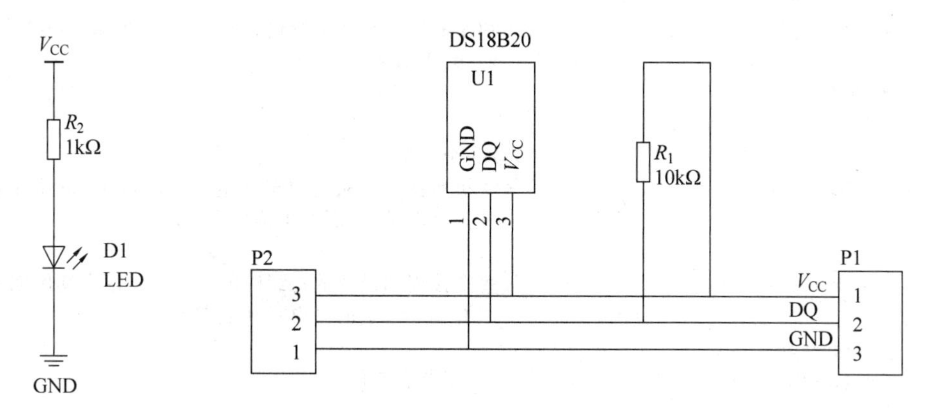

图 16.6 温度传感模块电路

1. 模块用途

温度传感模块可用于测试及检测设备、汽车、自动控制、家电等各种场合。

2. 接口说明

(1) V_{CC}：外接 3.3～5V 的电压。

(2) GND：外接电源负极。

(3) DQ：模拟数据输出接口。

3. 使用说明

温度测量范围如下。

(1) 在－55～＋125℃范围内，温度测量误差为±2℃。

(2) 在－10～＋85℃范围内，温度测量误差为±0.5℃。

4. 参考程序

参考程序如下：

```
#define uchar unsigned char
sbit DQ = P3^6;                        //数据传输线接单片机的相应的引脚
unsigned char tempL = 0;               //设全局变量
unsigned char tempH = 0;
unsigned int sdata;                    //测量到的温度的整数部分
bit fg = 1;                            //温度正负标志
void Init_DS18B20(void)
{
    unsigned char x = 0;
    DQ = 1;                            //DQ 先置高
    delay(8);                          //稍延时
    DQ = 0;                            //发送复位脉冲
    delay(80);                         //延时(> 480μs)
    DQ = 1;                            //拉高数据线
    delay(5);                          //等待(15～60μs)
```

```
    x = DQ;                             /* 用 x 的值来判断初始化有没有成功,如果 18B20 存在,则
                                           x = 0,否则 x = 1 */
    delay(20);
}
                                        //读一个字节
ReadOneChar(void)                       /* 主机数据线先从高拉至低电平 1μs 以上,再使数据线上
                                           升为高电平,从而产生读信号 */
{
    unsigned char i = 0;                /* 每个读周期最短的持续时间为 60μs,各个读周期之间必
                                           须有 1μs 以上的高电平恢复期 */
    unsigned char dat = 0;
    for (i = 8; i > 0; i -- )           //一个字节有 8 位
    {
        DQ = 1;
        delay(1);
        DQ = 0;
        dat >> = 1;
        DQ = 1;
        if(DQ)
        dat = 0x80;
        delay(4);
    }
return(dat);
}
void WriteOneChar(unsigned char dat)    //写一个字节
{
    unsigned char i = 0;                /* 数据线从高电平拉至低电平,产生写起始信号。15μs 之
                                           内将所需写的位送到数据线上 */
    for(i = 8; i > 0; i -- )            /* 在 15～60μs 对数据线进行采样,如果是高电平就写 1,如
                                           果是低电平就写 0 */
    {
        DQ = 0;                         /* 在开始另一个写周期前必须有 1μs 以上的高电平恢
                                           复期 */
        DQ = dat&0x01;
        delay(5);
        DQ = 1;
        dat >> = 1;
    }
    delay(4);
}
void ReadTemperature(void)              //读温度值(低位放 tempL,高位放 tempH)
{
    Init_DS18B20();                     //初始化
    WriteOneChar(0xcc);                 //跳过读序列号的操作
    WriteOneChar(0x44);                 //启动温度转换
    delay(125);                         //转换需要一点时间,延时
    Init_DS18B20();                     //初始化
    WriteOneChar(0xcc);                 //跳过读序列号的操作
    WriteOneChar(0xbe);                 //读温度寄存器(两个值为温度低位和高位)
    tempL = ReadOneChar();              //读出温度的低位 LSB
    tempH = ReadOneChar();              //读出温度的高位 MSB
```

```
    if(tempH > 0x7f)                           //最高位为 1 时温度是负
    {
        tempL = ~tempL;                        //补码转换,取反加一
        tempH = ~tempH + 1;
        fg = 0;                                //读取温度为负时,fg = 0
    }
    sdata  =  tempL/16 + tempH * 16;           //整数部分
    xiaoshu1  =  (tempL&0x0f) * 10/16;         //小数部分的第一位
    xiaoshu2  =  (tempL&0x0f) * 100/16 % 10;   //小数部分的第二位
    xiaoshu = xiaoshu1 * 10 + xiaoshu2;        //小数两位
}
void main()                                    //显示函数
{
    while(1)
    {
        ReadTemperature();
        Display(sdata);                        //显示温度
    }
}
```

16.3.4　温湿度传感器模块

温湿度传感器包括一个电阻式感湿元件和一个 NTC 测温元件,能够检测周围环境的温度和湿度,并将温度和湿度通过 I^2C 或单总线传输回处理器。模块采集环境信息得到温度湿度,判断出温度湿度值,通过处理器的请求信号决定以单总线还是 I^2C 总线传回处理器。温湿度传感器模块及电路如图 16.7 和图 16.8 所示。

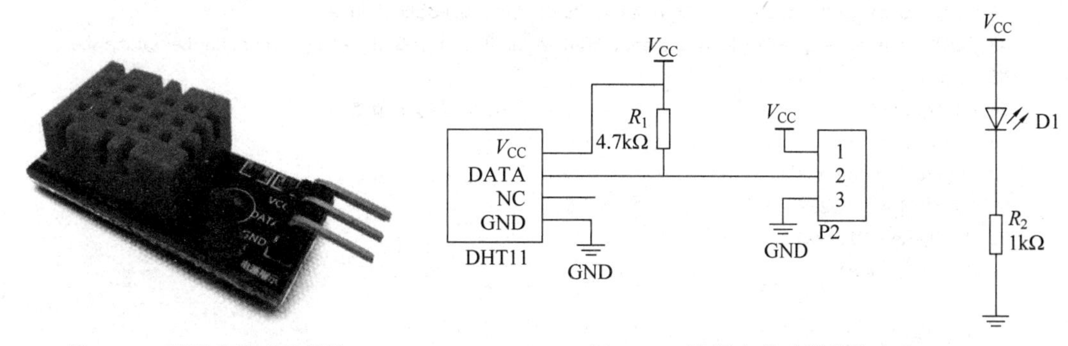

图 16.7　温湿度传感器模块　　图 16.8　温湿度传感器模块电路

1. 模块用途

温湿度传感器模块可用于测试及检测设备、汽车、自动控制、家电、湿度调节器、除湿器等各种场合。

2. 接口说明

(1) V_{CC}: 外接 3.3～5V 的电压。

(2) GND：外接电源负极。

(3) DATA：串行数据，单总线。

3. 使用说明

(1) 相对湿度测量范围：20%～95%(范围为0～50℃)，湿度测量误差为±5%。

(2) 温度测量范围：0～50℃，温度测量误差为±2℃。

4. 参考程序

参考程序如下：

```
#include <reg51.h>
#include <intrins.h>
typedef unsigned char     U8;
typedef signed char       S8;
typedef unsigned int      U16;
typedef signed int        S16;
typedef unsigned long     U32;
typedef signed long       S32;
typedef float             F32;
typedef double            F64;
#define uchar unsigned char
#define uint unsigned int
#define Data_0_time    4
sbit P2_0  = P2^0 ;
U8  U8FLAG,k;
U8  U8count,U8temp;
U8  U8T_data_H,U8T_data_L,U8RH_data_H,U8RH_data_L,U8checkdata;
U8  U8T_data_H_temp,U8T_data_L_temp,U8RH_data_H_temp,U8RH_data_L_temp,U8checkdata_temp;
U8  U8comdata;
U8  outdata[5];                              //定义发送的字节数
U8  indata[5];
U8  count, count_r = 0;
U8  str[5] = {"RS232"};
U16 U16temp1,U16temp2;
SendData(U8 *a)
{
  outdata[0] = a[0];
  outdata[1] = a[1];
  outdata[2] = a[2];
  outdata[3] = a[3];
  outdata[4] = a[4];
  count = 1;
  SBUF = outdata[0];
}
        void COM(void)
      {
         U8 i;
         for(i = 0; i < 8; i++)
```

```
        {
            U8FLAG = 2;
            while((!P2_0)&&U8FLAG++);
            cdelay_10μs();
            delay_10μs();
            delay_10μs();
                U8temp = 0;
            if(P2_0)U8temp = 1;
            U8FLAG = 2;
            while((P2_0)&&U8FLAG++);
            if(U8FLAG == 1)break;            //超时则跳出 for 循环
                                             //判断数据位是 0 还是 1
                                             /* 如果电平高过预定值则数据位为 1 */

            U8comdata <<= 1;
            U8comdata| = U8temp;
         }
}
/* ----- 湿度读取子程序 ------------
//---- 以下变量均为全局变量 --------
//---- 温度高 8 位 == U8T_data_H------
//---- 温度低 8 位 == U8T_data_L------
//---- 相对湿度高 8 位 == U8RH_data_H-----
//---- 相对湿度低 8 位 == U8RH_data_L-----
//---- 校验 8 位  == U8checkdata----- */
void RH(void)
{
  P2_0 = 0;                                  //主机拉低 18ms
  delay(180);
  P2_0 = 1;                                  //总线由上拉电阻拉高,主机延时 20μs
  delay_10μs();
  delay_10μs();
  delay_10μs();
  delay_10μs();                              //主机设为输入,判断从机响应信号
  P2_0 = 1;                                  /* 判断从机是否有低电平响应信号,如果不响应则跳
                                                出,响应则向下运行 */

  if(!P2_0)
  {
      U8FLAG = 2;
      while((!P2_0)&&U8FLAG++);              //判断从机发出 80μs 的低电平响应信号是否结束
      U8FLAG = 2;
                                             /* 判断从机是否发出 80μs 的高电平,如发出则进入
                                                数据接收状态 */

      while((P2_0)&&U8FLAG++);               //数据接收状态
      COM();
      U8RH_data_H_temp = U8comdata;
      COM();
      U8RH_data_L_temp = U8comdata;
      COM();
      U8T_data_H_temp = U8comdata;
      COM();
```

```
        U8T_data_L_temp = U8comdata;
        COM();
        U8checkdata_temp = U8comdata;
        P2_0 = 1;
                                        //数据校验
        U8temp = (U8T_data_H_temp + U8T_data_L_temp + U8RH_data_H_temp + U8RH_data_L_temp);
        if(U8temp == U8checkdata_temp)
        {
            U8RH_data_H = U8RH_data_H_temp;
            U8RH_data_L = U8RH_data_L_temp;
            U8T_data_H = U8T_data_H_temp;
            U8T_data_L = U8T_data_L_temp;
            U8checkdata = U8checkdata_temp;
        }
      }
}
void main()                             //发送温湿度数据,波特率为 9600b/s
{
  U8 i,j;
  //uchar str[6] = {"RS232"};
  /*系统初始化*/
  TMOD  =  0x20;                        //定时器 T1 使用工作方式 2
  TH1  =  253;                          //设置初值
  TL1  =  253;
  TR1  =  1;                            //开始计时
  SCON  =  0x50;                        //工作方式 1,波特率为 9600b/s,允许接收
  ES  =  1;
  EA  =  1;                             //打开所有中断
  TI  =  0;
  RI  =  0;
  SendData(str) ;                       //发送到串行口
  delay(1);                             //延时 100μs(12MHz 晶振)
  while(1)
  {
     RH();                              //调用温湿度读取子程序
                                        //串行口显示程序
     str[0] = U8RH_data_H;
     str[1] = U8RH_data_L;
     str[2] = U8T_data_H;
     str[3] = U8T_data_L;
     str[4] = U8checkdata;
     SendData(str) ;                    //发送到串行口
     delay(20000);                      //读取模块数据周期,不宜小于 2s
  }
}
void RSINTR() interrupt 4 using 2
{
  U8 InPut3;
  if(TI == 1)                           //发送中断
  {
    TI = 0;
```

```
        if(count!= 5)                          //发送完 5 位数据
        {
            SBUF = outdata[count];
            count++;
        }
    }
    if(RI == 1)                                //接收中断
    {
        InPut3 = SBUF;
        indata[count_r] = InPut3;
        count_r++;
        RI = 0;
        if (count_r == 5)                      //接收完 4 位数据
        {                                      //数据接收完毕处理
            count_r = 0;
            str[0] = indata[0];
            str[1] = indata[1];
            str[2] = indata[2];
            str[3] = indata[3];
            str[4] = indata[4];
            P0 = 0;
        }
    }
}
```

16.3.5 雨滴传感器模块

雨滴传感器模块通过判断传感器上是否有水滴来决定传回的数据值。当采集板上有水滴时，采集板的导电性发生改变，传感器采集到信息后传输给处理器。雨滴传感器模块及电路如图 16.9 和图 16.10 所示。

图 16.9　雨滴传感器模块

1. 模块用途

雨滴传感器模块可用于机器人套件，还可以用于各种天气状况的监测。

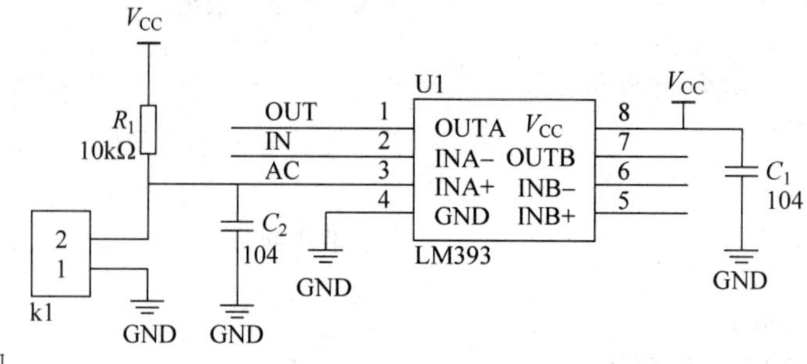

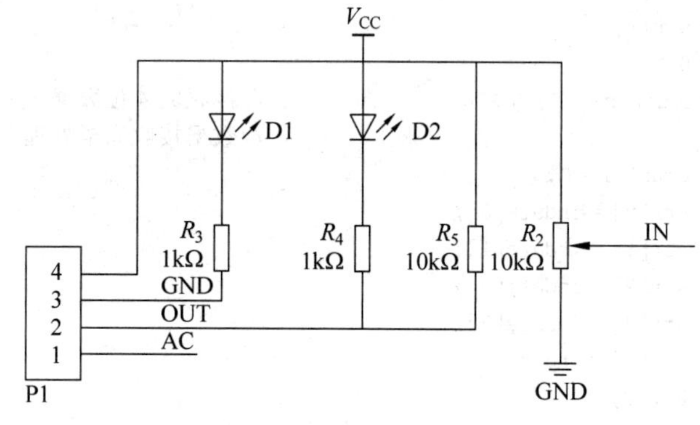

图 16.10 雨滴传感器模块电路

2. 接口说明

(1) V_{CC}：外接 3.3～5V 的电压。

(2) GND：外接地。

(3) D_O：数字量的输出接口。

(4) A_O：模拟量的输出接口。

3. 使用说明

(1) 接上 5V 电源，感应板上没有水滴时，D_O 输出为高电平；当滴上一滴水时，D_O 输出为低电平，擦掉水滴又变为高电平。

(2) D_O 接口数字量的输出接口也可以连接单片机，以检测是否有雨。

(3) A_O 模拟输出接口可以连接单片机的 A/D 接口，以检测滴在传感器上的雨量大小。

4. 参考程序

参考程序如下：

```
#include <reg52.h>
#define uchar unsigned char
#define uint unsigned int
sbit key1 = P0^1;
void Initial_com(void);
void Initial_com(void)                    //串行口初始化
{
```

```
        EA = 1;                              //开总中断
        ES = 1;                              //允许串行口中断
        ET1 = 1;                             //允许定时器 T1 中断
        TMOD = 0x20;                         //定时器 T1,在工作方式 2 中断产生波特率
        PCON = 0x00;                         //SMOD = 0
        SCON = 0x50;                         //工作方式 1 由定时器控制
        TH1 = 0xfd;                          //波特率设置为 9600b/s
        TL1 = 0xfd;
        TR1 = 1;                             //开定时器 T1 运行控制位
    }
    void main()
    {
        Initial_com();
        while(1)
        {
            if(key1 == 0)
            {
                delay();                     //消抖动
                if(key1 == 0)                //确认触发
                {
                    SBUF = 0X01;
                    delay(200);
                }
            }
        }
        if(RI)
        {
            date = SBUF;                     //单片机接收
            SBUF = date;                     //单片机发送
            RI = 0;
        }
    }
```

16.3.6 CO_2 检测传感器模块

CO_2 检测传感器模块具有双路信号输出(模拟量输出及TTL 电平输出),对二氧化碳具有较高的灵敏度和良好的选择性,可以检测 CO_2 的浓度。采集到 CO_2 的浓度后,将 CO_2 浓度的模拟值输出,并将模拟值与可调节的阈值相比较后传回数字量。CO_2 检测传感器模块及电路如图 16.11 和图 16.12 所示。

图 16.11 CO_2 检测传感器模块

1. 模块用途

CO_2 检测传感器模块适宜于 CO_2 浓度的探测,可作为家庭、环境的 CO_2 探测装置。

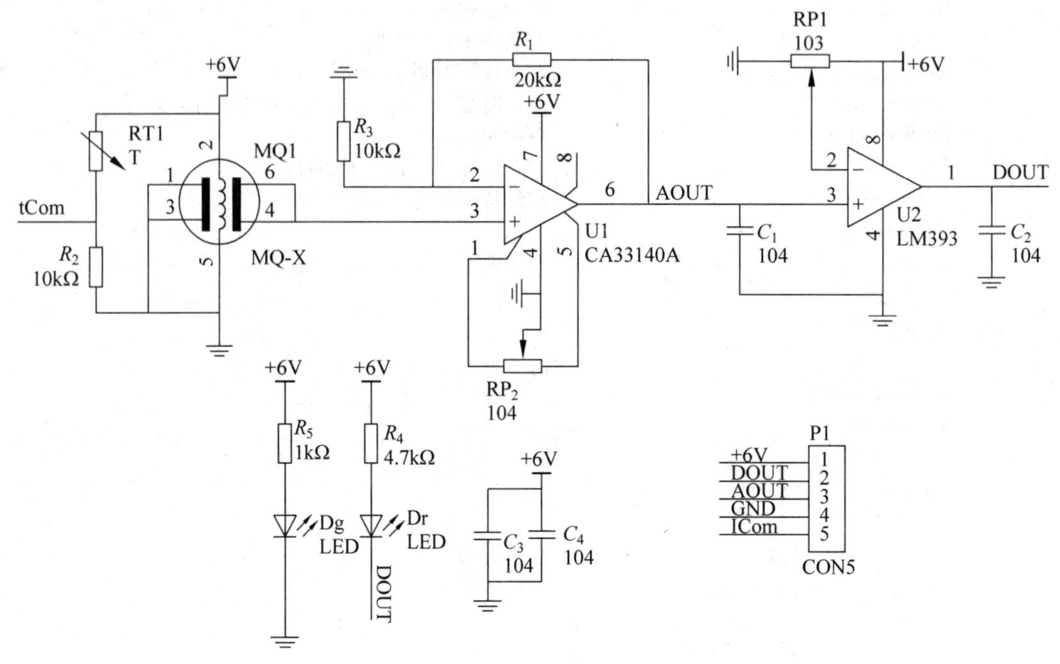

图 16.12 CO_2 检测传感器模块电路

2. 接口说明

(1) V_{CC}：外接 3.3～5V 的电压。

(2) GND：外接地。

(3) D_{out}：数字量的输出接口。

(4) A_{out}：模拟量的输出接口。

(5) T_{cm}：温度补偿输出。

3. 使用说明

(1) 接上电源，当检测 CO_2 气体浓度低于设定值时，D_{out} 输出为高电平；当检测 CO_2 气体浓度高于设定值时，D_O 输出为低电平。

(2) D_{out} 接口数字量的输出接口也可以连接单片机，以检测 CO_2 气体的浓度。

(3) A_{out} 模拟量输出电压为 0～2V，CO_2 气体浓度越低，电压越高。

(4) 标准温度下温度补偿输出 T_{cm} 为 $2/V_{CC}$ 电压。当环境温度变化时，输出电压信号变化，温度变化量转换为对应电压输出变化量，通过程序补充这部分的温度变化量，使得该模块可以进行更有效的检测。

4. 参考程序

(1) TTL 输出程序如下：

```
#include<reg52.h>                    //库文件
#define uchar unsigned char          //宏定义无符号字符型
```

```
#define uint unsigned int              //宏定义无符号整型
sbit LED = P1^0;                       //定义单片机 P1 接口的第 1 位 (P1.0)为指示端
sbit DOUT = P2^0;                      //定义单片机 P2 接口的第 1 位(P2.0)为传感器的输入端
void delay()                           //延时程序
{
    uchar m,n,s;
    for(m = 20; m > 0; m -- )
    for(n = 20; n > 0; n -- )
    for(s = 248; s > 0; s -- );
}
void main()
{
     while(1)                          //无限循环
     {
       LED = 1;                        //熄灭 P1.0 接口灯
       if(DOUT == 0)                   //当浓度高于设定值时,执行条件函数
       {
         delay();                      //延时抗干扰
         if(DOUT == 0)                 //确定浓度高于设定值时,执行条件函数
         {
           LED = 0;                    //点亮 P1.0 接口灯
         }
       }
     }
}
```

(2) 模拟量程序如下：

```
#include <reg52.h>                     //头文件
#define uchar unsigned char            //宏定义无符号字符型
#define uint unsigned int              //宏定义无符号整型
code uchar seg7code[10] = { 0xc0,0xf9,0xa4,0xb0,0x99,0x92,0x82,0xf8,0x80,0x90};
                                       //显示段码、数码管字和位的控制端
uchar wei[4] = {0XEf,0XDf,0XBf,0X7f};  //位控制码
sbit ST = P3^0;                        //A/D 启动转换信号
sbit OE = P3^1;                        //数据输出允许信号
sbit EOC = P3^2;                       //A/D 转换结束信号
sbit CLK = P3^3;                       //时钟脉冲
uint z,x,c,v,AD0809, date;             //定义数据类型
void timer0( ) interrupt 1             //定时器 0 工作方式 1
{
    TH0 = (65536 - 2)/256;             //重装计数初值
    TL0 = (65536 - 2) % 256;           //重装计数初值
    CLK = !CLK;                        //取反
}
void main()
{
    TMOD = 0X01;                       //定时器中断 0
    CLK = 0;                           //脉冲信号初始值为 0
    TH0 = (65536 - 2)/256;             //定时时间高 8 位初值
    TL0 = (65536 - 2) % 256;           //定时时间低 8 位初值
```

```
        EA = 1;                         //开 CPU 中断
        ET0 = 1;                        //开 T0 中断
        TR0 = 1;
        while(1)                        //无限循环
        {
            ST = 0;                     //使采集信号为低
            ST = 1;                     //开始数据转换
            ST = 0;                     //停止数据转换
            while(!EOC);                //等待数据转换完毕
            OE = 1;                     //允许数据输出信号
            AD0809 = P1;                //读取数据
            OE = 0;                     //关闭数据输出允许信号
            if(AD0809 >= 251)           //电压显示不能超过 5V
            AD0809 = 250;
            date = AD0809 * 20;         //数码管显示的数据值,其中 20 为采集数据的毫安值
            Display();                  //数码管显示函数
        }
    }
```

16.3.7 触摸传感器模块

触摸传感器模块是一个基于触摸检测 IC 的电容式点动型触摸开关模块,可以检测是否有人触摸传感器,从而输出一个数字信号。触摸传感器模块如图 16.13 所示。

图 16.13 触摸传感器模块

1. 模块用途

可以将该模块安装在非金属材料如塑料、玻璃的表面,将薄纸片等非金属材料覆盖在模块的表面,只要触摸的位置正确,即可做成隐藏在墙壁、桌面等地方的开关。

2. 接口说明

(1) V_{CC}:外接 2~5.5V 的电压。

(2) GND:外接地。

(3) SIG:数字信号输出接口。

3. 使用说明

(1) 接上电源,初态为低电平,当用手触摸时,数字信号输出接口输出一个高电平;当手放开时,数字信号输出接口输出一个低电平,再次触摸就又变成高电平,如此往复。

(2) 触摸区域为类似指纹的图标的内部区域,正反面均可作为触摸面,可以用来代替传统的轻触开关。

4. 参考程序

参考程序如下：

```
#include <reg52.h>                       //库文件
#define uchar unsigned char              //宏定义无符号字符型
#define uint unsigned int                //宏定义无符号整型
sbit LED = P1^0;                         //定义单片机 P1 接口的第 1 位 (P1.0)为指示端
sbit DOUT = P2^0;                        //定义单片机 P2 接口的第 1 位(P2.0)为传感器的输入端
void delay()                             //延时程序
{
    uchar m,n,s;
    for(m = 20;m > 0;m -- )
        for(n = 20;n > 0;n -- )
            for(s = 248;s > 0;s -- );
}
void main()
{
    while(1)                             //无限循环
    {
        LED = 1;                         //熄灭 P1.0 接口灯
        if(DOUT == 0)                    //当用手触摸时,执行条件函数
        {
            delay();                     //延时抗干扰
            if(DOUT == 0)                //确定用手触摸时,执行条件函数
            {
                LED = 0;                 //点亮 P1.0 接口灯
            }
        }
    }
}
```

16.3.8 超声波传感器模块

超声波传感器模块可提供 2～400cm 的非接触式距离感测功能，测距精度可达 3mm，包括超声波发射器、接收器与控制电路。超声波传感器能发出超声波信号，到达物体后反射的信号被采集器采集，然后通过接收时间来计算距离。该计算过程需要在处理器内进行，因为超声波传感器在发出信号后接收到传回波只能发送给传感器一个脉冲信号。超声波传感器模块及电路如图 16.14 和图 16.15 所示。

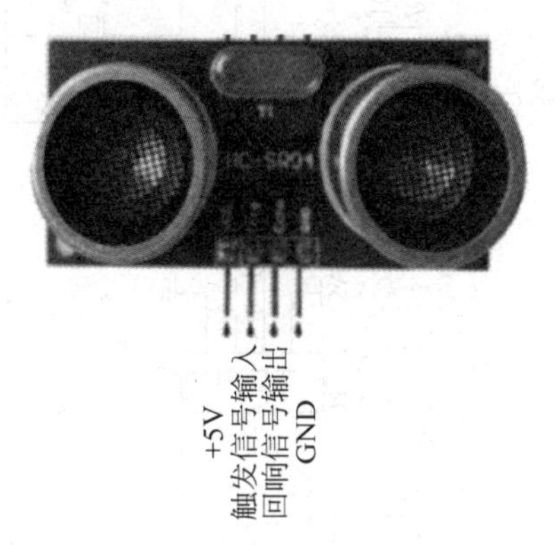

图 16.14 超声波传感器模块

1. 模块用途

超声波传感器模块可用于测量距离及感应前方障碍物距离，适用于避障、精确移动或者停止位置等场合。

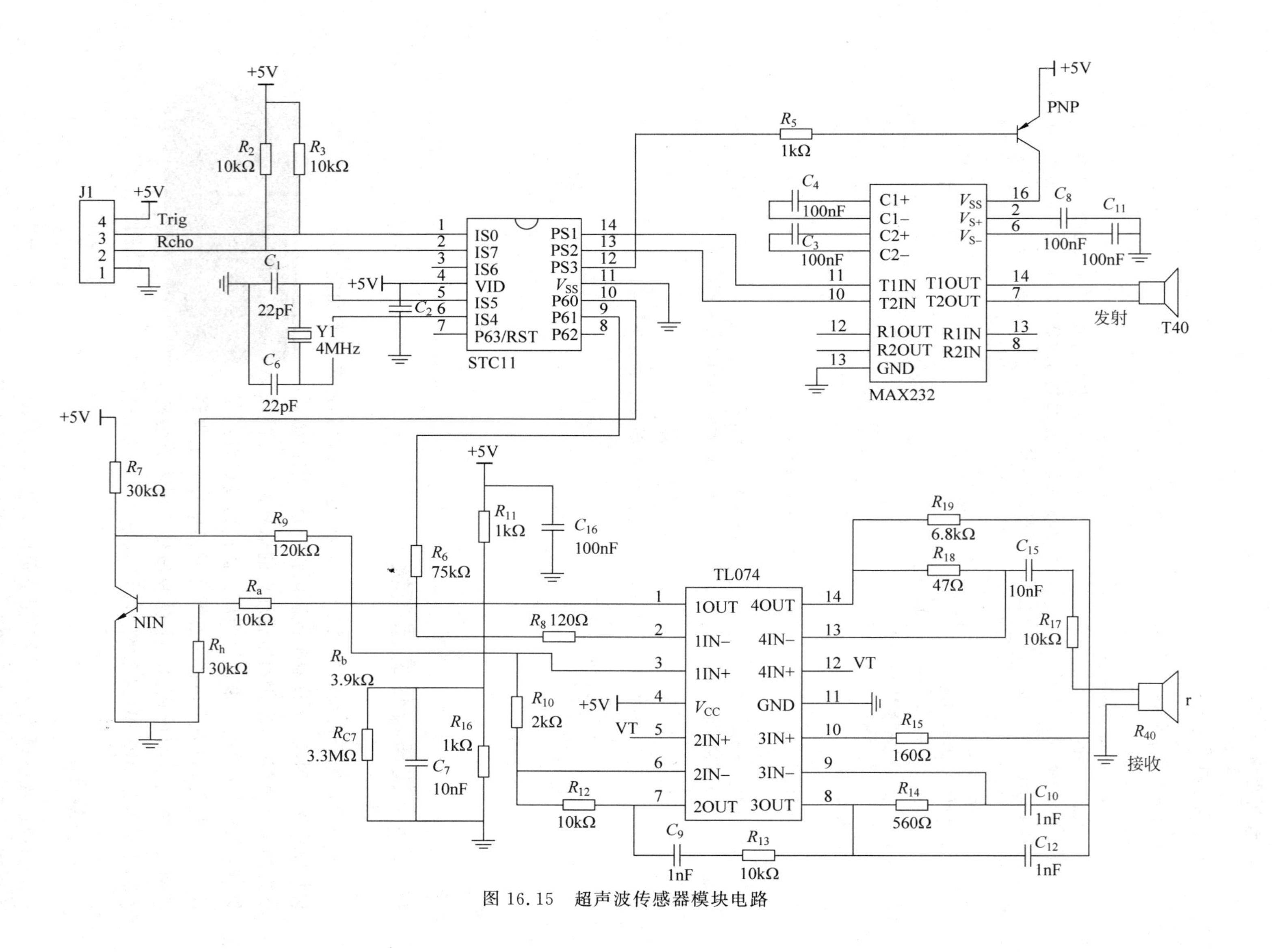

图 16.15 超声波传感器模块电路

2. 接口说明

(1) V_{CC}：外接5V的电压。

(2) GND：外接地。

(3) Trig：触发信号输入(控制端)。

(4) Echo：回响信号输出(接收端)。

3. 使用说明

(1) 一个控制口发送一个10μs以上的高电平,就可以在接收口等待高电平输出。一有输出就可以开定时器计时,当此接收口变为低电平时就可以读定时器的值,此时就为此次测距的时间,接着就可以算出距离。

(2) 模块自动发送8个40kHz的方波,自动检测是否有信号返回。

(3) 如果有信号返回,则通过I/O接口输出一个高电平,高电平持续的时间就是超声波从发射到返回的时间,测试距离=[高电平时间×声速(340m/s)]/2。

4. 参考程序

参考程序如下：

```
#include <reg52.h>
#define uchar unsigned char
#define uint unsigned int
sbit LED1 = P0^1;                    //个
sbit LED2 = P0^2;                    //十
sbit LED3 = P0^3;                    //百
sbit LED4 = P0^4;                    //千
sbit Trig = P1^0;                    //超声波传感器使能引脚定义
sbit Echo = P3^2;                    //超声波传感器回波引脚定义
float time = 0;                      //回波总时间
unsigned int distance = 0;           //距离单位为cm
unsigned char timeH = 0;             //定时器1定时值高8位
unsigned char timeL = 0;             //定时器1定时值低8位
unsigned char counter = 0;           //定时器0计数值
unsigned char LED_num[10] = {0x3f,0x06,0x5b,0x4f,0x66,0x6d,0x7d,0x07,0x7f,0x6f};
                                     //数码管对应显示数字0~9
                                     //段选
bit success = 0;                     //回波接收成功标志位
void main(void)
{
    Trig = 0;                        //使能引脚初始拉低
    TMOD = 0x01;                     //定时器0设定为16位定时模式
    TH0 = 0x3C;                      //(65536 - 5000)/256 = 60
    TL0 = 0xB0;                      //(65536 - 5000) % 256 = 60
    TR0 = 1;                         //开定时器0
    ET0 = 1;                         //定时器0中断允许
    EX0 = 1;                         //外部中断0允许
    IT0 = 1;                         //外部中断0下降沿触发
```

```
    EA = 1;                          //开总中断
    while(1)
    {
        if(success == 1)             //判断是否接收成功
        {
            distance = time * 0.017 - 10;
            success = 0;             //接收成功,标志位清 0
        }
        Display();                   //显示函数
    }
}
void timer0int() interrupt 1         /* 50ms×4 = 0.2s 定时,每 0.2s 产生一次超声波,测一次
                                        距离 */
{
    EA = 0;                          //关总中断,防止中断嵌套
    TR0 = 0;                         //关定时器 0
    counter++;
    if(counter == 4)                 //判断是否到达 4 次定时,即 0.2s
    {
       Trig = 1;                     //定时产生大约 50μs 脉冲
       delay(1);
       Trig = 0;
       TH1 = 0;
       TL1 = 0;
       TR1 = 1;                      /* 定时器 1 开始计时,测量回波的宽度,即超声波来回波动
                                        的时间 */
       counter = 0;
    }
    TH0 = 0x3C;                      //定时器 0 初值重填装
    TL0 = 0xB0;
    TR0 = 1;                         //开定时器 0
    EA = 1;                          //开总中断
}
void exint0() interrupt 0            //外部中断 0 检测回波的下降沿
{
  TR1 = 0;                           //关定时器 1
  timeH = TH1;                       //读取定时器 1 定时值
  timeL = TL1;
  TH1 = 0;                           //定时器 1 定时值清 0
  TL1 = 0;
  time = timeH * 256 + timeL;        //计算总的定时值
  success = 1;                       //回波接收成功,标志位置 1
}
```

16.3.9 雾霾传感器模块

雾霾传感器模块能采集空气中的灰尘浓度并将灰尘浓度传回,传回的这个模拟量可供处理器采集。该模块传感器内部的红外二极管可以输出一个与灰尘浓度呈线性关系的电压

值(传感器输出电压与灰尘浓度在 0～0.5mg/m³ 范围内呈线性关系)，通过该电压值即可计算出空气中的灰尘和烟尘含量。雾霾传感器模块及电路如图 16.16 和图 16.17 所示。

图 16.16　雾霾传感器模块

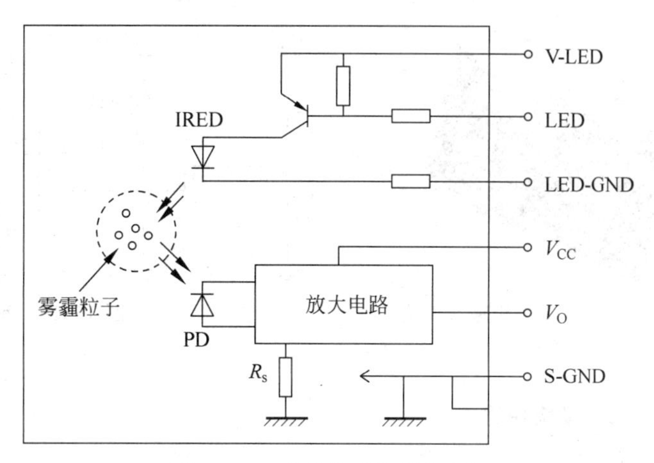

图 16.17　雾霾传感器模块电路

1. 模块用途

雾霾传感器模块可以用于检测空气中的灰尘浓度，也可用于空气净化器、空气质量监测仪、PM 2.5 检测仪等。

2. 接口说明

(1) V_{CC}：外接 2.5～5.5V 的电压。

(2) GND：外接地。

(3) V_O：电压模拟量输出。

(4) LED：传感器内部 LED 驱动。

3. 使用说明

(1) 通过设置模块 LED 引脚为高电平，从而打开传感器内部红外二极管。

(2) 等待 0.28ms，外部控制器会采样模块 V_O 引脚的电压值。这是因为传感器内部红外二极管在开启 0.28ms 之后，输出波形才能够达到稳定。

(3) 采样持续 0.04ms 之后，再设置 LED 引脚为低电平，从而关闭内部红外二极管。

(4) 根据电压与浓度关系即可计算出当前空气中的灰尘浓度。

注意：输出的电压经过了分压处理，要将测得的电压放大 11 倍后才是实际传感器输出的电压。

参考程序略。

16.3.10　霍尔传感器模块

霍尔传感器模块能采集磁场强度并将其传回处理器。该模块采集到的磁场强度高于额定值后，数字接口电平会发生改变，模拟接口可以传回具体的磁场强度。霍尔传感器模块和电路如图 16.18 和图 16.19 所示。

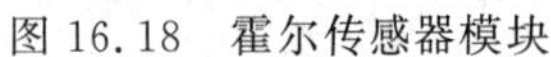
图 16.18 霍尔传感器模块

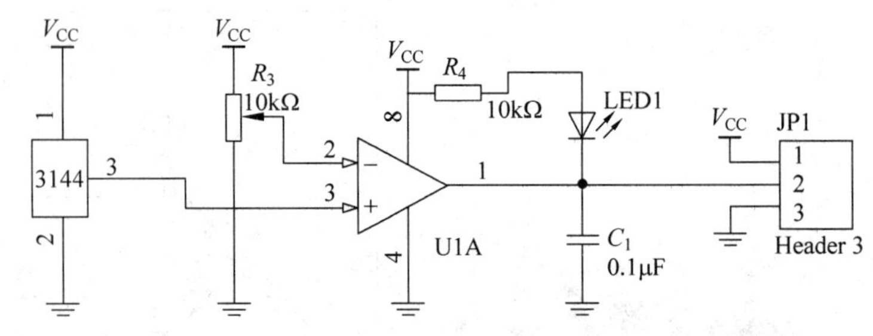

图 16.19 霍尔传感器模块电路

1. 模块用途

霍尔传感器模块是基于霍尔元件制成的。霍尔元件是一种磁传感器，可以检测磁场及其变化，在与磁场相关的各种场合中均可使用。

2. 接口说明

(1) V_{CC}：外接 3.3～5V 的电压。
(2) GND：外接地。
(3) D_O：数字量(高/低电平)的输出接口。
(4) A_O：模拟量的输出接口。

3. 使用说明

(1) 接上电源，当模块靠近磁铁时，D_O 输出为低电平；当模块远离磁铁时，D_O 输出为高电平。

(2) A_O 模拟输出接口，可以连接单片机的 A/D 接口，以检测霍尔传感器周围的磁场强度。

4. 参考程序

参考程序如下：

```
#include <reg52.h>
unsigned char date;
#define uchar unsigned char
#define uint unsigned int
sbit key1 = P0^1;
void delay(uint z);
void Initial_com(void);
void Initial_com(void)                //串口初始化函数
{
    EA = 1;                           //开总中断
    ES = 1;                           //允许串行口中断
```

```
        ET1 = 1;                        //允许定时器 T1 的中断
        TMOD = 0x20;                    //定时器 T1,在工作方式 2 中断产生波特率
        PCON = 0x00;                    //SMOD = 0
        SCON = 0x50;                    //工作方式 1 由定时器控制
        TH1 = 0xfd;                     //波特率设置为 9600b/s
        TL1 = 0xfd;
        TR1 = 1;                        //开定时器 T1 运行控制位
    }
    void main()
    {
        Initial_com();
        while(1)
        {
            if(key1 == 0)
            {
                delay();                //消抖动
                if(key1 == 0)           //确认触发
                {
                    SBUF = 0X01;
                    delay(200);
                }
            }
            if(RI)
            {
            date = SBUF;                //单片机接收
            SBUF = date;                //单片机发送
            RI = 0;
            }
        }
    }
```

16.3.11 ADXL345 加速度传感器模块

ADXL345 加速度传感器模块可以通过 SPI 或 I^2C 协议传回以模块基准、模块上标识的 3 轴加速度量。ADXL345 加速度传感器模块及电路如图 16.20 和图 16.21 所示。

图 16.20 ADXL345 加速度传感器模块

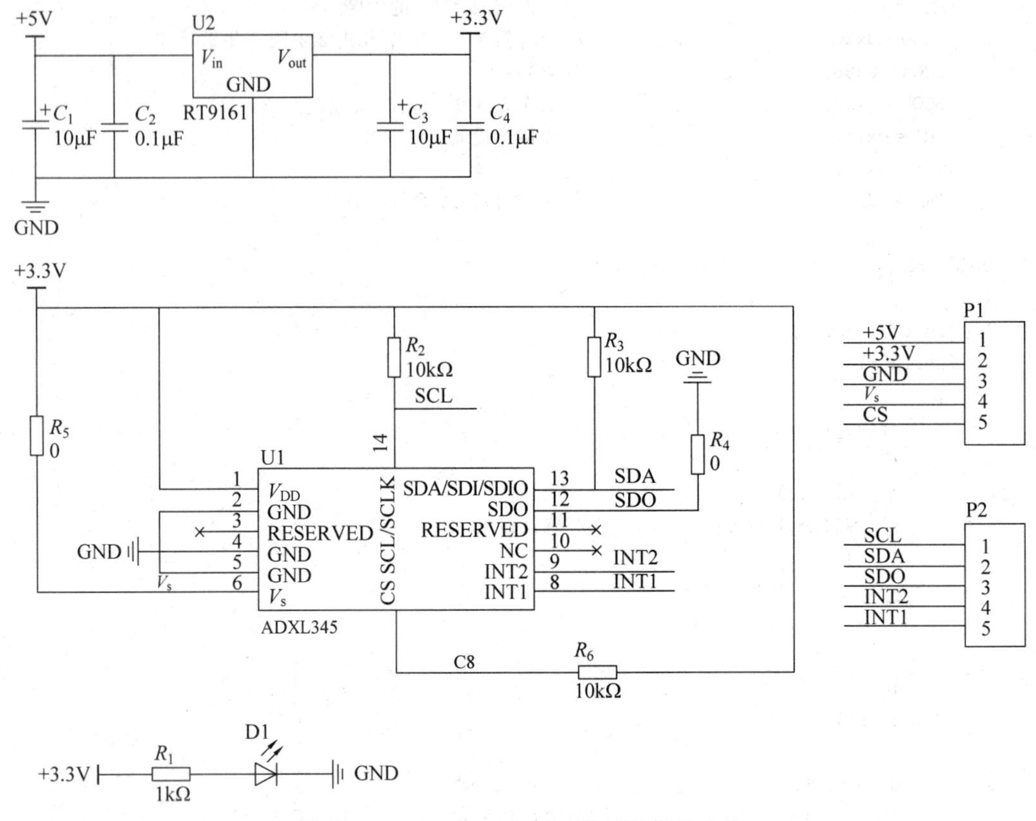

图 16.21　ADXL345 加速度传感器模块电路

1. 模块用途

ADXL345 加速度传感器模块是基于 ADXL345 制成的。ADXL345 是一款 3 轴加速度计,通过 SPI 或者 I^2C 接口访问,可以在倾斜检测应用中测量静态重力加速度,还可以测量运动或冲击导致的动态加速度,很适合移动设备。

2. 接口说明

(1) 5V、3.3V、GND:这 3 个引脚不再介绍。

(2) V_s:电源电压。

(3) CS:片选接口。

(4) SCL:串行通信时钟(I^2C 时钟)接口。

(5) SDA:串行数据(I^2C)接口。

(6) SDO:串行数据输出接口。

(7) INT1/INT2:中断 1 输出/中断 2 输出。

3. 使用说明

(1) ADXL345 加速度传感器模块用来测量三维空间 3 个轴向的加速度和角度率,加速度积分可以获得速度和位移。

(2) 陀螺仪用来测量角度的变化、转换坐标系等。由陀螺仪计算出转角,然后将测得的加速度分解到所需的坐标轴上,计算出自己想要的结果。

4. 参考程序

参考程序如下:

```
#include <REG51.H>
#include <math.h>                      //Keil 库
#include <stdio.h>                     //Keil 库
#include <INTRINS.H>
#define uchar unsigned char
#define uint unsigned int
#define DataPort P2                    //LCD 1602 数据端口
sbit SCL = P0^4;                       //I²C 时钟引脚定义
sbit SDA = P0^3;                       //I²C 数据引脚定义
sbit LCM_RS = P0^2;                    //LCD 1602 命令端口
sbit LCM_RW = P0^1;                    //LCD 1602 命令端口
sbit LCM_EN = P0^0;                    //LCD 1602 命令端口
#define SlaveAddress 0xA6              /* 定义器件在 I²C 总线中的从地址,根据 ALT Address 地址
                                          引脚不同修改 ALT Address 引脚接地时地址为 0xA6,接电
                                          源时地址为 0x3A */
typedef unsigned char BYTE;
typedef unsigned short WORD;
BYTE BUF[8];                           //接收数据缓存区
uchar ge,shi,bai,qian,wan;             //显示变量
int dis_data;                          //变量
void delay(unsigned int k);
void InitLcd();                        //初始化 LCD 1602
void Init_ADXL345(void);               //初始化 ADXL345
void WriteDataLCM(uchar dataW);
void WriteCommandLCM(uchar CMD,uchar Attribc);
void DisplayOneChar(uchar X,uchar Y,uchar DData);
void conversion(uint temp_data);
void Single_Write_ADXL345(uchar REG_Address,uchar REG_data);  //单个写入数据
uchar Single_Read_ADXL345(uchar REG_Address);                 /* 单个读取内部寄存器数据 */
void Multiple_Read_ADXL345();                    //连续读取内部寄存器数据
void delay5μs();
void delay5ms();
void ADXL345_Start();
void ADXL345_Stop();
void ADXL345_SendACK(bit ack);
bit ADXL345_RecvACK();
void ADXL345_SendByte(BYTE dat);
BYTE ADXL345_RecvByte();
void ADXL345_ReadPage();
void ADXL345_WritePage();
void conversion(uint temp_data)
{
    wan = temp_data/10000 + 0x30 ;
    temp_data = temp_data % 10000;               //取余运算
    qian = temp_data/1000 + 0x30 ;
```

```
        temp_data = temp_data % 1000;                         //取余运算
        bai = temp_data/100 + 0x30;
        temp_data = temp_data % 100;                          //取余运算
        shi = temp_data/10 + 0x30;
        temp_data = temp_data % 10;                           //取余运算
        ge = temp_data + 0x30;
}
void WaitForEnable(void)
{
        DataPort = 0xff;
        LCM_RS = 0;LCM_RW = 1;_nop_();
        LCM_EN = 1;_nop_();_nop_();
        while(DataPort&0x80);
        LCM_EN = 0;
}
void WriteCommandLCM(uchar CMD,uchar Attribc)
{
        if(Attribc)WaitForEnable();
        LCM_RS = 0;LCM_RW = 0;_nop_();
        DataPort = CMD;_nop_();
        LCM_EN = 1;_nop_();_nop_();LCM_EN = 0;
}
void WriteDataLCM(uchar dataW)
{
        WaitForEnable();
        LCM_RS = 1;LCM_RW = 0;_nop_();
        DataPort = dataW;_nop_();
        LCM_EN = 1;_nop_();_nop_();LCM_EN = 0;
}
void InitLcd()
{
        WriteCommandLCM(0x38,1);
        WriteCommandLCM(0x08,1);
        WriteCommandLCM(0x01,1);
        WriteCommandLCM(0x06,1);
        WriteCommandLCM(0x0c,1);
}
void DisplayOneChar(uchar X,uchar Y,uchar DData)
{
        Y& = 1;
        X& = 15;
        if(Y)X |= 0x40;
        X |= 0x80;
        WriteCommandLCM(X,0);
        WriteDataLCM(DData);
}
void delay5μs()                                               //延时 5μs
{
        _nop_();_nop_();_nop_();_nop_();
        _nop_();_nop_();_nop_();_nop_();
        _nop_();_nop_();_nop_();_nop_();
```

```
}
void delay5ms()                                //延时 5ms
{
    WORD n = 560;
    while (n-- );
}
void ADXL345_Start()                           //起始信号
{
    SDA = 1;                                   //拉高数据线
    SCL = 1;                                   //拉高时钟线
    delay5μs();                                //延时
    SDA = 0;                                   //产生下降沿
    delay5μs();                                //延时
    SCL = 0;                                   //拉低时钟线
}
void ADXL345_Stop()                            //停止信号
{
    SDA = 0;                                   //拉低数据线
    SCL = 1;                                   //拉高时钟线
    delay5μs();                                //延时
    SDA = 1;                                   //产生上升沿
    delay5μs();                                //延时
}
                                               /* 发送应答信号
                                               入口参数:ack (0:ACK 1:NAK) */
void ADXL345_SendACK(bit ack)
{
    SDA = ack;                                 //写应答信号
    SCL = 1;                                   //拉高时钟线
    delay5μs();                                //延时
    SCL = 0;                                   //拉低时钟线
    delay5μs();                                //延时
}
bit ADXL345_RecvACK()                          //接收应答信号
{
    SCL = 1;                                   //拉高时钟线
    delay5μs();                                //延时
    CY = SDA;                                  //读应答信号
    SCL = 0;                                   //拉低时钟线
    delay5μs();                                //延时
    return CY;
}
void ADXL345_SendByte(BYTE dat)                //向 I²C 总线发送一个字节数据
{
    BYTE i;
    for (i = 0; i < 8; i++)                    //8 位计数器
    {
        dat <<= 1;                             //移出数据的最高位
        SDA = CY;                              //送数据口
        SCL = 1;                               //拉高时钟线
        delay5μs();                            //延时
```

```
        SCL = 0;                                    //拉低时钟线
        delay5μs();                                 //延时
    }
    ADXL345_RecvACK();
}
BYTE ADXL345_RecvByte()                             //从 I²C 总线接收一个字节数据
{
    BYTE i;
    BYTE dat = 0;
    SDA = 1;                                        //使能内部上拉,准备读取数据
    for (i = 0; i < 8; i++)                         //8 位计数器
    {
        dat <<= 1;
        SCL = 1;                                    //拉高时钟线
        delay5μs();                                 //延时
        dat |= SDA;                                 //读数据
        SCL = 0;                                    //拉低时钟线
        delay5μs();                                 //延时
    }
    return dat;
}
void Single_Write_ADXL345(uchar REG_Address,uchar REG_data)         //单字节写入
{
    ADXL345_Start();                                //起始信号
    ADXL345_SendByte(SlaveAddress);                 //发送设备地址 + 写信号
    ADXL345_SendByte(REG_Address);                  //内部寄存器地址
    ADXL345_SendByte(REG_data);                     //内部寄存器数据
    ADXL345_Stop();                                 //发送停止信号
}
uchar Single_Read_ADXL345(uchar REG_Address)        //单字节读取
{
    uchar REG_data;
    ADXL345_Start();                                //起始信号
    ADXL345_SendByte(SlaveAddress);                 //发送设备地址 + 写信号
    ADXL345_SendByte(REG_Address);                  //发送存储单元地址,从 0 开始
    ADXL345_Start();                                //起始信号
    ADXL345_SendByte(SlaveAddress + 1);             //发送设备地址 + 读信号
    REG_data = ADXL345_RecvByte();                  //读出寄存器数据
    ADXL345_SendACK(1);
    ADXL345_Stop();                                 //停止信号
    return REG_data;
}
                        /* 连续读出 ADXL345 内部加速度数据,地址范围为 0x32～0x37 */
void Multiple_read_ADXL345(void)
{
    uchar i;
    ADXL345_Start();                                //起始信号
    ADXL345_SendByte(SlaveAddress);                 //发送设备地址 + 写信号
    ADXL345_SendByte(0x32);                         //发送存储单元地址
    ADXL345_Start();                                //起始信号
    ADXL345_SendByte(SlaveAddress + 1);             //发送设备地址 + 读信号
```

```
    for (i = 0; i < 6; i++)                          //连续读取 6 个地址数据
    {
        BUF[i] = ADXL345_RecvByte();                 //存储 0x32 地址中的数据
        if (i == 5)
        {
            ADXL345_SendACK(1);                      //最后一个数据需要回 NOACK
        }
        else
        {
            ADXL345_SendACK(0);                      //回应 ACK
        }
    }
    ADXL345_Stop();                                  //停止信号
    delay5ms();
}
void Init_ADXL345()                                  //初始化 ADXL345
{
    Single_Write_ADXL345(0x31,0x0B);                 //测量范围为 ±16g,13 位模式
    Single_Write_ADXL345(0x2C,0x08);                 //速率设定为 12.5
    Single_Write_ADXL345(0x2D,0x08);                 //选择电源模式
    Single_Write_ADXL345(0x2E,0x80);                 //使能 DATA_READY 中断
    Single_Write_ADXL345(0x1E,0x00);                 //x 偏移量
    Single_Write_ADXL345(0x1F,0x00);                 //y 偏移量
    Single_Write_ADXL345(0x20,0x05);                 //z 偏移量
}
void display_x()                                     //显示 x 轴
{
    float temp;
    dis_data = (BUF[1]<<8) + BUF[0];                 //合成数据
    if(dis_data < 0)
    {
      dis_data = - dis_data;
      DisplayOneChar(10,0,'-');                      //显示正负符号位
    }
    else DisplayOneChar(10,0,' ');                   //显示空格
    temp = (float)dis_data * 3.9;                    //计算数据和显示
    conversion(temp);                                //转换出显示需要的数据
    DisplayOneChar(8,0,'X');
    DisplayOneChar(9,0,':');
    DisplayOneChar(11,0,qian);
    DisplayOneChar(12,0,'.');
    DisplayOneChar(13,0,bai);
    DisplayOneChar(14,0,shi);
    DisplayOneChar(15,0,' ');
}
void display_y()                                     //显示 y 轴
{
    float temp;
    dis_data = (BUF[3]<<8) + BUF[2];                 //合成数据
    if(dis_data < 0)
    {
```

```
            dis_data = - dis_data;
            DisplayOneChar(2,1,'-');                    //显示正负符号位
        }
        else DisplayOneChar(2,1,' ');                   //显示空格
        temp = (float)dis_data * 3.9;                   //计算数据和显示
        conversion(temp);                               //转换出显示需要的数据
        DisplayOneChar(0,1,'Y');                        //第 1 行、第 0 列显示 y
        DisplayOneChar(1,1,':');
        DisplayOneChar(3,1,qian);
        DisplayOneChar(4,1,'.');
        DisplayOneChar(5,1,bai);
        DisplayOneChar(6,1,shi);
        DisplayOneChar(7,1,' ');
    }
    void display_z()                                    //显示 z 轴
    {
        float temp;
        dis_data = (BUF[5]<<8) + BUF[4];                //合成数据
        if(dis_data < 0)
        {
            dis_data = - dis_data;
            DisplayOneChar(10,1,'-');                   //显示负符号位
        }
        else DisplayOneChar(10,1,' ');                  //显示空格
        temp = (float)dis_data * 3.9;                   //计算数据和显示
        conversion(temp);                               //转换出显示需要的数据
        DisplayOneChar(8,1,'Z');                        //第 0 行、第 10 列显示 Z
        DisplayOneChar(9,1,':');
        DisplayOneChar(11,1,qian);
        DisplayOneChar(12,1,'.');
        DisplayOneChar(13,1,bai);
        DisplayOneChar(14,1,shi);
        DisplayOneChar(15,1,' ');
    }
    void main()
    {
        uchar devid;
        delay(500);                                     //上电延时
        InitLcd();                                      //液晶初始化 ADXL345
        DisplayOneChar(0,0,'A');
        DisplayOneChar(1,0,'D');
        DisplayOneChar(2,0,'X');
        DisplayOneChar(3,0,'L');
        DisplayOneChar(4,0,'3');
        DisplayOneChar(5,0,'4');
        DisplayOneChar(6,0,'5');
        Init_ADXL345();                                 //初始化 ADXL345
        devid = Single_Read_ADXL345(0X00);              //读出的数据为 0XE5,正确
        while(1)                                        //循环
        {
            Multiple_Read_ADXL345();                    //连续读出数据,存在 BUF 中
```

```
        display_x();                            //显示 x 轴
        display_y();                            //显示 y 轴
        display_z();                            //显示 z 轴
        delay(200);                             //延时
    }
}
```

16.3.12 地磁传感器模块

地磁传感器模块通过采集磁场变化来确定铁磁性物质的运动，从而决定传回数据的结果。地磁传感器模块及电路如图 16.22 和图 16.23 所示。

1. 模块用途

地磁传感器模块可用于检测车辆的存在和识别车型。当驾驶员把车辆停在车位上时，地磁传感器模块能自动感应车辆的到来并开始计时；待车辆要离开时，地磁传感器模块会自动把停车时间传送到中继站进行计费。

图 16.22 地磁传感器模块

2. 接口说明

(1) V_{CC}、GND：接电源和地。

(2) SCL：串行通信时钟(I^2C 时钟)接口。

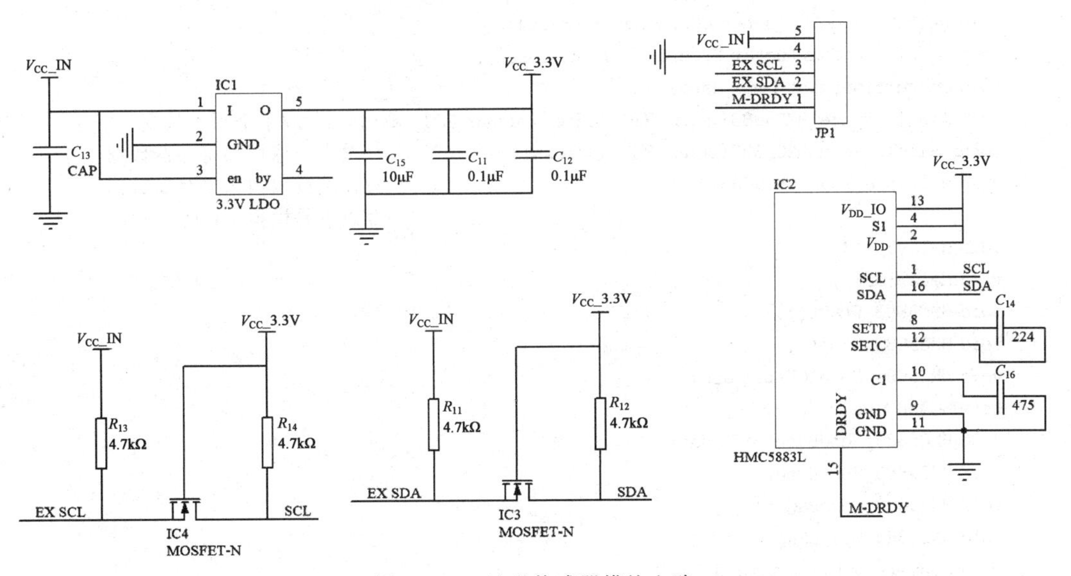

图 16.23 地磁传感器模块电路

(3) SDA：串行数据(I^2C)接口。

(4) DRDY：数据准备中断引脚。

3. 参考程序

参考程序如下：

```
#include <REG51.H>
#include <math.h>                                         //Keil库
#include <stdio.h>                                        //Keil库
#include <INTRINS.H>
#define uchar unsigned char
#define uint unsigned int                                 //使用的端口,请按照以下接线
#define DataPort P0                                       //LCD 1602 数据端口
sbit SCL = P1^0;                                          //I²C时钟引脚定义
sbit SDA = P1^1;                                          //I²C数据引脚定义
sbit LCM_RS = P2^0;                                       //LCD 1602 命令端口
sbit LCM_RW = P2^1;                                       //LCD 1602 命令端口
sbit LCM_EN = P2^2;                                       //LCD 1602 命令端口
#define SlaveAddress 0x3C                                 //定义器件在 I²C 总线中的从地址
typedef unsigned char BYTE;
typedef unsigned short WORD;
BYTE BUF[8];                                              //接收数据缓存区
uchar ge,shi,bai,qian,wan;                                //显示变量
int dis_data;                                             //变量
void delay(unsigned int k);
void InitLcd();
void Init_HMC5883(void);                                  //初始化 5883
void WriteDataLCM(uchar dataW);
void WriteCommandLCM(uchar CMD,uchar Attribc);
void DisplayOneChar(uchar X,uchar Y,uchar DData);
void conversion(uint temp_data);
void Single_Write_HMC5883(uchar REG_Address,uchar REG_data);    //单个写入数据
uchar Single_Read_HMC5883(uchar REG_Address);                   //单个读取内部寄存器数据
void Multiple_Read_HMC5883();                                   //连续读取内部寄存器数据
                                                                //以下是模拟 I²C 使用函数
void delay5μs();
void delay5ms();
void HMC5883_Start();
void HMC5883_Stop();
void HMC5883_SendACK(bit ack);
bit HMC5883_RecvACK();
void HMC5883_SendByte(BYTE dat);
BYTE HMC5883_RecvByte();
void HMC5883_ReadPage();
void HMC5883_WritePage();
void conversion(uint temp_data)
{
    wan = temp_data/10000 + 0x30 ;
    temp_data = temp_data % 10000;                              //取余运算
    qian = temp_data/1000 + 0x30 ;
    temp_data = temp_data % 1000;                               //取余运算
    bai = temp_data/100 + 0x30;
```

```
    temp_data = temp_data % 100;                    //取余运算
    shi = temp_data/10 + 0x30;
    temp_data = temp_data % 10;                     //取余运算
    ge = temp_data + 0x30;
}
void delay(unsigned int k)
{
    unsigned int i,j;
    for(i = 0;i < k;i++)
        for(j = 0;j < 121;j++)
}
void WaitForEnable(void)
{
    DataPort = 0xff;
    LCM_RS = 0;LCM_RW = 1;_nop_();
    LCM_EN = 1;_nop_();_nop_();
    while(DataPort&0x80);
    LCM_EN = 0;
}
void WriteCommandLCM(uchar CMD,uchar Attribc)
{
    if(Attribc)WaitForEnable();
    LCM_RS = 0;LCM_RW = 0;_nop_();
    DataPort = CMD;_nop_();
    LCM_EN = 1;_nop_();_nop_();LCM_EN = 0;
}
void WriteDataLCM(uchar dataW)
{
    WaitForEnable();
    LCM_RS = 1;LCM_RW = 0;_nop_();
    DataPort = dataW;_nop_();
    LCM_EN = 1;_nop_();_nop_();LCM_EN = 0;
}
void InitLcd()
{
    WriteCommandLCM(0x38,1);
    WriteCommandLCM(0x08,1);
    WriteCommandLCM(0x01,1);
    WriteCommandLCM(0x06,1);
    WriteCommandLCM(0x0c,1);
}
void DisplayOneChar(uchar X,uchar Y,uchar DData)
{
    Y& = 1;
    X& = 15;
    if(Y)X |= 0x40;
    X |= 0x80;
    WriteCommandLCM(X,0);
    WriteDataLCM(DData);
}
void delay5μs()                                     //延时5μs
```

```
{
    _nop_();_nop_();_nop_();_nop_();
    _nop_();_nop_();_nop_();_nop_();
    _nop_();_nop_();_nop_();_nop_();
    _nop_();_nop_();_nop_();_nop_();
    _nop_();_nop_();_nop_();_nop_();
    _nop_();_nop_();_nop_();_nop_();
    _nop_();_nop_();_nop_();_nop_();
    _nop_();_nop_();_nop_();_nop_();
}
void delay5ms()                                         //延时 5ms
{
    WORD n = 560;
    while (n--);
}
void HMC5883_Start()                                    //起始信号
{
    SDA = 1;                                            //拉高数据线
    SCL = 1;                                            //拉高时钟线
    delay5μs();                                         //延时
    SDA = 0;                                            //产生下降沿
    delay5μs();                                         //延时
    SCL = 0;                                            //拉低时钟线
}
void HMC5883_Stop()                                     //停止信号
{
    SDA = 0;                                            //拉低数据线
    SCL = 1;                                            //拉高时钟线
    delay5μs();                                         //延时
    SDA = 1;                                            //产生上升沿
    delay5μs();                                         //延时
}
                                                        /* 发送应答信号
                                                           入口参数:ack (0:ACK 1:NAK) */
void HMC5883_SendACK(bit ack)
{
    SDA = ack;                                          //写应答信号
    SCL = 1;                                            //拉高时钟线
    delay5μs();                                         //延时
    SCL = 0;                                            //拉低时钟线
    delay5μs();                                         //延时
}
bit HMC5883_RecvACK()                                   //接收应答信号
{
    SCL = 1;                                            //拉高时钟线
    delay5μs();                                         //延时
    CY = SDA;                                           //读应答信号
    SCL = 0;                                            //拉低时钟线
    delay5μs();                                         //延时
    return CY;
}
```

```
void HMC5883_SendByte(BYTE dat)                    //向 I²C 总线发送一个字节数据
{
    BYTE i;
    for (i = 0; i < 8; i++)                        //8 位计数器
    {
        dat <<= 1;                                 //移出数据的最高位
        SDA = CY;                                  //送数据口
        SCL = 1;                                   //拉高时钟线
        delay5μs();                                //延时
        SCL = 0;                                   //拉低时钟线
        delay5μs();                                //延时
    }
    HMC5883_RecvACK();
}
BYTE HMC5883_RecvByte()                            //从 I²C 总线接收一个字节数据
{
    BYTE i;
    BYTE dat = 0;
    SDA = 1;                                       //使能内部上拉,准备读取数据
    for (i = 0; i < 8; i++)                        //8 位计数器
    {
        dat <<= 1;
        SCL = 1;                                   //拉高时钟线
        delay5μs();                                //延时
        dat |= SDA;                                //读数据
        SCL = 0;                                   //拉低时钟线
        delay5μs();                                //延时
    }
    return dat;
}
void Single_Write_HMC5883(uchar REG_Address,uchar REG_data)
{
    HMC5883_Start();                               //起始信号
    HMC5883_SendByte(SlaveAddress);                //发送设备地址 + 写信号
    HMC5883_SendByte(REG_Address);                 //内部寄存器地址
    HMC5883_SendByte(REG_data);                    //内部寄存器数据
    HMC5883_Stop();                                //发送停止信号
}
uchar Single_Read_HMC5883(uchar REG_Address)       //单字节读取内部寄存器
{
    uchar REG_data;
    HMC5883_Start();                               //起始信号
    HMC5883_SendByte(SlaveAddress);                //发送设备地址 + 写信号
    HMC5883_SendByte(REG_Address);                 //发送存储单元地址,从 0 开始
    HMC5883_Start();                               //起始信号
    HMC5883_SendByte(SlaveAddress + 1);            //发送设备地址 + 读信号
    REG_data = HMC5883_RecvByte();                 //读出寄存器数据
    HMC5883_SendACK(1);
    HMC5883_Stop();                                //停止信号
    return REG_data;
}
```

```
                                    /* 连续读出 HMC5883 内部角度数据,地址范围为 0x3～0x5 */
void Multiple_read_HMC5883(void)
{
    uchar i;
    HMC5883_Start();                                          //起始信号
    HMC5883_SendByte(SlaveAddress);                           //发送设备地址 + 写信号
    HMC5883_SendByte(0x03);                                   //发送存储单元地址
    HMC5883_Start();                                          //起始信号
    HMC5883_SendByte(SlaveAddress + 1);                       //发送设备地址 + 读信号
    for (i = 0; i < 6; i++)                                   //连续读取 6 个地址数据
    {
        BUF[i] = HMC5883_RecvByte();                          //BUF[0]存储数据
        if (i == 5)
           HMC5883_SendACK(1);                                //最后一个数据需要回 NOACK
        else
          HMC5883_SendACK(0);                                 //回应 ACK
    }
    HMC5883_Stop();                                           //停止信号
    delay5ms();
}
void Init_HMC5883()                                           //初始化 HMC5883
{
    Single_Write_HMC5883(0x02,0x00);
}
void main()
{
   unsigned int i;
   int x,y,z;
   double angle;
   delay(500);
   InitLcd();
   Init_HMC5883();
   while(1)                                                   //循环
   {
    Multiple_Read_HMC5883();                                  //连续读出数据,存在 BUF 中
    x = BUF[0] << 8 | BUF[1];                                 //显示 x 轴
    z = BUF[2] << 8 | BUF[3];                                 //显示 y 轴
    y = BUF[4] << 8 | BUF[5];                                 //显示 z 轴
    angle = atan2((double)y,(double)x) * (180 / 3.14159265) + 180;
    angle * = 10;
    conversion(angle);                                        //计算数据和显示
    DisplayOneChar(2,0,'A');
    DisplayOneChar(3,0,':');
    DisplayOneChar(4,0,qian);
    DisplayOneChar(5,0,bai);
    DisplayOneChar(6,0,shi);
    DisplayOneChar(7,0,'.');
    DisplayOneChar(8,0,ge);
    for (i = 0;i < 10000;i++);                                //延时
   }
}
```

16.4　常用的通信模块

在物联系统之中，物与物之间的通信是非常重要的一部分，利用一些通信模块便可以使物与物之间产生联系，也可以将物体和传感器中的各种数据有效地传给 CPU 以进行下一步运算。物联之间的通信方式有很多种，本节介绍几种常用的通信模块。

16.4.1　2.4GHz 无线数据传输模块

2.4GHz 无线技术是一种短距离无线传输技术。2.4GHz 是指一个工作频段，它是全世界公开通用的无线频段，很多无线通信都工作在这一频段，如无线键盘、无线鼠标、Wi-Fi 等。在 2.4GHz 频段下工作，可以获得更大的使用范围和更强的抗干扰能力，目前广泛应用于家用及商用领域。

现以 GH-xUART 模块为例。该模块是串口数据透明传输模块，同一个模块既可以接收数据，又可以发送数据。串行口接收完成数据后，模块将数据发送到目标模块，发送完成后，模块自动进入接收状态。2.4GHz 无线数据传输模块接线如图 16.24 所示。

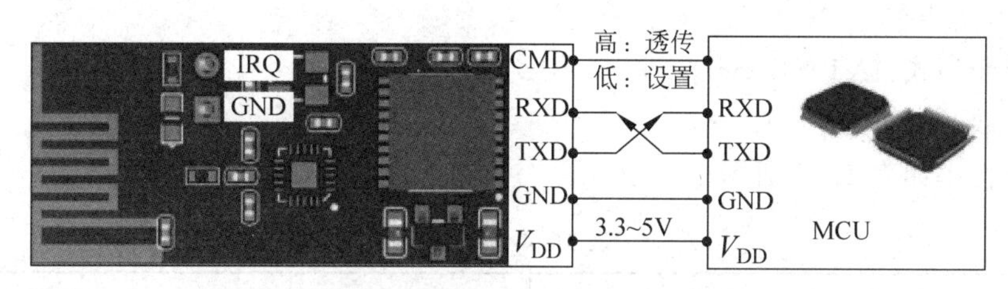

图 16.24　2.4GHz 无线数据传输模块接线

1. 模块参数

(1) 频率：2400～2485MHz(可用 AT 指令调节)。

(2) 电压：3.3～5.5V。

(3) 电流：透传模式约 21mA，配置模式约 5mA。

(4) 发射功率：－30～＋13dBm(可用 AT 指令调节)。

(5) 传输距离：150～200m(空旷无遮挡)。

2. 注意事项

CMD 引脚功能：高电平或悬空时传输，低电平配置；上电 LED 闪烁一次，表示模块启动；每成功接收或发送一次数据，模块上的 LED 会闪烁一次。

3. 常用 AT 指令

AT 指令没有结束符，即 AT 指令只识别有效字段，多余字符自动屏蔽。所有的指令除数字和符号外，仅识别大写字母。设置参数的指令返回只有 Y 和 N 两种提示命令，发送指令如果回复 Y,说明指令发送正确；如果回复 N,说明指令格式错误。所有指令在配置模式下进行,进入配置模式需要将 CMD 引脚拉低,选择 9600b/s 波特率通信。AT 指令目录如表 16.3 所示。

表 16.3 AT 指令目录

设置内容	AT 指令	设置内容	AT 指令
设置波特率	AT+BAUD= *	查询波特率	AT+BAUD?
设置频率	AT+FREQ= **	查询频率	AT+FREQ?
设置重发次数	AT+RETRY= **	查询重发次数	AT+RETRY?
设置是否回传	AT+BACK= *	查询是否回传	AT+BACK?
设置发送 ID	AT+TID= * … *	查询发送 ID	AT+TID?
设置接收 ID	AT+RID= * … *	查询接收 ID	AT+RID?
设置发射功率	AT+POWER= **	查询发射功率	AT+POWER?
恢复默认值	AT+RESET	查询固件版本	AT+INF
测试发射功率	AT+TEST	—	—

4. 设置波特率与查询波特率

1) 设置波特率

(1) 指令格式：AT+BAUD= * 。

(2) 参数 * 的范围：0～9。

(3) 波特率如表 16.4 所示。

表 16.4 波特率

波特率/(b/s)	AT 指令	波特率/(b/s)	AT 指令
2400	AT+BAUD=0	38400	AT+BAUD=5
4800	AT+BAUD=1	57600	AT+BAUD=6
9600	AT+BAUD=2	115200	AT+BAUD=7
14400	AT+BAUD=3	128000	AT+BAUD=8
19200	AT+BAUD=4	256000	AT+BAUD=9

例如,输入 AT+BAUD=2,可以将该模块的波特率设为 9600b/s。

2) 查询波特率

指令格式：AT+BAUD?。

例如,输入 AT+BAUD?,可以查看目前该模块的波特率。

其余 AT 指令不再详述,读者若有需要,可以查模块使用手册。

16.4.2 WiFi 通信模块

WiFi 模块又称串行口 WiFi 模块,是将串行口或 TTL 电平转为符合 WiFi 无线网络通信标准的嵌入式模块。传统的硬件设备嵌入 WiFi 模块可以直接利用 WiFi 连入互联网,成为无线智能家居、M2M等物联应用的重要组成部分。本节以ESP8266为例进行介绍。

此模块是一款超低功耗的UART-WiFi透传模块，可将用户的物理设备连接到WiFi无线网络上，进行互联网或局域网通信，实现联网功能。WiFi通信模块可应用于智能电网、智能交通、智能家具、手持设备、工业控制等领域。

1. 模块参数

(1) 频率范围：2.412～2.484GHz。
(2) 工作电压：3.3V。
(3) 工作电流：持续发送下平均值为70mA，正常模式下平均值为12mA。
(4) 工作温度：-40～+125℃。
(5) 传输速率：110～921600b/s。

2. 常用AT指令

常用AT指令目录如表16.5所示。

表16.5　常用AT指令目录

设置内容	AT指令	设置内容	AT指令
测试AT启动	AT	重启模块	AT+RST
查看版本信息	AT+GMR	选择WiFi应用模式	AT+CWMODE
查看已接入的IP	AT+CWLIF	获得连接状态	AT+ CIPSTATUS
发送数据	AT+CIPSEND	获取本地IP地址	AT+CIFSR
启动多连接	AT+CIPMUX	配置为服务器	AT+CIPSERVER
设置传输模式	AT+CIPMODE	—	—

AT指令不再详述，读者若有需要，可以查询模块使用手册。

16.4.3　蓝牙通信模块

蓝牙是一种无线技术标准，同样工作在2.4GHz这一频段，其可以实现固定设备、移动设备及家庭局域网之间的短距离数据交换。

现以HC-08模块为例。该模块配置了256KB空间，支持AT指令，用户可根据需要选择主、从模式及串行口波特率、设备名称等参数，使用非常灵活。HC-08模块用于代替全双工通信时的物理连线，以无线电波的方式发出或接收数据，同一模块既可以发出数据也可以接收数据。HC-08模块如图16.25所示。

图16.25　HC-08模块

1. 模块参数

(1) 工作频段：2.4GHz。
(2) 工作电压：2.0～3.6V。

(3) 通信电压：3.3V。

(4) 参考距离：80m。

(5) 工作温度：−25～+75℃。

2. 注意事项

HC-08 模块指示灯输出引脚接 LED 时注意需要接串接电阻。在连线前，主机未记录从机地址时，每秒亮 100ms；主机记录从机地址时，每秒亮 900ms；从机每 2s 亮 1s。连线后，LED 常亮。GND 接地，V_{CC} 接 3.3V。

3. 常用 AT 指令

AT 指令用来设置模块的参数，模块在未连线状态下可以进行 AT 指令操作，连线后进入串行口透传模式。模块启动大约需要 150ms，所以可以在模块上电 200ms 以后再进行 AT 指令操作。除特殊说明外，AT 指令的参数设置立即生效。同时，参数和功能的修改在掉电后并不会丢失。AT 指令修改成功后统一返回 OK(AT+RX、AT+VERSION 等查看信息类指令除外)，不成功不返回任何信息。AT 指令目录如表 16.6 所示。

表 16.6 AT 指令目录

设置内容	AT 指令	设置内容	AT 指令
检查串行口是否正常工作	AT	查看模块基本参数	AT+RX
恢复出厂设置	AT+DEFAULT	模块重启	AT+RESET
获取模块版本、日期	AT+VERSION	主/从角色切换	AT+ROLE=x
修改蓝牙名称	AT+NAME=xxx	修改蓝牙地址	AT+ADDR=xxx
修改串行口波特率	AT+BAUD=xx,y	是否可连接	AT+CONT=x(0 可连)
更改无线射频功率	AT+RFPM=x	主机清除已记录的从机地址	AT+CLEAR

例如，输入 AT+DEFAULT，返回 OK，便完成恢复出厂设置这一任务。

注意：此指令不会清除主机已记录的从机地址。若要清除主机已记录的从机地址，应在未连线状态下使用 AT+CLEAR 指令进行清除。另外，模块会自动重启，重启 200ms 后可进行新的操作。

其他指令不再详述，读者若有需要，可以查询模块使用手册。

16.4.4 ZigBee 通信模块

ZigBee 是一种远程监控、控制和连接传感器网络的应用技术。为了满足人们对多网络、低功耗、安全可靠性及经济高效的标准型无线网络解决方案的需求，ZigBee 标准应运而生。ZigBee 主要应用于微小型电子产品、能源管理和效率、医疗保健、家庭自动化、电信服务、楼宇自动化及工业自动化等方面。本小节以 DN-LN 系列为例进行介绍。

DL-LN 系列的无线通信模块是专为需要自动组网多跳传输的应用场合设计的，此模块可以灵活、有效、长期地稳定工作，并且只需要掌握简单的串行口通信便可使用此模块。

1. 模块参数

(1) 工作频率：2400～2450MHz。

(2) 发射功率：4.5～20dBm。

(3) 传输速率：因为发送包的路由信息会占用一定的带宽，所以每个包的长度越长，发送效率越高。每个包包含3B数据时，传输速率为2400b/s；每个包包含30B数据时，传输速率为10Kb/s。

(4) 工作电压：2.5～3.6V。

(5) 工作电流：30～55mA。

(6) 通信接口：UART通信(支持8种波特率)。

(7) 传输速率：250Kb/s。

(8) 工作温度：－40～＋85℃。

(9) 传输距离：70～500m(空旷无遮挡)。

2. 注意事项

UART接口的波特率可以设置为以下值：2400b/s、4800b/s、9600b/s、14400b/s、19200b/s、28800b/s、38400b/s、57600b/s、115200b/s、230400b/s、125000b/s、250000b/s、500000b/s，绝大多数单片机的UART输出可以和DL-LN系列模块的UART进行通信，计算机串行口则可以使用MAX323芯片转换为UART与DL-LN系列模块进行通信。

3. 引脚配置

DN-LN系列模块引脚如图16.26所示。

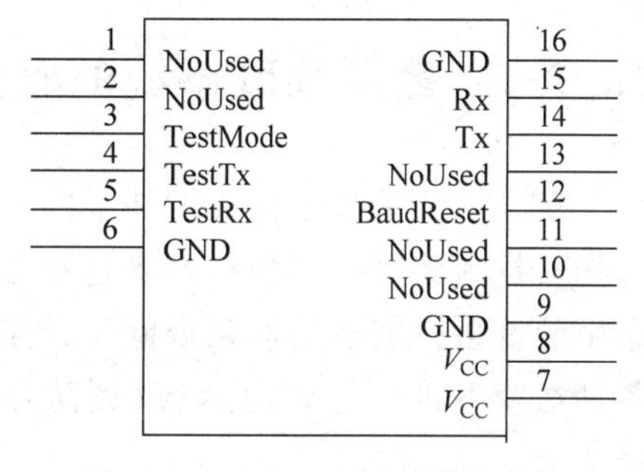

图16.26 DN-LN系列模块引脚

NoUsed：未使用，应保持悬空(悬空是指不与任何电路相连)。

TestMode：测试模式。当悬空时工作在正常模式，当接地时工作在测试模式。用户使用时应悬空。

TestTx：在测试模式下输出测试信息，用户使用时将作为可控I/O接口输出。

TestRx：在测试模式下输入测试信息，用户使用时将作为可控I/O接口输出。

GND：接地。

V_{CC}：接电源。

BaudReset：如果先将此引脚接地，再启动模块，模块将强制使用默认波特率(115200b/s)进行工作。在此模式下可以读取或设置模块的波特率，读取到的波特率为模块先前设置的波特率，而非默认波特率；如果没有进行波特率设置，那么再次重启模块后，模块将使用先前设置的波特率进行工作。

Tx：模块的UART输出。

Rx：模块的UART输入。

16.4.5 几种通信模块的对比

上述几种通信模块均属于无线通信模块，并且工作频段均属于2.4GHz这一常用频段。该频段可以获得更大的传播范围和更好的抗干扰能力，且相比较于有线通信更加方便。

这几种模块的通信方式各不相同，其中2.4GHz无线数据传输模块的通信方式类似于广播，当一个模块发出数据时，其余在同一频段上的模块均可以接收到这个数据；WiFi通信模块的通信方式也类似于广播，但是较2.4GHz无线数据传输模块而言，WiFi通信模块可以自主选择是否相互连接，而非2.4GHz无线数据传输模块的只要在同一频段就会被动接收；蓝牙通信模块属于单对单的通信方式，通过设定的指令便可以相互连接，接着就可以互相进行数据的接收与发送；ZigBee通信模块与其他3种模块的通信方式均不相同，它是将多个物品进行组网设置，完成组网之后再进行多对多的数据传输与发送。

ZigBee通信模块经常用在工厂、自动化生产等大型作业场合，而其他几种通信模块经常用在短距离及日常生活中的物联场合。

16.5 家居物联系统

随着科学技术的不断发展，人们对衣、食、住、行都有了更高的追求，于是智能家居应运而生。单片机可以作为一个控制端口，对各个传感器传来的信息进行相应的控制，从而达到理想的效果。所以，单片机在家居方面有着较为重要的作用。

16.5.1 家居物联系统的概念

家居物联系统是科技发展下的一种最贴近人们生活的物联化体现。家居物联主要通过物联技术将家中的各种设备连接在一起，让用户可以通过手机、遥控器、互联网来控制家中的设备。家居物联系统除了让用户对家中设备进行远程操控外，各种设备也可以在各种情境下进行有效的运行(如防盗系统、灭火系统等)，让人们的生活变得更加方便、舒适。

16.5.2 家居物联系统的构成

家居物联系统主要由家庭安全防范系统、家庭设备自动化系统和家庭通信系统构成。

1. 家庭安全防范系统

家庭安全防范系统将安装在家中的视频、音频等监控系统连接起来，通过中控计算机的处理将有用信息保存并发送到其他数据终端，如手机、笔记本电脑、110报警中心等。

家庭安全防范系统(图16.27)主要应对防盗、防火等安全问题。

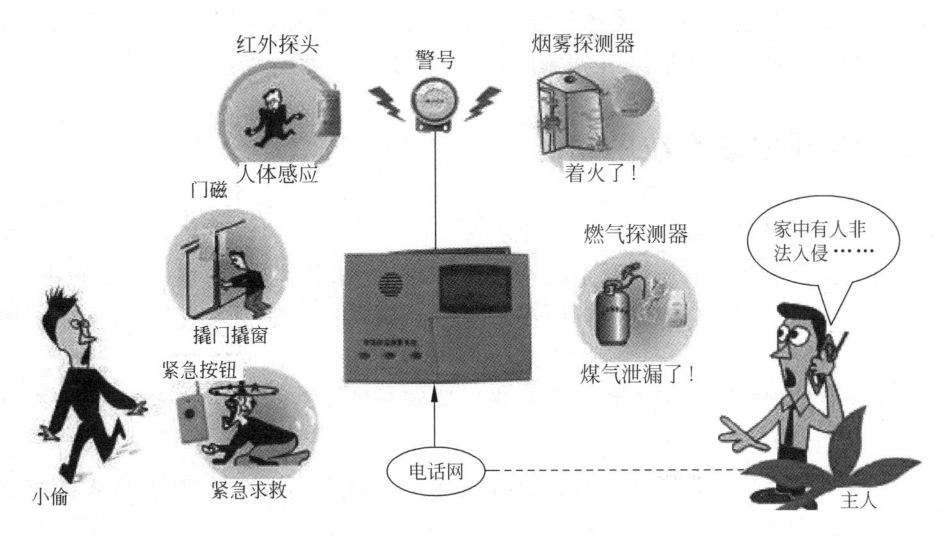

图 16.27 家庭安全防范系统

2. 家庭设备自动化系统

家庭设备自动化系统是指家庭设备在一定情境下进行有效自动处理的系统。

家庭火灾防护系统和扫地机器人是家庭设备自动化系统的一个重要体现，如图 16.28 和图 16.29 所示。

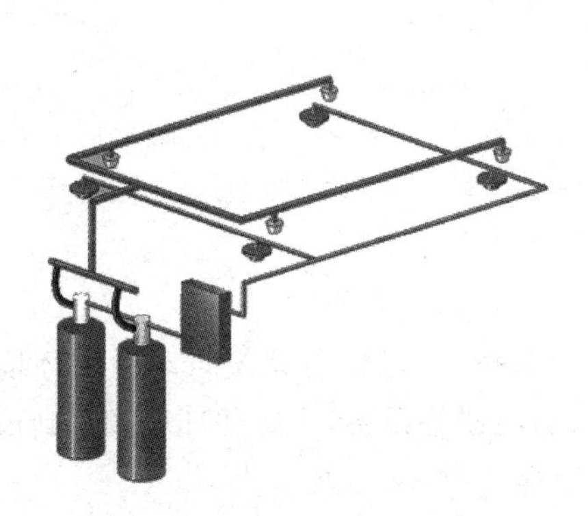

图 16.28 家庭火灾防护系统

图 16.29 扫地机器人

火灾发生初期，建筑物的温度不断上升，当温度上升到使闭式喷头温感元件爆破或熔化脱落时，喷头即自动喷水灭火。

扫地机器人首先对房间的整体进行扫描，然后检测地面垃圾，对垃圾进行识别并清理。另外，扫地机器人除充电外可以不停地工作，并且当扫地机器人自身电量过低时，可以自动回到充电位置进行充电。

3. 家庭通信系统

家庭通信系统是指在物联网的作用下，人们可以通过手机、计算机、遥控器对家中的设备进行远程操控，来达到人们对家中环境的要求的系统。例如，人们可以远程对家中空调进行操控，让家中的温度变得适宜，让回家的人感觉舒适。

16.5.3 家居物联系统的功能

家居物联系统的功能如下。

(1) 家庭安全防范。家居物联系统可以实时对家中进行监控，防盗、防水、防火、防止天然气泄漏等，并对这些安全问题进行解决或者自动向外释放紧急求救信号，从而实现主动防范。

(2) 家居智能门禁。通过人脸识别和指纹识别开锁并联动家中其他电器，访客可以通过对讲机留言、留影。

(3) 家电的智能控制和远程控制。例如，远程打开或关闭家中的空调，或者调节空调的温度。

(4) 智能化控制。可以通过语音识别技术实现智能家电的声控功能；通过各种主动式传感器(如温度、声音、动作等)实现智能家居的主动性动作响应：火灾时可以自动断电，自动打开灭火系统；天然气泄漏时可以自动关闭燃气阀并打开窗户和换气扇。

(5) 环境自动控制。例如家庭中央空调系统，强光时自动拉上窗帘，弱光时自动打开电灯。

(6) 提供全方位家庭娱乐。例如家庭影院系统和家庭中央背景音乐系统。

(7) 识别后控制。家居物联系统可自动识别主人的车，并打开车库门，待主人停好车并走出车库后自动关闭车库门。

16.5.4 家居物联系统工程案例

1. 远程控制

主人在开车回家的途中，通过手机开启即将回家模式，家中各系统自动检测环境的温度、湿度、空气质量等参数，并自动开启空调、地暖、加湿器等设备，将居住环境调节到最佳状态。当主人回家时，可以刚好进入舒适的环境，既节能省时，又方便。

2. 自动车库

主人开车到达车库门前时，车库门口的摄像头会对车牌自动识别或者由主人按动车库门遥控开关，车库门打开，车辆进入后，车库内灯光自动打开，主人停好车后，灯光延时待主人离开车库后熄灭。

自动泊车系统：主人开车回来后，主人下车，启动自动泊车系统，汽车会自动进入车库进行泊车；主人需要用车时，按下取车键，车会自动从车库开出。

3. 入户门

入户门设置灯光感应器，当夜间主人回家或客人来访时，灯光自动打开，方便主人开锁和客人按门铃,灯光感应器会自动延时熄灭。

门禁:可通过对主人的面部识别或者指纹识别开门,当有客人来访而主人不在家时,可直接留言或留影,主人可远程控制打开门让客人进去。

入户门设置定点监控摄像机,记录进入人员的出入情况,实现24h监控。

4. 室内

主人进入室内,门口的鞋柜门自动打开,提醒主人换鞋。若为夜间,灯光自动打开,方便给主人照明使用,并且灯光将在主人离开门口后自动关闭。

门口放置控制触摸屏,可对室内各种系统进行操作。例如,主人刚刚回家想要洗澡,可以开启洗澡模式,自动在浴缸内注入适宜温度的水,等主人去洗澡;也可开启室内背景音乐模式,让室内回荡着优美的歌声。

当主人进入浴室或者卫生间时,灯光将自动打开,方便给主人照明。

主人经过客厅时,通过设置的灯光感应器,灯光实现人来灯开,人走灯灭。

客厅的茶几上放置无线触摸屏,可实现对全宅定制区域内灯光、空调/采暖系统、音视频系统、泳池设备等的控制。

5. 安防

在每个与室外接触的窗户处安装红外感应探测器,当有人非法入侵时,系统会立刻以鸣笛、拨打预设电话的方式进行报警。

院落的4个拐角架设4台摄像机,实时监控并记录院内的情况。

厨房可设置煤气泄漏报警、烟雾报警装置。

16.6 医疗物联系统

随着医疗卫生行业的不断发展,传统人工管理、消息传递方式已经不能满足当下需要。单片机处理信息的单位时间能达到毫秒甚至微秒级,且精确度较高。因此,单片机在医疗卫生行业有着十分广泛的应用。

16.6.1 家庭健康仪器

家庭健康仪器通过传感器采集信息,以电子信号传输数据,通过芯片处理信息,然后将信息显示到屏幕上。将专业的测试方法集成化,使人工测试不再烦琐,并且精度更高,更容易普及。另外,一些仪器还可以通过数据线或无线数据模块将数据传到手机或互联网上,以构建健康档案。各类家庭健康仪器如图16.30所示,单片机控制简单流程如图16.31所示。

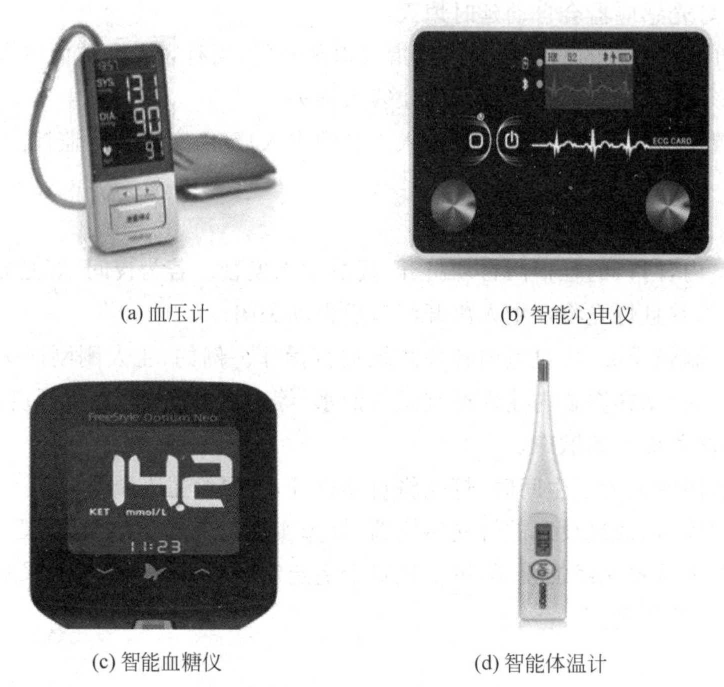

(a) 血压计　(b) 智能心电仪

(c) 智能血糖仪　(d) 智能体温计

图 16.30　各类家庭健康仪器

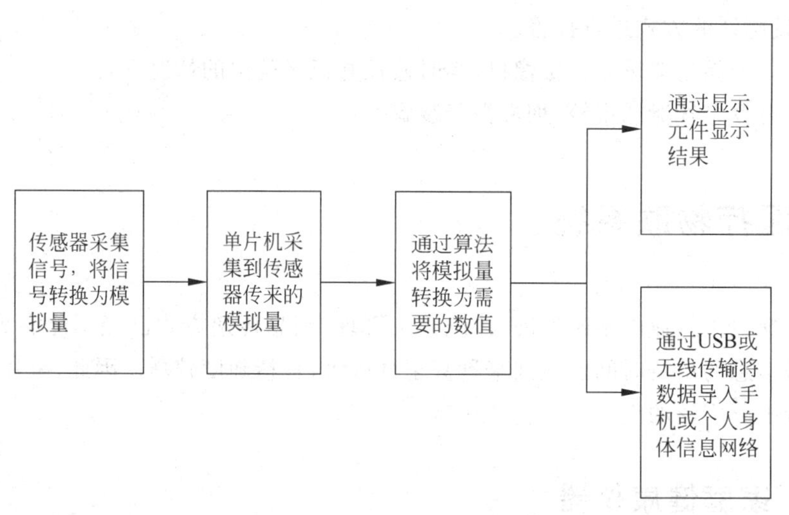

图 16.31　单片机控制简单流程

16.6.2　医院中的物联系统

医院在越来越多的方面用到了物联网技术：通过呼叫器可以直接将问题反映给医护人员；生命质量监测仪器可以采集患者身体信息并显示，当生命数据低于一定程度时会发出警报；住院卡可以存储病人信息数据，简化住院检查流程；医疗用品仓库能自动确定物品位置。

1. 智能呼叫系统

呼叫器(图 16.32)通过按键确定进入工作状态,呼叫器终端(图 16.33)可以确定呼叫机标号并将其显示出来,终端响应后二者可以进入通信模式,通过扬声器采集声音信号并转换为电子信号,传递到另一方后通过扬声器将电子信号转化为声音信号。

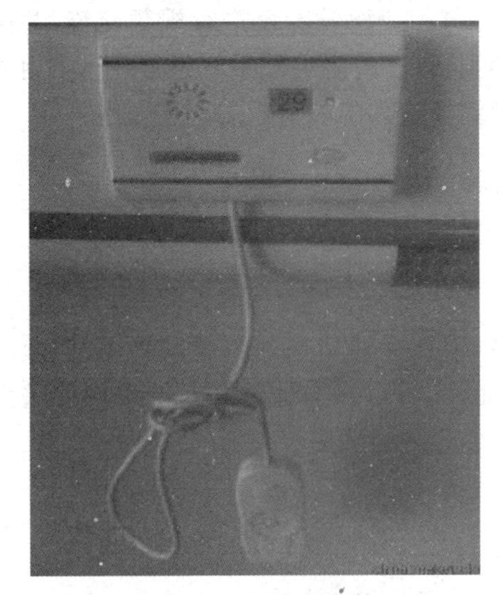

图 16.32 呼叫器

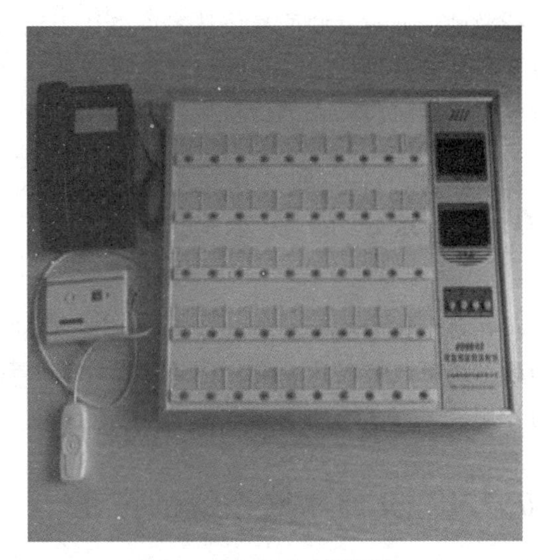

图 16.33 呼叫器终端

2. 智能药房

人工取药过程烦琐不精确,且工作效率较低。智能药房将药物编号存储在数据库中,将电子药单转换为药品数据信号,然后单片机通过处理药品数据信号,将数据信号转为位置数据,控制电动机将取药台移动到对应位置,用机械臂取药;或得到位置数据后控制对应位置的弹射器弹出药品,传送带运送药品到对应位置。智能药房如图 16.34 所示。

图 16.34 智能药房

16.6.3 区域卫生系统

物联网技术在社区卫生服务上也逐渐开始崭露头角。由于部分地区的医疗水平与资金技术还存在一些缺陷,因此在遇到一些特殊患者时往往会毫无头绪,不能有针对性地对患者进行救助。通过互联网通信技术可以让当地医生及时与相应医学专家进行视频交流,共同寻找最佳的救助途径。一些患者也可以通过视频定期与自己的主治医生联系;一些家用检测仪可以实时将病人的信息传递给医生,使医生实时掌握病人的病情动态。

16.7 交通物联系统

在科学技术不断发展的今天,车辆变得越来越多,因此交通堵塞现象越发严重,而交通物联系统可以应对这一变化。单片机作为一种控制元件,可以在交通物联系统中发挥重大的作用。

16.7.1 交通物联系统的产生

随着人们生活水平的日益提高,人口数量的日益增长,城镇人口越来越趋近饱和。人口数量的剧增不仅带动了 GDP 的增长,还给城市的交通管理系统带来了很多难以解决的问题。

在一些城市中,交通堵塞是一种很常见的现象(图 16.35),为提高人们的通行效率,交通物联系统应运而生。

图 16.35 交通堵塞

交通物联系统是目前国际上公认的有效解决交通运输领域问题的根本途径,它是在现代科学技术全面发展的背景下衍生出来的一种全新的道路交通系统。交通物联系统就是让城市交通系统智能起来,即通过传感器技术、通信技术、电子控制技术和计算机技术来控制整个城市的交通系统,以建立一个高效、精确的交通管理体系。

交通物联系统不仅代表着道路变得更加智能,更代表着与道路有关的所有硬件和软件都可以变得更加智能。例如,摄像头的作用不再仅是抓拍违反交通规则的汽车,其更多的功能是分析车流量和路况，这样能够把数据同步共享给智能汽车和出行人员，从而实现人车道路协同发展。科技城市方案如图16.36所示。

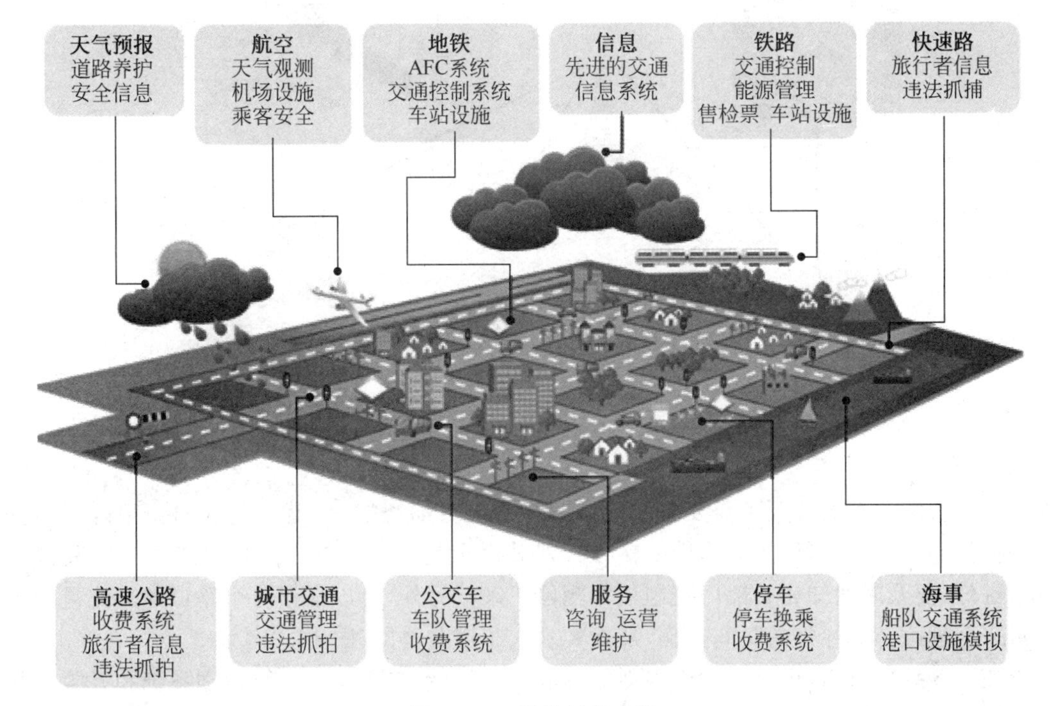

图16.36 科技城市方案

16.7.2 物联网在交通物联系统上的实际应用

1. 交通运行状况的精确感知与智能控制

一方面，现阶段的智能交通不太成熟，人们虽然可以从各种地图导航软件了解道路的拥堵情况，但是实时的道路交通情况还不精确。通过单片机的控制能够有效地改善这种情况，摄像头可以把每个路口的实时车流量和交通堵塞实时传送到数据终端，然后通过单片机接收信号并控制一些元器件发出反馈，以此来提醒车主哪条道路的车流量较大或者堵塞，再通过软件分析并规划出最优的出行时间和路线。交通物联系统不仅方便了每个人，还能有效地缓解堵车，把人流均分到每个不同的时间段。

另一方面，城市道路管理系统可以增加无人汽车专用道路，避免不太成熟的无人汽车技术引起的交通事故。

在这里只是向读者介绍最简单的实现方法，读者也可以根据传感器的数据把拥挤程度划分为4个等级，在单片机端口多加几个反应元件，不同的拥挤程度会有不同的效果，此处不再赘述。交通综合控制通信如图16.37所示。

2. 车辆智能与人车道路协同

最近几年，无人汽车的发展取得了非常大的进展，一些汽车已经能够实现自动驾驶或辅

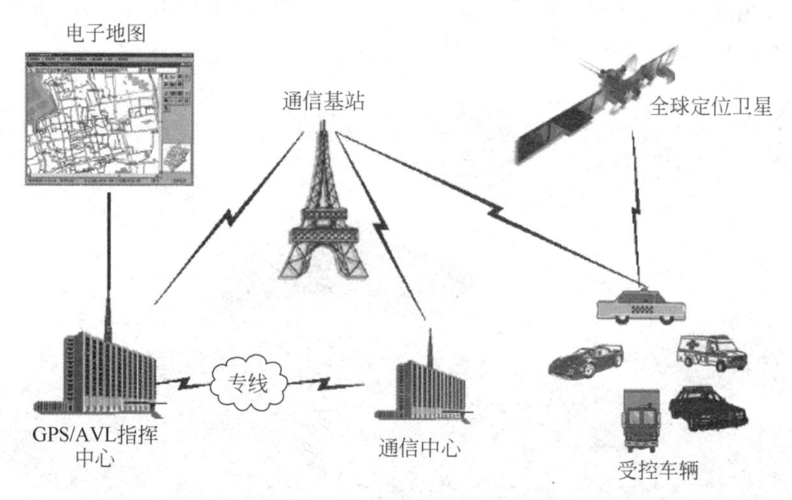

图 16.37 交通综合控制通信

助驾驶。智能汽车的普及也需要整个城市道路系统更加智能化，道路监控的作用以后不仅仅是抓拍超速违规车辆，还应辨别一辆无人驾驶汽车是否有问题。如果一辆无人驾驶汽车闯了红灯，要及时通知相关部门控制该车辆停下来。另外，可以根据各个路口的车流量和人流量来合理改善红绿灯的时间比例，从而实现人车道路协同(图 16.38)。

在车辆智能方面，可以添加许多新的功能。例如，给汽车加上指纹识别系统和人脸识别系统，当汽车非正常启动时，能自动拨打电话给车主，并把车辆周围的摄像头拍摄的图像实时传送到车主手机上，这样能较大地提高车辆的防盗水平。

图 16.38 车辆自我采集路口信息

3. 智能停车场监控系统

随着城市车辆的与日俱增，停车难是人们经常遇到的问题。在建设交通物联系统时，智能停车场(图 16.39)是必不可少的组成部分。智能停车场利用一些基本的传感器就能实时判断停车场的车辆是否饱和，然后将所得到的数据共享到数据终端，并通过单片机控制元器件的反应来告诉司机具体的情况，接着就可以根据这些数据选择停车场。智能停车场能给准备出行的人们提供一些参考意见，方便规划行程。

图 16.39 智能停车场

车辆停在智能停车场，智能停车场还可以给车辆提供一些清洁和保养服务，如可以安排洗车工人清洗汽车。

除了发展智能停车场外，目前市面上还出现了许多共享电动汽车，这样可以衍生出共享汽车停车场。当人们有用车需求时，可以去最近的停车场取车，到达目的地之后可以放在最近的共享汽车停车场。共享汽车放在共享汽车停车场后，停车场会自动为汽车充电，当电充满后，便可投入使用，等待下一位使用者。共享汽车停车场还可以每天对车辆做一次检查，查看汽车有没有故障，或者使用者是否有物品遗落在车上。

16.8 物流物联系统

互联网规模越来越大，交流越来越频繁，物流交易规模越来越庞大。国内网购的盛行，使货物交互的即时性与速度要求越来越高，传统的邮件已经远远不能满足当下物流市场的要求，而且越来越多的快递也使得物流行业的人工无法满足，因此如何提高物流效率成了十分严峻的问题。单片机作为一种控制元件，可以在整个物流物联系统中起举足轻重的作用。

16.8.1 组成模块

物联建设是未来企业智能化建设的重要内容，也是智能物流形成的重要组成部分。目前在物流业应用较多的感知手段主要是射频识别技术和 GPS 技术，随着物联技术的不断发展，激光、卫星定位、全球定位、地理信息系统、智能交通、M2M 等多种技术也将集成于一体应用于现代物流领域。例如，温度的感知用于保鲜方面的物流；防入侵系统用于物流安全防盗；GPS 用于确定产品的方位，从而方便客户查询自己物品的位置；视频系统用于各种控制环节与物流作业等。

物联为物流行业将传统物流与智能化系统相结合提供了一个平台,进而能够更完美地实现物流的信息化、自动化和智能化的系统运作模式。智能物流在实施的过程中强调的是物流过程在技术上要实现物品识别、物品分类、物品包装、物品派发和实时响应。

16.8.2 建立数据库

建立内容全面丰富、科学准确、更新及时且能够实时共享的信息数据库(图 16.40)是建立智能物流的基础。尤其是数据采集整理、自动化、智能化方面,更要做得十分完善,对数据采集、跟踪分析进行建模,为智能物流的实际应用打好坚实的基础。

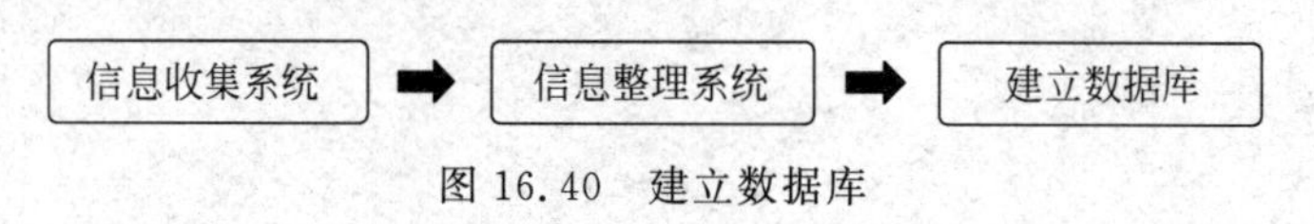

图 16.40 建立数据库

16.8.3 智能物流信息系统

人工完成庞大货物量的流向规划耗时耗力,通过建立货物数据库可以解决这个问题。智能物流信息系统如图 16.41 所示,系统通过车载卫星定位可以随时了解每一批货物的流向,用算法规划每一件货物的最佳线路,同时各地分拣系统都会扫描货物单号,回执给物流系统以确认是否有物品遗失。

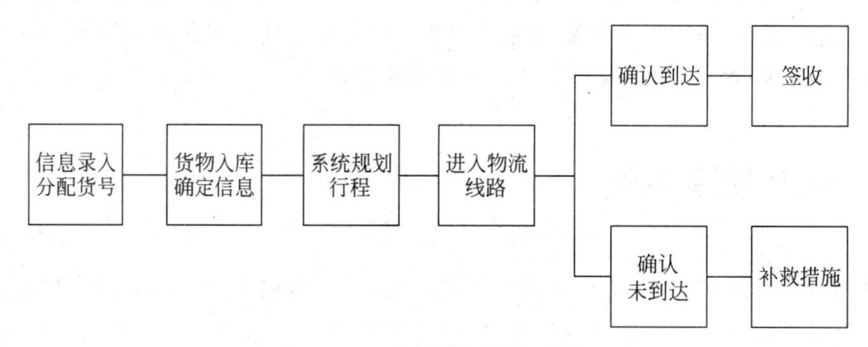

图 16.41 智能物流信息系统

16.8.4 自动分拣系统

如图 16.42 所示,自动分拣系统由货号扫描系统扫描货物信息,从数据库中调取对应货物信息并转化为分拣系统需要执行的分拣命令,接着传输给单片机,然后单片机控制分拣系统将货物通过传送带分流分运,并将货物存储到对应区位,提取货物时直接按区提取,同时将原来应检测到却未进入检测系统的货号回执到物流系统。物品识别过程如图 16.43 所示。

图 16.42　自动分拣系统

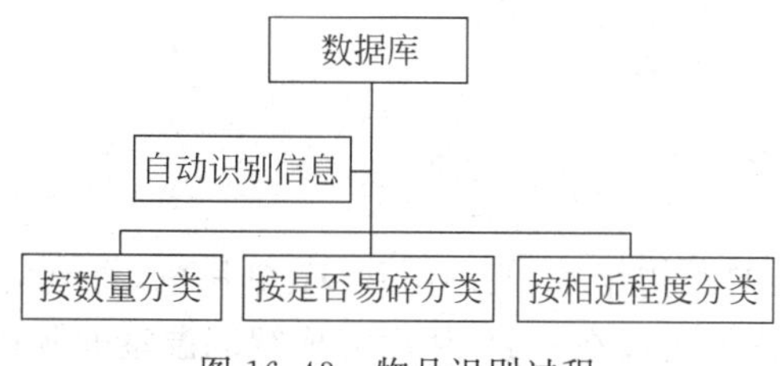

图 16.43　物品识别过程

16.8.5　智能包装

现代物流的智能化发展对包装的智能化提出了很高的要求,因为物流智能化发展的一个基本物质基础就是包装的智能化。物流管理所需要的信息大部分应该由包装来携带。如果包装上的信息量不足或出现错误,将会直接影响物流管理中各个环节的进行。如果没有智能包装的配合,智能物流所具备的一系列紧密配合环环相扣的步骤都将无用武之地,还有可能出现大量的错误。例如,可跟踪的运输包装就是一种有利于智能物流管理的运输包装技术形式,其使运输的物品在运输路线上可以被全程跟踪,同时也方便控制中心完成对运输路线和在线物品的调整和管理,从而达到物品运输的快捷化、最佳路程化和降低成本的目的,同时借助信息网络和 GPS/GIS 构筑一个智能化的物流体系。智能包装如图 16.44 所示。

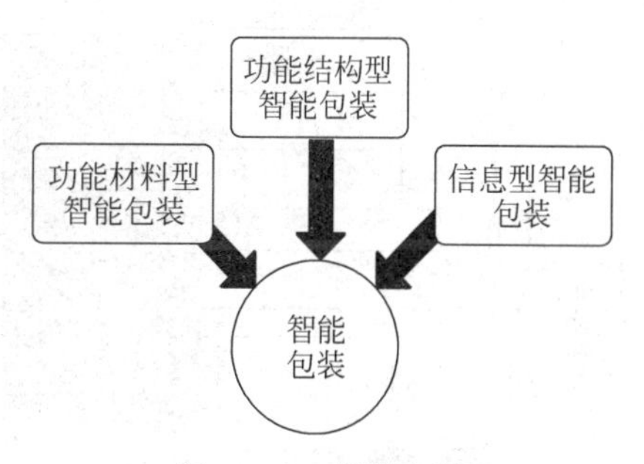

图 16.44　智能包装

16.8.6　影响及展望

智能技术在物流领域的创新应用模式不断涌现,成为未来智能物流大发展的基础,不仅推动了电子商务平台的发展,还极大地推动了行业发展。智能物流的理念开阔了物流行业的视野,将快速发展的现代信息技术和管理方式引入行业中,它的发展推动着中国物流业的变革。

智能物流通过物流信息平台的搭建,率先实现物流行业信息化,为物流行业领航掌舵。

第17章 单片机控制与物联网实例

本章主要介绍由两个51单片机构成的具体物联网的实例，同时做出具体实物。通过学习本章，读者可对单片机的理解更为深刻，也会对实际物联有一个初步的认识，方便以后的进一步学习，有助于以后参加学科竞赛。

17.1 智能温室

本实例是一个创意类的实物作品，使用两片51单片机，将电动机、显示屏及光传感器、雨滴传感器、温湿度传感器等集成在一起，从而完成智能温室的制作。

其中光传感器用来检测光照的强度，天亮时传感器将光照强度的模拟值传到单片机，再通过判断使用电动机控制大棚的关灯和开棚及顶棚打开的范围，天黑时控制大棚关上顶棚和开灯；雨滴传感器用来判断是否下雨，若下雨便会在显示屏上显示rain以提醒主人，并且会根据降雨量来控制顶棚是否需要关闭；温湿度传感器用于判断大棚内的温度与湿度，并与设定好的规定数值进行比较，判断是否需要通风，以控制窗户的开关。

大棚通过传感器收集数值，接着交由单片机处理，判断之后通过控制电动机来实现大棚的各种功能，从而实现了智能温室的制作。电路连接仿真图如图17.1所示。本实例还可以添加其他功能，因此具有很好的训练作用，对以后的学科竞赛有着很大的帮助。

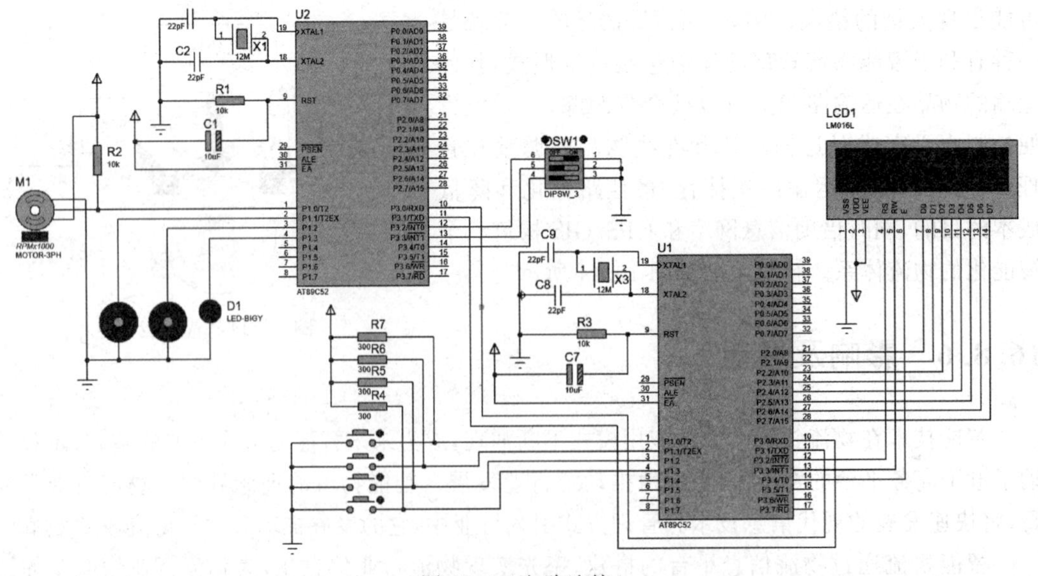

图17.1 电路连接

17.1.1 实例35：智能温室

参考程序如下：

```
#include<reg52.h>                                  //主函数
#define uint unsigned int
#define uchar unsigned char
sbit light = P3^4;                                 //光敏元件,亮度大于一定值时为0
sbit dht_scl = P3^5;                               //温湿度传感器
sbit dht_sda = P3^6;
sbit rain = P3^3;                                  //雨滴传感器
sbit stress = P3^2;                                //压力传感器
sbit pwm = P1^0;                                   //PWM电动机
sbit motor1 = P1^1;                                //电动机正向
sbit motor2 = P1^2;                                //电动机反向
sbit led = P1^3;                                   //灯
uchar tem,hum,ins;                                 /*tem为温度,hum为相对湿度,ins为指令,ste为舵
                                                     机中断用此变量计次,fre为外部中断命令*/
uint ste,fre;
uint x,y,z;
void delay(uint xms)                               //延时
{
    uint i,j;
    for(i = xms;i>0;i--)
        for(j = 110;j>0;j--);
}
void delayum()                                     //微秒级延时
{;;}
void iic_start()                                   //iic开始
{
    dht_sda = 1;
    delayum();
    dht_scl = 1;
    delayum();
    dht_sda = 0;
    delayum();
}
void iic_respons()                                 //iic响应
{
    uchar i = 0;
    dht_scl = 1;
    delayum();
    while((dht_sda == 1)&&(i<255))
    {
        i++;
        dht_scl = 0;
        delayum();
    }
}
```

```
void iic_stop()                              //iic 停止
{
    dht_sda = 0;
    delayum();
    dht_scl = 1;
    delayum();
    dht_sda = 1;
    delayum();
}
uchar iic_read()                             //iic 读
{
    uchar i,date;
    dht_scl = 0;
    delayum();
    dht_sda = 1;
    for(i = 0;i < 8;i++)
    {
      dht_scl = 1;
      delayum();
      date = (date << 1)|dht_sda;
    }
    delayum();
    return date;
}
void iic_write(uchar date)                   //iic 写
{
    uchar i,com;
    com = date;
    for(i = 0;i < 8;i++)
    {
      com = com << 1;
      dht_scl = 0;
      delayum();
      dht_sda = CY;
      delayum();
      dht_scl = 1;
      delayum();
    }
    dht_scl = 0;
    delayum();
    dht_sda = 1;
    delayum();
}
void wenshi()                                //温湿度传感器读取程序
{
    iic_start();
    iic_write(0x00);
    iic_respons();
    hum = iic_read();
    iic_start();
    iic_write(0x02);
```

```
        iic_respons();
        tem = iic_read();
        iic_stop();
}
void uart_send(uchar date)                    //将数据写入缓存区
{
    SBUF = date;
    while(!TI);
    TI = 0;
    delay(5);
}
void iic_init()                               //iic 初始化
{
    dht_scl = 1;
    delayum();
    dht_sda = 1;
    delayum();
}
void Tinit()                                  //串行口发送、接收中断初始化
{
    TMOD = 0x21;
    TH1 = 0xf3;
    TL1 = 0xf3;
    TH0 = (65536 - 1000)/256;
    TL0 = (65536 - 1000) % 256;
    ET0 = 1;
    TR1 = 1;
    SM0 = 0;
    SM1 = 1;
    REN = 1;
    ES = 1;
}
void init()                                   //中断初始化
{
    EA = 1;
    EX0 = 1;
    EX1 = 1;
}
void INT_init()                               //外部中断初始化
{
    IT1 = 1;
    IT0 = 1;
}
void window(uint i)                           //窗户舵机工作状态:0 为关闭,1 为打开
{
    if(i == 0)
    {
        TR0 = 1;
        delay(2000);
        TR0 = 0;
    }
```

```
        else
        {
            TR0 = 1;
            delay(2000);
            TR0 = 0;
        }
    }
    void shed(uint i)                          //电动机: i = 0 为正转,i = 1 为倒转
    {
        if(i == 0)
        {
            motor1 = 1;
            motor2 = 0;
        }
        else
        {
            motor1 = 0;
            motor2 = 1;
        }
        delay(2000);
        motor1 = 0;
        motor2 = 0;
    }
    void changelight(uint i)                   //灯: i = 0 为灯灭,i = 1 为灯亮
    {
        if(i == 0)
            led = 0;
        else
            led = 1;
    }
    void send()                                //发送数据
    {
        ES = 0;
        uart_send(0xf1);
        if(light == 0)
            uart_send(0x00);
        if(light == 1)
            uart_send(0x01);
        uart_send(hum);
        uart_send(tem);
        ES = 1;
    }
    void com_send()                            //发送命令
    {
        ES = 0;
        uart_send(0xf0);
        if(fre == 1)
            uart_send(0x00);
        if(fre == 2)
            uart_send(0x01);
        ES = 0;
```

```
        fre = 0;
    }
    int main()
    {
        bit i;
        P3 = 0xff;
        INT_init();
        Tinit();
        init();
        iic_init();
        i = light;
        motor1 = 0;
        motor2 = 0;
        while(1)
        {
            wenshi();
            delay(500);
            send();
            delay(500);
            while(fre)
                com_send();
            if(light!= i)
            {
                changelight(light);
                window(light);
                shed(light);
                i = light;
                x = i;
                y = i;
                z = i;
            }
            delay(500);
        }
    }
    void stresses()interrupt 0                  //压力传感器中断
    {
      fre = 1;
    }
    void time()interrupt 1                      //产生 PWM 方波
    {
        TH0 = (65536 - 1000)/256;
        TL0 = (65536 - 1000) % 256;
        pwm = 1;
        ste++;
        if(z == 0)
            if(ste == 1)
                pwm = 0;
        if(z == 1)
            if(ste == 3)
                pwm = 0;
        if(ste == 20)
```

```
    ste = 0;
}
void rains()interrupt 2                        //传感器中断
{
    fre = 2;
}
void jieshou()interrupt 4                      //接收控制器数据
{
    RI = 0;
    ins = SBUF;
    switch(ins)
    {
      case 0x00:window(x = !x);break;          //改变窗的状态
      case 0x01:shed(y = !y);break;            //改变大棚的状态
      case 0x02:changelight(z = !z);break;     //改变灯的状态
      default:       ;break;
    }
}
```

17.1.2 实例36：智能温室控制器

参考程序如下：

```
#include <reg52.h>                              //主函数
#define uint unsigned int
#define uchar unsigned char
uchar code table1[] = "day";
uchar code table2[] = "night";
uchar code table3[] = "door !";
uchar code table4[] = "rain !";
sbit lcdrs = P3^2;
sbit lcdrw = P3^3;
sbit lcde = P3^4;
sbit a = P1^0;                                  //按键：改变窗户工作
sbit b = P1^1;                                  //按键：改变大棚工作
sbit c = P1^2;                                  //按键：改变灯工作
uint x,y,z,l;
uchar com,hum,time = 0x11,tem,ins;              /*com为指令,tem为温度,hum为相对湿度,ins为接
                                                  收内容*/
uint fre;                                       //fre为警报
void delay(uint xms)                            //延时
{
   int i,j;
   for(i = xms;i > 0;i--)
      for(j = 110;j > 0;j--);
}
void write_com(uchar i)                         //写指令
{
    lcdrs = 0;
```

```
    P2 = i;
    delay(5);
    lcde = 1;
    delay(5);
    lcde = 0;
}
void write_date(uchar date)                        //写数据
{
    lcdrs = 1;
    P2 = date;
    delay(5);
    lcde = 1;
    delay(5);
    lcde = 0;
}
void lcd_init()                                    //LCD 1602 初始化
{
    lcdrw = 0;
    lcde = 0;
    write_com(0x38);
    write_com(0x0c);
    write_com(0x06);
    write_com(0x01);
}
void state_display()                               //显示"温度/相对湿度/白天(夜间)"
{
   int i;
   while(z)
   {
      write_com(0x80);
      write_date((tem/10) + 0x30);
      delay(5);
      write_date((tem % 10) + 0x30);
      delay(5);
      write_date('/');
      delay(5);
      write_date((hum/10) + 0x30);
      delay(5);
      write_date((hum % 10) + 0x30);
      delay(5);
      write_date('/');
      delay(5);
      if(time == 0x00)
          for(i = 0;i < 5;i++)
          {
            write_date(table1[i]);
            delay(5);
          }
      if(time == 0x01)
        for(i = 0;i < 5;i++)
        {
```

```
                write_date(table2[i]);
                delay(5);
            }
        }
}
void com_display()                                  //警报显示
{
    int i;
    write_com(0x80 + 0x40);
    if(com == 0x00)
        for(i = 0;i < 5;i++)
        {
            write_date(table3[i]);
            delay(5);
        }
    if(com == 0x01)
        for(i = 0;i < 5;i++)
        {
            write_date(table4[i]);
            delay(5);
        }
}
void Tinit()                                        //串行口发送、接收中断初始化
{
    TMOD = 0x21;
    TH1 = 0xf3;
    TL1 = 0xf3;
    TH0 = (65536 - 1000)/256;
    TL0 = (65536 - 1000) % 256;
    ET0 = 1;
    TR1 = 1;
    SM0 = 0;
    SM1 = 1;
    REN = 1;
    ES = 1;
    EA = 1;
}
void uart_send(uchar date)                          //数据写入缓存
{
    SBUF = date;
    while(!TI);
    TI = 0;
    delay(5);
}
void send(uchar date)                               //发送
{
    ES = 0;
    uart_send(date);
    ES = 1;
}
void key()                                          //按键检测
```

```
{
    if(a==0)                                    //改变窗
    {
        delay(5);
        if(a==0)
        {
            send(0x00);
            while(!a);
        }
    }
    if(b==0)                                    //改变大棚
    {
        delay(5);
        if(b==0)
        {
            send(0x01);
            while(!b);
        }
    }
    if(c==0)                                    //改变灯
    {
        delay(5);
        if(c==0)
        {
            send(0x02);
            while(!c);
        }
    }
}
int main()
{
    lcd_init();
    Tinit();
    while(1)
    {
        while(z)                                //i=1时显示
        {
            state_display();
            delay(100);
            z=0;
        }
        while(fre)                              //j=1时显示
        {
            com_display();
            delay(100);
            fre=0;
        }
        key();
    }
}
void jieshou()interrupt 4                       //接收控制器数据
```

```
{
    RI = 0;
    ins = SBUF;
    if(ins == 0xf0){x = 2;}
    if(ins == 0xf1){y = 4;}
    if(x!= 0)
    {
      if(x == 1)                              //将命令赋值给 com
      {
        com = ins;
        fre = 5;
      }
      x -- ;
      y = 0;
    }
    if(y!= 0)                                 //将数据赋值
    {
      if(y == 3)
          time = ins;
      if(y == 2)
          hum = ins;
      if(y == 1)
      {
          tem = ins;
          z = 1;
      }
      y -- ;
      x = 0;

    }
}
```

17.2 机器人推箱子比赛

推箱子游戏曾风靡全球，也是一个经典游戏。今天的推箱子赛场已面向机器人打开，请参赛队伍赋予其机器人足够高级的智慧，让它能自主完成推箱子任务。

17.2.1 任务简介

1. 场地

竞赛场地为 3m×3m 区域，场地材质为专用 PVC 塑胶地板，与飞思卡尔智能车竞赛场地材质相同。发车区域为场地四角边长为 30cm×30cm 的红色区域(图 17.2 中的灰色)。红色区域材质为红色即时贴。中心场地由 8×8 的方格区域构成，每个方格均为 30cm×30cm，场地上黑色引导线以方格边界的中心贴设，宽度为 2.5cm。黑色引导线材质为亚光面 PVC 胶带。场地上有 8 个全黑色的方格，材质为黑色即时贴，每行每列仅出现一个。另有 8 个全黑色边长为 15cm 的立方体(以下简称箱子)，箱子由 KT 板制成，中空，表面紧密贴黑色即时贴。箱子同样是每行每列仅出现一个，在方格内居中放置，箱子位置不与黑色方格位置重叠。8 个黑色方格和 8 个箱子的位置在竞赛开始前由裁判员通过摇号系统随机产生。场地边缘由高度为 30cm 的白色 KT 板作为边界。推箱子场地示意图如图 17.2 所示。

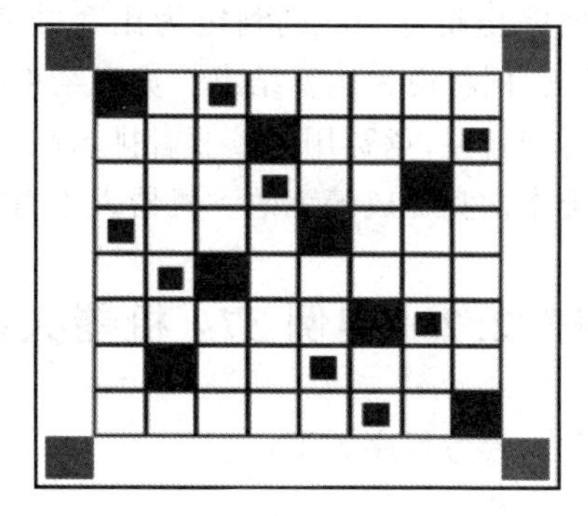
图 17.2　推箱子场地示意图

2. 任务

参赛队员可以选择 4 个红色区域任何一个地点作为发车区，机器人自主行驶出发车区并且检测场地内的黑色格子位置，将所有的箱子推到黑色区域内即为完成任务，整个过程不得有人为干预。

3. 机器人要求

为了保证竞赛的公平，竞赛开始前要求参赛队伍上交机器人(限制使用 STC 单片机)。所有调试工作应在上交机器人前完成，并且应拆除相关禁止使用的调试模块。机器人上交后不得更改程序、线路连接及其结构，并且应符合下列要求：机器人整体尺寸小于 30cm×30cm×30cm，若自主运行过程中外观发生改变，也不得超出该尺寸；机器人供电电池电压小于 12.6V；机器人最多使用 2 个电动机作为动力输出电动机；动力输出轮的轮胎直径小于 65mm；机器人只有一个可编程控制核心；机器人不得使用任何形式的无线通信功能；除单片机复位按键外，机器人上不得有任何形式的按键出现；机器人上不得出现数码管、显示屏等显示器件或模块；机器人上不得出现拨码开关等其他可更改程序预置的模块。

4. 竞赛流程

竞赛报到时通过抽签决定竞赛顺序，竞赛前组委会安排半个小时的适应场地时间，适应场地期间参赛选手可根据现场情况调试机器人；适应场地结束后应按赛程规定将机器人上交到指定地点，并且机器人应符合第 3 项中的各项要求；竞赛开始时由裁判使用摇号系统进行摇号，决定竞赛时场上黑色方格的位置；竞赛开始以后根据抽签序号逐次入场领取机器人进行比赛，每次竞赛开始前由裁判摇号决定当次比赛的黑色箱子摆放位置；每个队伍有 2 次竞赛机会，取 2 次中最好成绩作为最终成绩；2 次竞赛机会都需要通过摇号重新确定箱子的位置；参赛队伍完成竞赛后应将机器人交回存放处，待竞赛全部结束后统一发放。

5. 竞赛判罚规则

竞赛时间为 5min，应在 5min 内完成比赛；参赛队员入场领取机器人后仅允许摆放机器人位置和开关机器人电源，严禁以任何形式更改机器人程序预置，一经发现将取消竞赛成绩。机器人推动箱子到黑色格子内，比赛结束时黑色箱子完全位于黑色格子，垂直投影没有任何一处落在白色区域，可获得 10 分；全部推动 8 个箱子，可获得 80 分。箱子的垂直投影与白色区域有接触不得分；机器人仅允许推动箱子行驶，即箱子在机器人行驶方向的前方，整个推动过程中机器人仅允许接触箱子的一个侧面。为了防止运行过程中箱子因为地面摩擦不均匀造成侧滑,允许将接触面做成槽型,槽体的最大深度不得超过 1cm。不得以任何形式拖动箱子或者抬起箱子,否则取消比赛成绩。机器人完成推箱子任务后需要自动停车,原地停止超过 10s 则判定为比赛结束,比赛结束则停止计时。若因其他原因原地停止超过 10s,同样视为比赛结束。竞赛结束时按积分排序,积分高者排名高;若积分相同,则按完成时间排序,竞赛用时较短者排名高。竞赛过程中参赛选手无论任何原因接触到机器人,则判定本次竞赛成绩无效。机器人不符合竞赛要求,取消竞赛成绩。

17.2.2 实例 37:机器人控制

参考程序如下:

```
#include<reg52.h>
#define uint unsigned int
#define uchar unsigned char
#define N 4000                          //转 90°延时
#define T 3600                          //超声延时
#define M 7000                          //直行延时
#define W 12                            //超声波延时
#define X 8000                          //后转 180°延时
#define Y 1200                          //后撤延时
#define Z 1900                          //进入延时
sbit a1 = P0^2;                         //右电动机:倒
sbit a2 = P0^3 ;                        //右电动机:正
sbit a3 = P0^4;                         //左电动机:倒
sbit a4 = P0^5;                         //右电动机:正
sbit a = P2^0;                          //左光电对管
sbit b = P2^1;                          //右光电对管
sbit c = P2^5;                          //前光电对管
sbit d = P2^6;                          //后光电对管
sbit in = P1^0;                         //控制超声波
sbit put = P3^2;                        //超声控制外部中断
uint w,x,y,num,m,k,n;                   //x、y 用于记录超声波获得数据
uint s[16] = 0;                         //记录每行是否推入
void bianxiang();
void init()                             //初始化
{
   TMOD = 0x01;
   in = 0;
   TH0 = 0;
   TL0 = 0;
   EA = 1;
   ET0 = 1;
   EX0 = 1;
   IT0 = 1;
}
void delay(int xms)                     //延时
{
```

```
    int i,j;
    for(i = xms;i > 0;i -- )
        for(j = 110;j > 0;j -- );
}
void zhixing()                                    //直行
{
  a1 = 0;
  a2 = 1;
  a3 = 0;
  a4 = 1;
}
void houche()                                     //后撤
{
   a1 = 1;
   a2 = 0;
   a3 = 1;
   a4 = 0;
}
void yuandi1()                                    //一侧正转
{
   a1 = 0;
   a2 = 1;
   a3 = 0;
   a4 = 0;
}
void yuandi2()                                    //另一侧正转
{
   a1 = 0;
   a2 = 0;
   a3 = 0;
   a4 = 1;
}
void daozhuan()                                   //倒转
{
   a1 = 0;
   a2 = 1;
   a3 = 1;
   a4 = 0;
}
void chaosheng()                                  //超声波启动
{
   in = 1;
   delay(1);
   in = 0;
   TH0 = 0;
   TL0 = 0;
   TR0 = 1;
}
void chaoshengpanding()                           //超声判定,当 n = 1 时确认有箱子
{
   chaosheng();
```

```
    delay(50);
    if(num <= W)
    {
        chaosheng();
        delay(50);
        if(num <= W)
        n = 1;
    }
}
void mzhi()                                        //当 m = 1 时超声波打开检测是否到墙
{
    if(m == 1)
    {
        chaosheng();
        delay(50);
        if(num <= W)
        {
            delay(50);
            if(num <= W)
            {
                m = 0;
                n = 1;
                daozhuan();
                delay(T);
            }
        }
    }
}
void bianxiang()                                   //检测到线,转动
{
    if(a == 1&&b == 1&&c == 1&d == 1)
    {
        houche();
        chaoshengpanding();
        if(n == 1)
        {
            s[k + 8] = 1;
        }
        n = 0;
        k++;
        m = 1;
        delay(Y);
        daozhuan();
        delay(X);
        return ;
    }
    if(a == 1&&b == 1&&c == 1)
        return;
    if(a == 1&&c == 1)
    {
        yuandi2();
```

```
            delay(20);
        }
        if(b==1&&c==1)
        {
            yuandi1();
            delay(20);
        }
        if(a==1)
        {
            yuandi1();
            delay(50);
        }
        if(b==1)
        {
            yuandi2();
            delay(50);
        }
    }
void main()
{
    int i,j;
    init();
    for(i=0;i<2;i++)                        //2遍
    {
      for(j=0;j<8;j++)                      //8排
      {
            zhixing();
            delay(M);
            if(s[8+j]!=1)
            {
              daozhuan();
              delay(N);
              n=0;
              zhixing();
              delay(Z);
              while(!n)
              {
                 zhixing();
                 bianxiang();
                 if(j==7&&m==1&&w==0)
                 {
                    daozhuan();
                    delay(N);
                    zhixing();
                    delay(M);
                    mzhi();
                    m=1;
                    w++;
                    num=9999;
                }
               if(i==1&&j==7&&m==1)
```

```
                {return ;}
            zhixing();
            mzhi();
          }
        }
      }
    }
}
void TT()interrupt 0                              //超声波计算距离
{
    TR0 = 0;
    x = TH0;
    y = TL0;
    num = (x * 256 + y) * 0.017 - 10;
    TH0 = 0;
    TL0 = 0;
}
```

此程序为最普通的逐行推箱子，一共推 16 次的程序，其他更加高效简便的算法此处不再列出。

参考文献

[1] 郭天祥.51 单片机 C 语言教程[M]. 北京：电子工业出版社,2013.

[2] 谭浩强.C 程序设计[M].4 版.北京：清华大学出版社,2010.

[3] 郭亚军,王亮,王彩梅.物联网基础[M].4 版.北京：清华大学出版社,2013.

[4] 张毅刚.单片机原理及应用：C51 编程＋Proteus 仿真[M]. 北京：高等教育出版社,2012.

[5] 张鑫.单片机原理及应用[M]. 3 版.北京：电子工业出版社,2014.

[6] 何立民.MCS-51 系列单片机应用系统设计(系统配置与接口技术)[M]. 北京：北京航空航天大学出版社,1990.

[7] 胡汉才.单片机原理及其接口技术[M]. 北京：清华大学出版社,2010.

[8] 李华.MCS-51 单片机实用接口技术[M]. 北京：北京航空航天大学出版社,2014.

[9] 付家才.单片机实验与实践[M]. 北京：高等教育出版社,2006.

[10] 何立民.单片机高级教程：应用与设计[M]. 北京：电子工业出版社,2007.

[11] 丁明亮,唐前辉.单片机应用设计与仿真：基于 Keil C 与 Protues[M]. 北京：北京航空航天大学出版社,2009.

[12] 张洪润.单片机应用技术教程[M]. 北京：清华大学出版社,2009.

附　　录　各章节使用器件列表

章　节	器　材	型号及规格	数　量
2.2.2	LM358	LM358AD	1
	电阻	1kΩ	1
		10kΩ	1
2.2.3	LM393	LM393D	1
	电阻	15kΩ	1
2.4.2	LM7805	LM785CT	1
	电容	0.1μF	2
	电解电容	100μF	1
		220μF	1
2.5.1	二极管	1N914	4
	电容	1nF	1
	稳压二极管	1N4732A	1
	电阻	10kΩ	2
2.5.2	二极管	diode	4
	光敏电阻	LDR	1
	三极管	NPN	1
	电容	2μF	1
	灯	LED	2
	电阻	1kΩ	2
		600kΩ	1
		5kΩ	1
2.5.3	555 定时器	NE555	1
	电容	1nF	2
		5nF	1
	扬声器	SOUNDER	1
	电阻	10kΩ	4
2.5.4	电解电容	100μF	2
		10μF	2
	电阻	470Ω	2
		20kΩ	1
		10kΩ	1
	三极管	S8050	2
2.5.5	集成运算放大器	LM324	2

续表

章　节	器　材	型号及规格	数　量
2.5.5	稳压二极管	1N5347BRL	2
	电阻	1kΩ	4
		2kΩ	1
		3kΩ	1
		10kΩ	4
		50kΩ	2
		60kΩ	1
	555定时器	NE555	3
	电容	0.1μF	1
		100μF	1
		0.01μF	1
		0.22μF	1
		10μF	1
	扬声器	BUZZER	2
5.4.2	电容	30pF	2
	电解电容	22μF	1
	晶振	12MHz	1
	按键	BUTTON	1
	电阻	8.2kΩ	1
		1kΩ	1
6.1.1	单片机	80C52	1
	晶振	12MHz	1
	电容	30pF	2
	电解电容	22μF	1
	按键	BUTTON	1
	电阻	8.2kΩ	1
		470Ω	1
	灯	LED	8
	九脚排阻	330Ω	1
6.2.1	单片机	80C52	1
	晶振	12MHz	1
	电容	30pF	2
	电解电容	22μF	1
	按键	BUTTON	1
	电阻	8.2kΩ	1
		470Ω	1
		300Ω	4
	灯	LED	4
8.3.1	单片机	80C52	1
	晶振	12MHz	1
	电容	30pF	2
	电解电容	22μF	1

续表

章　节	器　材	型号及规格	数　量
8.3.1	按键	BUTTON	1
	电阻	8.2kΩ	1
		470Ω	1
		300Ω	4
	灯	LED	4
9.2.1	单片机	80C52	1
	晶振	12MHz	1
	电容	30pF	2
	电解电容	22μF	1
	按键	BUTTON	1
	电阻	8.2kΩ	1
		470Ω	1
	七段共阴数码管	7SEG-MPX6-CC	1
9.4.1	单片机	80C52	1
	晶振	12MHz	1
	电容	30pF	2
	电解电容	22μF	1
	按键	BUTTON	5
	电阻	8.2kΩ	1
		470Ω	1
	七段共阴数码管	7SEG-MPX4-CC	1
10.3.1	单片机	80C52	1
	按键	BUTTON	1
	电阻	5.1kΩ	1
		300Ω	1
	灯	LED	1
10.5.1	单片机	80C52	1
	按键	BUTTON	4
	灯	LED	4
	电阻	5.1kΩ	2
		300Ω	1
10.5.2	单片机	80C52	1
	七段共阴数码管	7SEG-MPX1-CC	1
	九脚排阻	5.1kΩ	1
11.3.1	单片机	80C52	1
	ULN2003	ULN2003A	1
	蜂鸣器	SPEAKER	1
	三极管	NPN	1
12.4.1	单片机	80C52	1
	电阻	10kΩ	1
	三极管	2N2369	1
	蜂鸣器	SPEAKER	1
12.4.2	单片机	80C52	1
	晶振	12MHz	1

续表

章　　节	器　　材	型号及规格	数　　量
12.4.2	电容	30pF	2
	电解电容	22μF	1
	按键	BUTTON	5
	电阻	8.2kΩ	1
		470Ω	1
	L298	L298	1
	电动机	MOTOR	2
13.4.2	单片机	80C52	1
	驱动器	ULN2003A	1
	步进电动机	MOTOR-STEPPER	1
14.5.1	单片机	80C52	1
	步进电动机	MOTOR-STEPPER	1
	电阻	10kΩ	8
15.2.3	单片机	80C52	1
	晶振	12MHz	1
	电容	30pF	2
	电解电容	22μF	1
	按键	BUTTON	1
	电阻	8.2kΩ	1
		470Ω	1
		300Ω	8
	灯	LED	8
	串并行转换	74LS165	1
15.3.5	单片机	80C52	1
	晶振	12MHz	1
	电容	30pF	2
	电解电容	22μF	1
	按键	BUTTON	1
	电阻	8.2kΩ	1
		470Ω	1
	七段共阴数码管	7SEG-MPX6-CC	1
	计时芯片	24C04A	1
	三极管	NPN	8
15.4.2	单片机	80C52	1
	液晶显示器	LCD 1602	1
17.1.1	单片机	80C52	2
	按键	BUTTON	4
	液晶显示器	LCD 1602	1
	拨码开关	DIPSW	1
	步进电动机	MOTOR-STEPPER	1
	电动机	MOTOR	2
	灯	LED	1
	电阻	10kΩ	1

后　记

通过阅读和学习本实训教程，同学们对51单片机的开发流程和一些相关原理有了一定的了解，不过正所谓“纸上得来终觉浅，绝知此事要躬行”，想要更好地掌握和应用单片机的技术，除了更深入地学习，同学们还需要动手去实践对应的工程项目，才能真正掌握相关知识。为了大家能够更好、更生动地动手实践，本书的基本知识点配备了相应慕课《创意创新实践——电子设计与制作实例Ⅱ》供同学们学习，这是一门以电子设计与单片机应用为主的实践能力提升课程，目前已在“智慧树”“中国大学 MOOC”平台上线，供大家使用。

(1) 智慧树：创意创新实践——电子设计与制作实例(MCS-51单片机)，隋金雪。

(2) 中国大学 MOOC：创意创新实践——电子设计与制作实例Ⅱ，隋金雪。

创意创新实践系列课程根据电子信息类实践创新和人才培养方案课程改革的需要，把原先知识章节罗列式课程构建逐步改为项目式驱动课程构建，包括创意启发、项目构建、硬件设计、软件编程、综合制作、展示答辩及参与学科竞赛等环节。由浅入深地引导学生自主学习，培养学生探究实践的能力。课程主要面向大一至大三学生，通过 Arduino 引导，以 MCS-51 单片机为核心，并扩展 STM32 系列芯片，通过融合电子电路及传感器应用，扩展一系列的项目设计与实践，引导学生搭建电子综合设计和物联网项目，逐步掌握传感与物联及单片机与嵌入式导引等专业知识，从而实现专业知识学习实践与创意创新的融会贯通。

课程通过项目式驱动教学慕课融合线上线下、课上课下等环节，把专业知识学习融入电子制作、传感与物联等设计与应用中，使学生在实践中完成创新能力的培养，从而达到启发兴趣、动手实践和专业学习的目的。

下面就慕课相关内容与本书对应章节做简要描述(以智慧树目录为例)，以便同学借鉴与学习。

第一章　课程导学　完美音乐盒

本章进行创意创新实践导引，引导学生进入一个电子制作世界，介绍头脑风暴、思维导图等相关创意创新基本工具，并展示一系列简单而有趣的电子作品，例如，炫彩广告牌、完美音乐盒等。同学们可以以此为最终学习目标开展学习。

1.1　创意创新实践 课程引导

1.2　奇妙的电子世界

1.3　头脑风暴

1.4　炫彩舞台

1.5　炫彩广告牌

1.6　思维导图

1.7　警报信号

1.8　小导演

1.9　完美音乐盒

第二章　1600万色小夜灯

本章首先介绍灯的演变，通过头脑风暴画出1600万色小夜灯的思维导图，了解RGB灯及蓝牙无线模块的工作原理及应用，最后利用RGB灯、蓝牙及手机控制实现灯的1600万色的色彩变化，完成软件设计和硬件制作。同学们可结合本书的第6和16章进行学习。

2.1　1600万色小夜灯

2.2　RGB灯 生活的色彩

2.3　无线通信模块 蓝牙

2.4　1600万色小夜灯 软件设计与实现

2.5　1600万色小夜灯 实物制作

2.6　附录　Ardunio 简单易用库函数

第三章　微信跳一跳物理助手

本章通过微信跳一跳小游戏，做出一个能够实现相对精准跳跃的物理助手，项目涉及独立按键、矩阵键盘、数码管和继电器等器件，建议同学们结合本书的第9和10章进行学习。

3.1　游戏的乐趣 微信跳一跳

3.2　物理助手

3.3　按键与键盘

3.4　继电器详解

3.5　外部中断

3.6　最小系统 Proteus 电路仿真

3.7　微信跳一跳 Proteus 电路仿真

3.8　微信跳一跳 软件设计与实现

3.9　微信跳一跳 实物制作

3.10　附录　底包调用：矩阵键盘

3.11　附录　底包调用：数码管显示

3.12　附录　底包调用：外部中断

第四章　Mini 贪吃蛇

本章首先介绍贪吃蛇小游戏的发展历程，通过头脑风暴画出贪吃蛇小游戏机的思维导图，了解项目制作所需要的8×8点阵模块，掌握贪吃蛇的算法编程，最后完成项目的软件设计和硬件制作。建议同学们结合本书的第6和10章进行学习。

4.1　Mini 贪吃蛇

4.2　8×8点阵模块

4.3　贪吃蛇算法

4.4　功能完善

4.5　Mini 贪吃蛇 Proteus 电路仿真

4.6　Mini 贪吃蛇 软件设计与实现

4.7　Mini 贪吃蛇 实物制作

第五章　酷炫的对射式防盗报警

本章通过引入防盗报警的各种方式，经过头脑风暴画出对射式防盗报警器的思维导图，了解项目制作所需要的激光对射式传感器、定时器以及定时器/计数器的寄存器配置、PWM 原理、蜂鸣器及无源蜂鸣器的驱动，然后搭建对射式防偷报警的实现，最后完成项目的软件设计和硬件制作。建议同学们结合本书的第8、11、12章进行学习。

5.1　酷炫的对射式防盗报警

5.2　激光对射式传感器

5.3　有源、无源蜂鸣器

5.4　定时器原理

5.5　对射式防盗报警 Proteus 电路仿真

5.6　对射式防盗报警 软件设计与实现

5.7　对射式防盗报警 实物制作

5.8　附录　底包调用：PWM

第六章　暖心生活管家　温湿度计

本章结合人们日常生活中的温湿度，以此为出发点设计了温湿度计，项目制作需要 LCD 1602 显示屏及其显示原理和温湿度传感器 DHT11 等知识，建议同学们结合本书的第15和16章进行学习。

6.1　暖心生活管家 温湿度计

6.2　液晶显示屏

6.3　温湿度计

6.4　温湿度计 Porteus 电路仿真

6.5　温湿度计 软件设计与实现

6.6　温湿度计 实物制作

6.7　附录　底包调用：驱动 LCD 1602

6.8　附录　底包调用：温湿度计 DHT11

第七章　魔法化妆镜

本章从人们日常生活中用到的镜子出发，思考镜子在便利性和智能性上能够做什么优化，结合各类传感器和执行器完成项目开发，项目制作需要红外对管和 OLED 显示屏等知识，建议同学们结合本书的第15和16章进行学习。

7.1　魔法化妆镜

7.2　红外对管

7.3　OLED 显示器

7.4　综合设计

7.5 I²C总线时序附录
7.6 魔法化妆镜 软件设计与实现
7.7 魔法化妆镜 实物制作
7.8 附录 底包详解I²C驱动OLED

第八章 家庭安全助手

本章以煤气泄漏和火灾的预防知识及其对人们生活的重要性为引，通过头脑风暴画出家庭安全助手的思维导图，了解项目制作所需要的火焰传感器、可燃气体传感器等的原理及应用，并学会搭建简单的报警电路，理解串口通信及ADC0832模数转换原理等知识点，然后搭建煤气泄漏报警器，最后完成项目的软件设计和硬件制作。建议同学们结合本书的第16章进行学习。

8.1 家庭安全助手 幸福小卫士
8.2 家庭安全助手 CO检测传感器模块
8.3 家庭安全助手 火焰传感器
8.4 家庭安全助手 综合制作
8.5 串口通信
8.6 ADC0832
8.7 家庭安全助手 软件设计与实现
8.8 家庭安全助手 实物制作
8.9 附录 串口通信
8.10 附录 ADC0832的驱动

第九章 烹饪能手养成记

本章首先介绍烹饪的相关知识及其对人们日常生活的重要性，通过头脑风暴画出烹饪小助手的思维导图，搭建定时器设置、数码管显示及蜂鸣器提示等功能，最后完成项目的软件设计和硬件制作。建议同学们结合本书的第9、11、16章进行学习。

9.1 烹饪能手养成记
9.2 功能实现
9.3 烹饪能手养成记 Proteus电路仿真
9.4 烹饪能手养成记
9.5 烹饪能手养成记 实物制作
9.6 附录 底包调用：定时器

第十章 人体感应节能灯

本章首先介绍了人体感应节能灯的基本功能，通过头脑风暴画出人体感应节能灯的思维导图，了解项目制作所需要的光敏传感器、红外热释电传感器基本原理及应用等，然后搭建人体感应节能灯的实现，最后完成项目的软件设计和硬件制作。建议同学们结合本书的第16章进行学习。

10.1 人体感应节能灯 引入
10.2 人体感应节能灯 元器件
10.3 人体感应节能灯 程序设计
10.4 人体感应传感器详解
10.5 人体感应节能灯 软件设计与实现
10.6 人体感应节能灯 实物制作

第十一章 聪明的百叶窗

本章以百叶窗的发展史为引，通过头脑风暴画出聪明的百叶窗思维导图，了解项目制作所需要的雾霾、雨滴、光敏传感器的基本原理及应用等，然后搭建聪明的百叶窗的实现，最后完成项目的软件设计和硬件制作。建议同学们结合本书的第16章进行学习。

11.1 聪明的百叶窗 引入
11.2 雾霾、雨滴、光敏传感器
11.3 聪明的百叶窗外观制作
11.4 聪明的百叶窗 软件设计与实现
11.5 聪明的百叶窗 实物制作

第十二章 万物互联

本章为拓展章节，主要介绍了万物互联之物联网及对应模块，并引出STM32系列单片机，规划了嵌入式学习路线，希望同学们能以此为目标深入学习，与本书的第16、17章是对应内容，大家可以拓展学习。

12.1 万物互联之什么是物联网
12.2 万物互联之如何联网 Zigbee和Wi-Fi
12.3 万物互联之如何联网 RFID和GPS
12.4 路漫漫而上下求索 初识STM32系列单片机
12.5 路漫漫而上下求索 规划嵌入式学习路线
12.6 物联网之阳台植保园丁导引
12.7 结束语